高等学校公共管理类系列教材

行政伦理学

主　编　王　锋
副主编　韦长伟

中国矿业大学出版社
·徐州·

图书在版编目(CIP)数据

行政伦理学 / 王锋主编. —徐州：中国矿业大学出版社，2024. 6. —ISBN 978-7-5646-6294-3

Ⅰ. B82-051

中国国家版本馆 CIP 数据核字第 2024EM1073 号

书　　名　行政伦理学
　　　　　　Xingzheng Lunlixue
主　　编　王　锋
责任编辑　姜　翠
出版发行　中国矿业大学出版社有限责任公司
　　　　　　(江苏省徐州市解放南路　邮编 221008)
营销热线　(0516)83885370　83884103
出版服务　(0516)83995789　83884920
网　　址　http://www.cumtp.com　**E-mail**:cumtpvip@cumtp.com
印　　刷　苏州市古得堡数码印刷有限公司
开　　本　710 mm×1000 mm　1/16　**印张** 17　**字数** 306 千字
版次印次　2024 年 6 月第 1 版　2024 年 6 月第 1 次印刷
定　　价　48.00 元

前　言

应公共管理硕士教育培养之需，八年前，中国矿业大学公共管理学院根据全国公共管理专业学位研究生教育指导委员会(简称教指委)有关课程设置和教学大纲标准，筹集资金，结合学院多年在公共管理硕士培养方面的经验，组织学院专业教师编写了公共管理类系列教材。该系列教材推动了中国矿业大学公共管理硕士学科发展、提升了公共管理硕士研究生培养质量，在展现中国矿业大学公共管理硕士教育成果方面发挥了重要的作用。

时光荏苒，八年时间转瞬即逝。这段时间里，无论是中国还是世界都发生了很大的变化。对中国来说，中国迈入新时代，社会所面临的主要矛盾发生重大变化；对世界来说，百年未有之大变局之际，世界面临的不确定性更加明显。其中，最引人注目的变化在于数字技术、人工智能对整个世界产生了颠覆性影响，许多国家纷纷把注意力投入数字技术、人工智能的开发与应用，并且日益注重数字社会、智能社会建设。显然，无论对中国还是对世界其他国家来说，社会形势的巨大变化都对公共管理学科发展提出了新的要求。作为一门实践性较强的学科，公共管理学科不是书院中的“盆景”，它需要及时对日新月异的社会发展及公共管理实践作出回应。在这个过程中，公共管理学科本身也在积极调整自己的研究范式和研究方法等，这就成为我们此次新编公共管理类系列教材的起因。

这套教材面对公共管理丰富多彩的实践，在教材的体系设计、内容设置、案例呈现、习题拓展等方面进行了创新。一则，教材体系设计契合新的课程设置和培养标准；二则，教材力图反映公共管理实践的新变化，并把这种新变化上升为学术探索；三则，教材力求理论与实践相结合，在编写中，把一些典型案例放在教材中，为公共管理硕士生和其他从事公共管理工作的人员更好地理解教材内容提供了一个参照。从这个意义上来看，这套教材是全新的。另外，这套教材中既有教指委指定的核心课程教材，也有中国矿业大学在公共管理硕士教育过程中所形成的具有特色的方向课程教材。我们期待这套教材的出版能够更好地推动公共管理硕士教学质量的提升，能更进一步体现中国矿业大学在公共管理硕士教育方面的最新成果。

由于我们的水平和能力有限，这套教材在编写过程中还存在不足之处，期待公共管理领域的专家、公共管理硕士生、政府部门和其他公共管理部门的实践者在使用过程中能对本套教材提出宝贵的意见和建议，我们将根据大家的意见和建议对这套教材进行完善。

编　者

2024 年 5 月

目　录

前　言 ………………………………………………………… 1

第一章　行政伦理的理论资源 ………………………………… 1

第一节　中国传统行政伦理资源 ………………………… 3

第二节　西方伦理学举要 ………………………………… 14

第三节　传统行政伦理的现代探求 ……………………… 23

第二章　德性伦理 ……………………………………………… 41

第一节　德性的界定与价值 ……………………………… 43

第二节　德性的要素与鉴别 ……………………………… 51

第三节　行政德性 ………………………………………… 57

第三章　行政伦理监督 ………………………………………… 71

第一节　"笼子里的利维坦":行政伦理监督的必要与可能 ……… 73

第二节　自律与他律:行政伦理监督的内控和外控机制 ……… 86

第三节　行政伦理监督实践 ……………………………… 96

第四章　政府责任伦理 ………………………………………… 111

第一节　政府责任伦理概述 ……………………………… 113

第二节　政府的责任体系及其内在关系 ………………… 120

第三节　政府的道德责任 ………………………………… 124

第五章　公共政策伦理 …… 135
第一节　公共政策伦理概述 …… 137
第二节　公共政策伦理的内容维度 …… 146
第三节　公共政策的伦理环境 …… 153
第四节　公共政策伦理评价 …… 161

第六章　行政执法伦理 …… 171
第一节　自由裁量权:行政执法伦理的核心 …… 173
第二节　刚性执法与柔性执法 …… 184
第三节　行政执法伦理建构 …… 191

第七章　技术时代的行政伦理 …… 201
第一节　政府治理的技术时代 …… 203
第二节　智能时代的政府治理 …… 212
第三节　智能时代的行政伦理重塑 …… 220

第八章　制度伦理建设 …… 231
第一节　制度伦理的内涵和功能 …… 233
第二节　行政伦理建设的制度导向性 …… 244
第三节　我国的制度伦理建设 …… 251

参考文献 …… 261

后　记 …… 264

1

第一章

行政伦理的理论资源

■ 第一节 中国传统行政伦理资源

学习目标

1. 充分掌握中国传统行政伦理的谱系以及主要流派与思想，理解传统社会行政伦理的实践表现。

2. 能够理解和辨别西方行政伦理学中德性论、功利论、义务论、正义论及关怀论伦理的观点、特征、追求目标与实现途径。

3. 掌握传统行政伦理的现代价值与功能，了解传统行政伦理现代化的困境，理解传统行政伦理现代化转型的原则、定位与路径。

中国是一个历史悠久的礼仪之邦、文明古国，有源远流长的伦理思想和伦理文化。在几千年的政治实践中，中国传统行政伦理取得了长足发展，其间涉及长达几千年的阶级统治，因而具有阶级性和历史局限性，但其形成的一套完备而庞大的伦理规范体系对社会发展产生了深远影响。因此，系统梳理与考量中国传统行政伦理思想，对我国当代行政伦理建设具有重要意义。中国传统行政伦理思想是必不可少的理论资源之一。

一、传统行政伦理的简要谱系

行政伦理思想在中国有着悠久的历史，中国传统行政伦理思想是伴随着中国社会发展而逐步形成和发展的。夏朝前，有诸如“天下为公，选贤与能，讲信修睦”的行政道德风尚。夏商西周时期，统治者为加强其政治权威，提倡树立以“孝”为主的宗法道德规范和“修德配命”的道德生活，形成“敬德保民”的“德治主义”雏形。① 春秋战国时期是思想史上第一个百家争鸣的黄金时代，是中国古代行政伦理思想的奠基阶段。在随后的历史长河中，自秦汉至清末，诸子百家思想以一种过程的方式而演变、发展、延伸，塑造了传统行政伦理思想的主流与边缘态势。② 近代“西学”顺势而“东渐”，五四运动前

① 朱贻庭.中国传统伦理思想史[M].5版.上海：华东师范大学出版社，2021：11.

② 高振杨，刘祖云.中国传统行政伦理思想发展的历史与逻辑[J].深圳大学学报(人文社会科学版)，2009，26(3)：45-50.

后迎来了思想史上的又一个黄金时代，由此开启了中国传统行政伦理思想的近代变革之旅。

（一）先秦时期：传统行政伦理的萌芽阶段

先秦时期指秦朝建立前的历史时期，主要包括原始社会时期和夏商西周时期以及春秋战国时期。随着社会的发展，中国传统行政伦理思想日益丰富。在中国历史上，行政伦理的思想源泉可以追溯到原始社会时期。原始社会时期便有了道德，即原始社会道德。原始社会道德表现为一种自发的传统习惯，用来调节氏族成员和氏族集体之间的关系，也用来调节氏族首领和氏族个人、氏族集体之间的关系。但在这个时期，人们对自身的道德生活并没有自觉的意识，也就是说在原始社会时期只有零星的行政道德风尚；人们具有自觉的道德意识，以及逐渐产生体现这种自觉意识的道德学说或伦理思想是在人类进入文明社会后。

一般认为，金属工具的出现、文字的发明和国家的形成是人类进入文明社会的三大标志。夏朝是我国奴隶社会的开端，由此开始进入文明社会。为实施统治，原始的部落联合体正式演变为奴隶社会的国家行政机构，在比较完备的行政机构中配备公职人员，即官吏，史载“夏后氏官百”。在夏商时期，便有“立典则”“用法度”的记载。商朝的第一个君主汤，总结出“有夏昏德，民坠涂炭”的教训。汤十分重视官德及政德，并告诫官员不要沾染污风、淫风、乱风。学界通常认为西周时期是中国伦理文化的形成时期，也是伦理政治文化的源头。西周时期是奴隶制国家强盛的时期，对人伦关系、行政关系的各个层次都有了较深的认识。例如，总结西周政治制度和纲纪规范的《周礼》明确记载了对官吏的诸多道德要求，反映在伦理思想上，西周时期不仅提出一套以“孝”为主的宗法道德规范，而且也创立出一个以“敬德”为核心的道德与宗教、政治融为一体的思想体系。春秋战国时期是我国古代社会由奴隶制转变为封建制的大变革时期，形成了比较完备的行政伦理体系，更加重视行政伦理的作用，产生了孔墨显学及其伦理思想，出现了“诸子蜂起、百家争鸣”的局面。提倡什么样的行为准则和道德规范是诸子伦理思想体系的中心，也是诸子伦理思想相互争鸣的焦点。这一时期，涌现出考察官吏标准的行政伦理规范和行政伦理思想，并体现了人民群众作为行政伦理客体的重要地位和加强行政伦理建设的重要性。

(二)汉唐时期:传统行政伦理的发展阶段

汉唐时期,传统行政伦理得到发展和应用。在汉代乃至在整个中国对传统行政伦理产生深远影响的是董仲舒。董仲舒行政伦理思想的核心在于为君臣关系提供“君为臣纲”的伦理思想。秦朝灭亡后,汉朝为巩固其封建统治地位,确立了“三纲五常”“独尊儒术”。此后,儒学被尊奉为历代封建统治思想正统而定为一尊。汉唐时期形成了以儒家为主,兼收法家、道家各家合理因素的主流与边缘态势,并且遵循修身、齐家、治国、平天下的顺序过程,阐述并引申了伦理规范体系,进一步使传统行政伦理理论化和系统化。至此,以儒家为核心的行政伦理思想由边缘成为主流,百家之言成为一家之言,“百家争鸣”失去了生机,原来由“百家”之间包括各种伦理思想“自由”争鸣的格局从此消失。

唐代推崇伦理教化,强调“行孝必先行忠”“忠者德之正”。这种忠德虽然是服务于封建专制统治的,但是也体现出儒家从统一民族大局着眼进行道德教化的观点。唐代,在“德礼为政教之本,刑罚为政教之用”思想的指导下,兴盛发达的封建王朝十分看重官员自身行为的规范和约束。例如,唐代文学家和哲学家韩愈主张“以天下为己任”,反对“独善其身”,认为以圣人为楷模的行政道德修养的目的是实现齐家、治国、平天下。另外,对贞观之治的历史经验进行全面介绍和系统总结的《贞观政要》是一部政论性的历史文献,也是一部继往开来的著作,在中国行政伦理思想发展史上占有十分重要的地位。《贞观政要》一方面将先秦至唐以来的行政伦理思想熔于一炉,具有全面性和综合性;另一方面把行政伦理理论与实践相结合,使理论更具实践性。总之,《贞观政要》蕴含着丰富的行政伦理理论资源,不论是君臣之道、以民为本、择官重德、廉政勤政的思想,还是民主、平等、人道的思想,皆给予后人深刻启示。

(三)宋元明清时期:传统行政伦理的进一步发展

宋元明清时期,我国传统行政伦理继续发展,儒家伦理思想的完备形态——“理学”形成。这一时期,行政伦理思想经历了以下过程:理学兴起与功利之学的斗争;理学的继承、批判与主流思想地位的恢复。

宋元时期,为解决尖锐且复杂的社会矛盾和维护官僚大地主的统治地位,理学应运而生。守旧派与反战派的思想家继承孔孟道统,兼容并包,承前启后,促成了理学的诞生。这一时期,理学基于孔孟的根本立场,围绕宇宙观、道德本原论、人性论、理欲观、修养论等方面展开探讨，同时从玄学、佛教、道教中吸收思想，成为体系较为完备、严密的理学。理学的产生，使传统的儒家伦理思想获得了完备的理论形态，达到了较高的发展阶段，适应了中国封建社会后期地主阶级统治的需要，从而使儒学以新的形态取得了“独尊”的地位。[①] 在理学兴起和发展的同时，也产生了反理学的思想。反理学思想的主要代表是主战派与改革派思想家，他们主张功利之学，倡导实务，崇尚功利，直接与“侈谈性命而辟功利”的理学相对立，倡导“人道”存于“人事”的道德观和“功到成处，便是有德”的功利主义，素有“朱陈之辩”之说。

明清时期，行政伦理的演变与政治经济的发展相互适应，主要表现为以下三个方面。一是明初，程朱理学仍为指导思想，继续加强君主权威和强化中央集权；明中叶，频繁爆发的农民起义和多重的统治矛盾使王守仁的“致良知”和陆九渊的“心学派”学说打破了程朱理学的独尊格局。二是明末清初，部分进步思想家为谋求解决集权统治的弊端开始寻求变革之路。中国传统行政伦理思想进入一场“自我批判”运动，从价值观、人性论、理想人格等方面出发，批判道义论和禁欲主义以适应经济发展，论述个人意识觉醒下人性的来源和实质，推崇以“实学”“习行”“习成而性与成也”替代理学“持敬”的方法。三是清中叶后，为稳定政治，统治者采取文化专制，程朱理学再次成为主流思想，直至鸦片战争时期，行政伦理思想启蒙的光辉被湮没。

（四）近代时期：传统行政伦理的启蒙和转化

从 1840 年鸦片战争到 1949 年中华人民共和国成立前夕，中国逐渐沦为半殖民地半封建社会。清政府腐败无能，政治动荡不稳，社会混乱不安，加之西方列强的肆意挑衅，在如此民族危机之下，近代的思想家、政治家开始探索救国救民之路，开创了“西学东渐”的局面。西方资本主义思潮涌入，封建伦理观念受到冲击，一场中西方伦理思想的交流与碰撞、吸收与创新、批判与反思对中国行政伦理产生了深远影响。

在民族危机日益加剧的时刻，龚自珍一味地强调人的私情私意颠覆了“以公灭私”的传统行政伦理观念，宣扬个性解放的思想；魏源率先提出“师夷长技以制夷”的复兴方针，主张“以实事程实功”的功利主义伦理观，提出

① 朱贻庭．中国传统伦理思想史[M]．5 版．上海：华东师范大学出版社，2021：11.

向西方学习,弘扬经世致用之学。在此期间,具有西方伦理精神的大量语汇在“西学东渐”中冲击着国人传统的日常生活观念,为近代伦理思想的重塑提供了源源不断的精神内涵。甲午战争后,伦理思想的演变主要表现为从西方引介伦理理论和展开伦理实践,并进行了中西伦理思想的初步比较。严复的《天演论》《群己权界论》开启了引介西方伦理学说的先河,卢梭的政治伦理理念、密尔的功利主义伦理学说、赫胥黎的进化论观念等先后进入国人视野。同时在实践中,有识之士逐渐开始用西方伦理学的思路来看待中国的问题。思想的演变必然会引起制度的变迁,于是有了《资政新篇》的问世、科举制度的废除、辛亥革命的发生、三民主义的实践以及新中国的成立。辛亥革命至新中国的成立,是中国学者系统引介西方伦理学不同时期的重要流派、著名人物及其代表著作的时期,也是中西伦理学比较、吸收、融合的重要时期。西方伦理学的“东渐”不仅带来了中国百姓日常生活的观念变化和中国社会制度设计的重塑,而且其学科的叙述方式、研究方法也进入了东方学者的视野。通过对西方伦理学的引介、比较、吸收和融合,诸多东方学者开始关注西方伦理学的学科研究方法。

二、传统行政伦理的主要流派与主要思想

行政是国家行政机关依法对国家政务、社会公共事务和行政机关内部事务进行有效管理的活动。两千多年前,《左传》中便有“行其政事”“行其政令”的记载。关于如何“行其政事”和“行其政令”等问题的解答,不同的阶级有不同的道德标准和道德判断。梁漱溟先生曾对中国传统社会这样总结:政治之根本法则与伦理道德相结合,二者一致而不分,而伦理学与政治学终之为同一学问——这是世界所知之唯一国家。① 梁漱溟先生认为中国传统社会带有十分浓厚的伦理色彩,中国独特的历史与社会环境孕育着丰富多彩的行政伦理思想。

(一)儒墨道法四家的行政伦理观:中国传统行政伦理思想的历史之源

从古至今,中国传统行政伦理思想以其独特的风格特点在演进。春秋战国时期之前的思想大多以“碎片”方式表现出来,春秋战国时期先后登上百家争鸣舞台的诸子百家的思想则是以一种系统化的理论呈现出来。正是

---

① 梁漱溟.中国文化要义[M].北京:商务印书馆,2021:1.

因为系统化的特征，具有深远意义的儒墨道法四家思想成为中国传统行政伦理思想的历史之源。

1. 儒家的行政伦理观

儒家行政伦理思想源于先秦时期的孔子、孟子和荀子，由孔子创立，经孟子继承和发扬，再由集大成者荀子正式生成。孔子作为部分奴隶主贵族利益的代言人，在面临"礼崩乐坏"的形势时，对周礼进行了与时俱进的批判、继承与超越，构建了以"仁学"为核心的思想体系，其中蕴含着诸如"道之以德，齐之以礼""以德行政""以礼治国"等一系列行政伦理思想。与此同时，孔子为实现"德政"与"礼治"贯通的行政伦理模式，通过兴办私学和周游列国等途径来传播和推行"仁学"思想。生活于战国中期的孟子，代表着由奴隶主贵族转变而来的地主阶级的利益，以性善论为假设，在继承和系统发展孔子行政伦理思想的基础上，提出了"以仁政得民心"的伦理思想和"民为贵，社稷次之，君为轻"的民本思想，使孔子行政伦理思想得以丰富。荀子是战国末期新兴地主阶级的利益代表，作为先秦儒家行政伦理思想的集大成者，既立足于儒家立场，又不拘泥其中，而是博采众家之长，在性恶论的假设下，提出了"隆礼重法""以民为本""尚贤使能"等行政伦理原则。在随后的历史长河中，儒家的行政伦理观在长期的政治实践中为中国社会发展提供了丰富的思想资源和精神动力。

2. 墨家的行政伦理观

墨家行政伦理思想由战国初期墨子创立。墨子从小生产者的利益出发，以"兼爱"为核心，建立了涵盖政治、经济、伦理与哲学四位一体的思想体系，其中包含着一系列诸如"非攻""尚同""尚贤""贵义""贵利"等具有行政军事思想、行政组织思想和行政人事思想的诸多内容。墨家思想中蕴含着丰富的传统行政伦理的原则与规范，例如在人事录用方面，墨家主张"以尚贤为政"的举贤观念，明确"以德就列"的选拔标准，采用"自上而下"的选拔方式，按照"听其言，迹其行，察其所能而慎予官"的录用程序。[①] 墨子对于传统行政伦理的贡献在于，在"兼爱互利"的基础上提出了"尚贤"和"尚同"的主张。墨子的"尚贤"主张开启了封建时代官僚政治的途径——科举制的先河。在春秋战国时期诸侯纷争割据的局面下，墨子主张逐级逐层"尚同"，推

① 朱仁显.中国传统行政思想[M].福州：福建人民出版社，2000：82-85.

到最后“尚同”于天子，这对于巩固国家统一起到了积极作用。虽然墨家学说的传承没有如其他诸子学说那样延绵，但墨家诸多思想精华被整合到儒家、法家等学派思想中，依然在不同时期展现其独特的魅力。

3. 道家的行政伦理观

道家行政伦理思想源于先秦时期，始于老子，经杨朱的发展，再经庄子的深入研究，建构起的以“道”为逻辑起点，以“无为而治”“治国爱民”等为原则的行政伦理思想体系，形成了与儒墨法相抗衡的行政伦理思想。老子生活在春秋末期战乱频发的时期，代表着没落中小奴隶阶级的利益，其从宇宙自然观中得出“无为而治”的政治结论，认为“道常无为，而无不为”，构造了以“小国寡民”为原则的行政组织伦理思想，提出了“圣人无为”的行政伦理思想。① 杨朱独特的贵己众生的“自我主义”②思想源于道家，而又与老子、庄子有别，在先秦诸子中独树一帜。庄子则以“隐士”的方式表达其高远的“道法自然”的治国之术，其在充满愤懑世俗的批判精神和追求内心自由的《逍遥游》中表露了深刻的“治国爱民”的民本思想，以及对自由、民主、平等价值的追求。

4. 法家的行政伦理观

法家行政伦理思想的源头通常被认为以管仲的“循道重民，礼法兼济”的行政伦理原则和子产的“铸刑书”为标志。法家主张“宽猛并用，以猛为主”的治理思想，既要实施“为政以德”的道德教化手段，又要实施“以猛服民”的刑罚管制。法家的行政伦理思想兴起于赵魏韩时期，李悝、申不害、慎到等法家代表人物，进行了以富国强兵为宗旨的变法改革，形成了法家的“法”“术”“势”的法治观念③和“利国”“利众”的行政伦理思想。秦国的商鞅变法是法家思想成熟的标志。商鞅作为战国中期代表新兴地主阶级利益的杰出思想家、政治改革家，在七国对峙争雄的形势下顺应历史发展潮流，审时度势，主张变法，为秦始皇统一中国奠定了基础。“治世不一道，便国不必法古”体现了行政管理与时俱进的思想，“缘法而治”表达了坚持法治、反对

① 朱仁显．中国传统行政思想[M]．福州：福建人民出版社，2000：52．

② 费孝通．乡土中国[M]．上海：上海人民出版社，2019：38．

③ 宁国良．韩非的法、术、势及其现代政策价值[J]．西安电子科技大学学报（社会科学版），2005，15(2)：19-21，86．

人治的原则,“刑无等级”更是突破了“刑不上大夫,礼不下庶人”的奴隶制原则。[①] 战国末期的韩非建立了以君主专制为典型特征的行政领导思想,成为法家学派的集大成者。总的来说,法家的行政伦理思想蕴含着丰富的内涵。

(二)中国传统行政伦理的主要思想

我国传统社会伦理色彩非常浓厚,孕育了诸多行政伦理思想。我国传统行政伦理思想起源较早且历史悠久,经过数千年的发展,为后人留下了宝贵的文化精粹。传统行政伦理思想是在数千年的历史长河中得到发展并成熟起来的,各种思想流派,从多元存在发展到相互兼容,并逐渐形成以儒家思想为核心的传统行政伦理思想的理论体系。由于时代的局限,中国传统行政伦理思想精华与糟粕并存,但中国传统行政伦理思想的精华集中体现了中华民族传统美德。

1. 个人品德:尚公、重礼、贵和

中国传统行政伦理道德源远流长,内容丰富而庞杂。其中,尚公、重礼、贵和对中华文明、民族精神和民族性格都产生了深远影响,既具有鲜明的时代性,又具有一定的超越性。第一,在中国古代,群体、整体通常是用“公”来表述的。中国古代尚公,首先是由我国古代特殊的社会结构所决定的。中国古代社会是一种家族本位的社会结构,家族的整体利益直接关系每个家庭成员的切身利益,个人的社会地位是由家族地位所决定的。因此,人们把家族的整体利益置于首位。中国古代重整体的观念产生于先哲对人的社会性的深刻认识。在这一观念的影响下,家族整体主义发展扩大为重群体的社会整体观念。于是,整体重于个体、整体利益高于个体利益成为中国传统行政伦理道德的基本价值取向。第二,中国古代重整体的观念以及对人的社会性的深刻认识,必然会强化重秩序的观念。在我国古代等级制社会中,社会秩序便是等级秩序,而礼则是维护等级秩序的重要手段。礼者,人之规范。从上古起,中国文化就是一种礼乐文化。礼被看作“人之所以为人”的内在规定性。经由长期的浸润熏陶,礼从外在强制逐渐成为人们普遍的内在自觉,被社会广泛认同。这种源远流长且根深蒂固的重礼传统,确实发挥了使“人人纳于规范之中”的效果。第三,中国古代的整体主义十分重视整

---

① 朱仁显.中国传统行政思想[M].福州:福建人民出版社,2000:45-52.

体内部的和谐，试图通过人际关系的和谐、个人与整体的协调来实现整体的和谐。中国传统的贵和精神表现在诸多方面：就国际关系而言，主张“协和万邦”；就国家治理而言，期望“政通人和”；就人际关系而言，要求“和睦相亲、和衷共济”，强调“和气致祥”；就家庭关系而言，告诫人们“家和万事兴”；就经营之道而言，提醒人们“和气生财”。中国人始终认为，祥和之气是最可贵、最美好的。

2. 从业道德：公忠重民、唯正尚贤、廉洁勤政

从业道德，又称为官德、政德，是为政者在其管理活动和权力运作过程中所展现出来的德行素养。为政者的道德品质和道德修养是否完美直接决定着国家的安危治乱。传统行政伦理思想中关于官德的思想与儒家的德治思想是一致的。第一，公忠。“大道之行也，天下为公。”这里的“公”，一是指社会整体，是利益层面上的，与“私”相对立；二是指公平与公正，是价值层面上的。这里的“忠”是指尽心竭力，忠诚无私，强调的是以身报国，尽力成就事业，尽力帮助他人，始终如一热爱国家、忠于祖国。“天下为公”的传统官德表达了人民群众追求理想社会和理想道德人格的希望，也成为历代官德的最高标准和终极价值。第二，重民。《尚书》中强调了“民”的重要地位，提出了“民惟邦本，本固邦宁”①。“得民心者得天下，失民心者失天下”“君者舟也，庶人者水也，水则载舟，水则覆舟”等一系列思想将人民看作国家的根本，是传统官德的精华。以民为本体现在为政者要懂得顺从民意，因为“政之所兴在顺民心，政之所废在逆民心”。孔子、孟子、荀子等思想家均强调重民思想。第三，唯正。这是为政者的基本官德。孔子言：“政者，正也。子帅以正，孰敢不正？”孔子将“政”解释为处事公正、行为端正。为政者应清正廉洁、居官慎独、勤政。第四，尚贤。“尚贤者，政之本也”。善于任用贤能之人，既是执政的根本要求，也是为政者的基本职业道德。孔子提倡贤人政治，一方面要求士人要努力学习、提升修养，使自己成为贤人；另一方面要求为政者要举荐贤才，为国家出力。第五，廉洁勤政。“廉者，民之表也；贪者，民之贼也。”为政者不贪财物，立身清白无污的廉洁官德，在传统文化中被看作“为政之本”“人生之大纲”。廉洁与勤政是相联系在一起的，贪赃的官吏不可能做到勤政，勤政的官吏则往往廉洁。韩愈说：“业精于勤，荒于嬉。”精

① 钱宗武. 尚书译注[M]. 北京：中华书局，2022：12.

通政务要靠勤奋努力，而它的荒废往往是由于怠惰、随意。

3. 公共精神：公私关系

公私观念在文化中是极富活力的思想因子，公私之辨亦是古今一以贯之的议题，如何看待和处理公私关系，很大程度上决定了某个文明或秩序发展的向度。“大公无私”是传统社会中极具代表性的公共精神，也始终被看作个体应该拥有的高尚品格之一。可以说，“大公无私”的观念，在中国传统社会中既被统治阶层所认可，又被广大民众所认同。官僚阶级的“大公无私”意味着官员忠于王事、忠于君主、忠于国家。对百姓来说，“大公无私”则意味着君主不袒护私情而施以“仁政”，意味着官清吏廉。“大公无私”一直以来被中国传统社会的各个阶层所认同，中国传统知识分子阶层亦将其视为最高精神境界。孔子从一开始就将“义”和“利”视为对立的两端，并提出“君子喻于义，小人喻于利。”《吕氏春秋·贵公》中特别强调“公”的政治价值，认为“昔先圣王之治天下也，必先公，公则天下平矣。平得于公。尝试观于上志，有得天下者众矣，其得之以公，其失之必以偏。”宋明理学则进一步将“公”和儒学的核心概念“仁”结合起来，将“公”与“私”的对立作为仁学要处理的核心问题。

然而，传统社会制度设计的局限性，使具有公共精神属性的“大公无私”难以充分实现。传统社会对个体“大公无私”的角色期待在某种程度上具有内在冲突性。一方面，传统社会中“君君臣臣父父子子”的君主秩序具有某种公共属性；另一方面，君主秩序的构建又具有以“家天下”为特征的外在形式。在这种情况下，作为传统社会秩序的“大公无私”的精神难以充分实现对个人品格的内在要求。由于“天下”被君主阶层视为“家天下”，带有个人财产的性质，以及现实中实行“家国同构”的政治制度，因此造成实际生活中的公私混淆，很多时候难以实现对个体行为的有效约束。总之，作为公共精神的“大公无私”对于传统社会秩序的稳定来说是必需的，但在传统社会的制度建构中难以克服与封建秩序中“一家之私”的矛盾，这是由传统社会制度设计的阶级局限性所决定的。

三、传统社会的行政伦理实践

在中国几千年的阶级统治中有一种根深蒂固的观念，即为政在人而不在制。虽然历代统治者们均强调人治，但是在政府组织设置上，统治者们也注重建立官吏的选拔制度，注重建立完备的监察制度。历代统治者们通过建立监察制度，调节各级官吏的言行举止，进一步影响并调整国家机构的整体运行。从客观上讲，中国古代监察制度的建立，对制衡王权、考核官吏等均起到了一定的积极作用。

监察制度在我国起源甚早。战国时期，职掌文献史籍的御史官就已有明显的监察职能。秦汉时期的监察职责是由御史承担的。御史大夫为副丞相，统领御史执行上至宫廷、下至全社会的监察职能。汉武帝时分天下郡国为13个州，一州为一监察区，设立刺史行使监察职能。刺史的监察范围有明确规定，即“六条问事”之制。“六条问事”监察的主要对象是地方官员、地方官员的子弟以及地方豪强，目的是加强中央对地方的控制，以维护中央集权。东汉时期，以御史中丞为首，组建了御史台，名义上属于九卿之一的少府，但实质上是独立的专门监察机构。魏晋南北朝时期，御史台不再隶属于少府，而是成为皇帝直接掌控下的全国性的监察机构。于是御史台的权力也相应有所扩大。由于监察长官权势日大，出现了防范监察官员犯法渎职的规定。群臣犯罪，若御史中丞失纠，也要罢官。御史中丞“自皇太子以下无所不纠”，拥有“震肃百僚”①的权威。提升监察机构的权力是为了维护专制君主的权威。隋唐之后，监察制度愈发完备。监察机构组织健全，有明确的分工和严密的组织制度，构成了一个系统完善的监察体系。

唐代的最高监察机构仍称为御史台，且权力比前代有所扩大，不仅可根据传闻进谏或弹劾官吏，而且御史任期内若不督察检举，便会遭“降职出台”。在司法行政领域内，御史不仅担任职务，而且在内部还设立常任法官。监察官员涉及行政事务，基本上所有的政府活动均在御史台的监督之下。唐代的监察权相对独立，监察官员由君主选用。除监察官员之外，唐代还有专职的谏官，主要职能为参与国家决策，若认为政策法令制定等有不妥之处，则通过规谏来避免决策失误。谏官的设置，既有利于国家政治，也有助于对皇权进行一定的约束。

宋代监察机构随着封建专制主义的发展而加强。中央沿袭唐制，御史台仍设三院：台院、殿院和察院。察院的监察重点由唐代对地方转到对中央百官特别是尚书六部官员身上，有极高的权力。宋代特别重视监察职能，通

① 魏向东，曹炳生，杨光，等. 中国古代文化史[M]. 苏州：苏州大学出版社，1998：101.

过强化御史的权力职能，来维护专制君主的威信。宋代也设立了专门的谏官机构，称为谏院。谏院的主要监察对象是以宰相为首的官吏，检举揭发官吏的不法行为。元代中央设御史台，御史大夫秩从一品。此外，元代还在江南和陕西特设行御史台，行御史台与中央御史台的职责类似，是中央御史台的派出机关。这是元代监察制度的重大发展。明代监察制度随着君主专制中央集权的强化而得到充分发展和完备。中央将御史台改为都察院，作为中央最高监察机构。监察御史虽为都御史下属，但直接受命于皇帝，有独立进行纠举弹劾之权。都察院除执行监察权外，还握有对重大案件的司法审判权。清代监察机构沿袭明代，又有所发展，在中央仍设都察院。清代，一方面允许监察官风闻言事，直言不讳；另一方面为了防止监察官权力过大，规定御史对百官弹劾要经皇帝裁决。到宣统年间，新内阁成立，都察院被撤销。

中国封建社会历代的监察制度，对强化政府对官吏的监督，调节统治阶级内部矛盾，起到了正向作用。监察制度成为中央加强对地方的控制、强化皇权、巩固封建统治的重要手段。中国古代监察制度历史悠久，是值得我们珍视的文化遗产之一，对于当代的行政道德立法有一定的参考价值。

第二节　西方伦理学举要

一、德性论伦理

（一）德性论伦理的主要观点

德性，是对人在言语举止中表现出的高尚、优秀的品质的概括与表达，无论是西方德性理论还是中国传统德性思想，都强调要做一个德性之人。德性论伦理的形成是一种将主体化、个性化的道德、品性具象化的过程，具体是指将无数个人的优秀道德品质进行凝练形成伦理标准，进而以言传身教以及提出多种德目为途径，对普通个体的行为进行伦理规范的过程。

作为一种传统的伦理观，西方的德性论伦理可追溯到古希腊思想家对德性的讨论界定与提出的幸福主义观念，包括苏格拉底“德性即知识”的观点、柏拉图提出在理性德性引导下的“勇敢”与“节制”两种德性，以及亚里士多德的“中道”与“思辨观”等。中世纪以来西方宗教的发展带来的是以宗教精神领袖与教律规定为轴心的德性伦理体系；文艺复兴则带来了人文主义和世俗价值的伦理观，其中以人为本的观念以及对个人幸福的追求构成了对宗教权威性的挑战。近代以来西方的德性伦理体系逐渐以个体的自由发展和整体的和谐有序为指向，更加强调公德本位以及社会的建构与发展的要求。

（二）德性论伦理的特征

首先，德性论伦理是基于道德和品性的伦理。德性论伦理基于人的品质与道德，通过强调为实现个人的完善、幸福与有序而应当具备的德性品质标准，进而以这一标准影响与规范人的行为。不同伦理派系关于德性的讨论与研究会对某个派系所支持的德性系统进行总结提炼，形成不同体系的德目作为德性论伦理的指导逻辑。一方面不同学派的德性论伦理观念不尽相同，难免存在矛盾，难以形成统一的德性概念；另一方面通过道德品质的指导来规范人的行为难免过于抽象，实践性不足。

其次，德性论伦理围绕作为个体的人的发展而展开。德性论伦理是出自人的德性的伦理，是一种以个体德性为自因的伦理。德性论伦理在对个体的德性进行凝练，使之系统化、伦理化之后，又影响个人的实践活动，推动个人自身的发展。德性论伦理通过个人自身品质与公共道德的提升，来影响德性社会的建构与社会道德规范的优化，强调个体能动性以及对社会整体的影响力。但以个体的人作为研究对象容易导致对社会成员普遍利益的忽视，对个人完善的追求有时会缺乏对社会性的认同。

最后，德性论伦理的规范表现为柔性的教化手段。作为一种观念性质的伦理，德性的普及往往是通过教育的方式来实现的，通过家庭、学校、社会等场所，个人在成长中逐渐增进自身对德性的理解，并向外转化为德行，进而实现社会范围内德性的提升。但以潜移默化的教化式引导来发挥德性论伦理的作用，注定难以通过制度或书面性的规范提供保障，也很难有明确的尺度来衡量。在引导人的良性行为之外，在对不遵从伦理标准甚至反伦理的不良行为的规制中，德性的教化难以有效发挥作用。

（三）德性论伦理的目标与途径

德性论伦理强调个体的道德修养和道德品质的培养，认为一个人的德性决定了他的行为和生活方式。德性论伦理的目标是培养和发展个体的德性，使其成为具有优秀品德和道德行为的人。实现德性论伦理目标的途径主要有以下三种。

第一是道德教育。德性论伦理认为道德是可以培养和教育的，通过道德教育可以培养个体的道德品质和道德行为。道德教育包括家庭教育、学校教育、社会教育等多个方面，可通过教育引导个体形成正确的道德观念和价值观，形成良好的品行与素养。

第二是环境塑造。一方面社会环境对个体的德性发展起着重要的影响，良好的社会环境可以提供良好的道德规范和道德激励，促使个体形成正确的道德观念和行为习惯。社会通过创造良好的道德环境，激励与惩治并举，为个体的德性发展提供支持和保障。另一方面榜样的示范可以激励个体向德行高尚的方向发展，通过向榜样学习，个体可以逐渐培养自己的德性。

第三是自我修养。个体应该通过自我修养来培养自己的德性，包括对自己的思想、情感和行为进行反思和调整，同时通过思想学习、实践活动与社会交往提升自我修养，在自我约束和自我教育中提升自己的道德品质。

二、功利论伦理

（一）功利论伦理的主要观点

功利论伦理的观点具有明显的目的论逻辑，认为合乎道德的行为或制度是根据能否实现最大多数人的最大利益来判断的，若行为或制度能够给利益相关者带来利大于弊的结果，则是道德的。由于功利论伦理的观点内涵简单且符合人的常识，例如可将“最多数人的最大利益”表述为较为常见的“公共利益”“社会福利”等，易于为人所理解和接受，因而功利论伦理贯穿整个伦理学史，其内容涵盖范围的广泛性赋予其难以撼动的理论地位。

功利论伦理观的主要代表人物有英国伦理学家、经济学家边沁和英国哲学家、经济学家穆勒。边沁认为，快乐和痛苦是人的是非标准、因果联系以及情绪与行为的决定标准，是依靠理性和制度实现幸福的基础；功利则倾向于为利益相关者带来快乐或幸福，或者防止其遭受损害或痛苦。这种利益相关者既可以是个人，也可以是共同体。当一项行动增加幸福的倾向大于减小幸福的倾向时，这一行动符合功利论伦理观。穆勒对边沁的功利论伦理观进行了发展，认为功利论伦理观中的“幸福”并非动物的幸福或快乐，而是人精神上的幸福和快乐,且指最大多数人的最大幸福,因此判断某一举措是否符合道德标准便是看其是否促进了最大多数人的最大幸福。

(二)功利论伦理的特征

首先,功利论伦理的尺度具有趋利避害的特征。趋利避害是人的本性,功利论伦理的最大特点是在人类趋利避害的本性中寻找道德行为的标准,行为主体根据自身的自由意志,得到自由而全面的发展。社会人的行为本质体现出理性自私的人性特征,通过实际获得的结果来量化某一行为所带来的幸福,以此来判断在功利主义下这一行为是否是道德的。

其次,功利论伦理具有实用主义的特征。功利论伦理注重实际应用和实用性,强调通过实际有效的行动措施来追求最大幸福,而不是仅仅停留在理论层面。基于最大多数人的最大幸福标准,功利论伦理关注人思想和行为的绩效、效果和结果,并由个人进一步向社会推行。

最后,功利论伦理关注的是作为群体的大多数人。不同于德性论伦理对个人品质的注重,功利论伦理的人性预设尽管也提及个体的人,但与此同时强调"每个人",即利益相关的"大多数人"。在此基础上,功利论伦理把复杂社会成员的普遍利益作为研究对象,力图实现的是最大多数人的最大利益,即集体利益的最大化。这也带来了一个问题,由于集体利益无法具备个体利益的具象化特征,所以对于个体而言,基于功利主义获得的幸福最终只能是抽象的幸福,或者说是平均水平的利益幸福。

(三)功利论伦理的目标与途径

功利论伦理的目标是追求最大化幸福和利益,以及最小化痛苦和不幸。功利论伦理在研究个体利益的基础上,关注整体的幸福程度,旨在实现行为对最大多数人幸福作出贡献的道德追求。实现功利论伦理目标的途径主要包含以下三种。

第一是个人幸福标准的确定。功利论伦理的道德标准本质上是人的利益追求,决定了明确需要实现的幸福标准以及目标结果。这要求作为行为个体的个人注重理性与目标意识的建构,追求最大化的幸福和利益。

第二是集体意识的培养。功利论伦理的最大幸福原则是以最大多数人的最大幸福为评判标准的。这需要个人在追求自身幸福的同时,提高自身的品德,包括同情心、社会性的感情以及自身的良心约束等,通过内在和外在的约束力实现社会中行动者的和谐一致。

第三是注重实际的行动。相较于德性论伦理，功利论伦理具有更强的实用主义特征，强调通过实际行动来追求最大幸福，而不是仅仅停留在理论上的道德分析层面。因此，功利论伦理要求行为主体通过实际有效的措施来实现最大化的幸福和利益。

三、义务论伦理

（一）义务论伦理的主要观点

义务论伦理将“正面”和“应当”作为基本概念，强调的重点并非行为导致的结果如何，而是行为本身或采取行为的依据。义务论伦理的观点集中于道德动机，关注人采取行动来源于什么样的义务或职责。义务论伦理与功利论伦理呈现出对立的关系，在义务论伦理的视角下，功利论伦理所追求的道德的结果并不能确保导致这一结果的行为的正当性。行为的正当性取决于其是否符合某种形式的道德原则，即道德原则或道德规范对人应有的权利和义务进行规定，人的行为需要符合这一规定才能被视作正当的或道德的。

康德是义务论伦理观的主要代表人物。康德提出善良意志的概念，将善良意志定义为一种按照道德要求去选择好的行为的倾向，并认为无论导致的结果如何，善良意志本身代表着无条件的善。康德认为，出于责任的行为才具备道德价值，且这一价值取决于指引行为的责任而非行为导致的结果。康德的义务论伦理观认为，多种形式的道德法则和道德目标规定了每一个人的责任和义务，出于责任而为的意志则是善良意志，人们基于这一意志选择好的行为。

（二）义务论伦理的特征

首先是义务论伦理中义务的优先性。义务论伦理认为，道德义务是普遍适用的，不受个体的个人喜好或情感的影响，且在行为选择时道德义务应该优先于个体的个人利益和欲望。个体应该根据道德原则来决定行为，无论行为的后果如何，无论是否能够获得回报或受到惩罚，他们都有责任遵守道德规范。

其次是义务论伦理的主观理性。尽管义务论伦理认为功利论伦理的结果取向并不能确保某一行为的正当性，但其也难以解释为何某一行为就其本身而言是错误的。因此，义务论伦理将这些问题交由人的道德常识或理性思维来解释，即道德规范是独立于个体行为的，可以通过理性思考和推理来确定。个体应该通过理性思考和推理来确定道德规范，并根据这些规范来行动。

最后是义务论伦理的普遍性。义务论伦理强调的是道德或责任，追求的是满足公众的普遍要求，而非个体自身的主观诉求或幸福，要求个体从道德目标出发，将伦理道德和道德义务作为指导自身行为的普遍要求。康德的义务论伦理观也指出了这一点，认为只有普遍性的义务论伦理与道德理性才能对个体的道德行为进行指导，实现普遍性的人类目标。

（三）义务论伦理的目标与途径

义务论伦理的目标是通过遵守道德义务和责任来实现道德行为。义务论伦理强调个体应该根据普遍适用的道德规范来约束行为，通过履行道德义务个体可以追求道德的正确性和公正性以及对他人和社会的负责。实现义务论伦理目标的途径主要有以下三种。

第一，需要通过理性思考来确定道德规范。个体应该根据理性思维与群体目标来判断什么是正确的和错误的，什么是道德的和不道德的，进而识别道德责任和义务。通过理性思考，个体可以确定道德义务，并根据这些义务来指导行为。

第二，需要明确道德义务的普遍优先性和无条件性。个体应该将责任和义务置于个人利益和欲望之上，无论行为的后果如何，无论获得回报或受到惩罚，都应该根据道德规定的义务采取行动。

第三，需要识别并衡量目标与责任的关系。义务论伦理中的行为来自责任，责任来自需要实现的目标，目标的确定需要行为个人准确衡量个人目标与群体目标的关系。当群体目标与个体目标冲突导致其产生的责任要求与行为指向产生矛盾时，群体的目标与责任优先。

四、正义论伦理

（一）正义论伦理的主要观点

正义是人类最古老最基本的道德观念之一。一般对正义的定义为合乎社会道德标准与要求的行为，是人的一种美德。当这种美德反过来指导规范人的行为时，正义便具备了伦理的意味。正义观一般被放在资源与权利的分配领域，在这一讨论范畴中，公平往往被认为是正义的，也意味着相关运行机制的正当性与合法性。不论是在平等、自由等人生存与发展的基本权利中，还是在利益、财富等资源的分配中，正义都是首要的伦理价值追求。

正义论伦理观的代表人物是罗尔斯。罗尔斯著有《正义论》一书来阐释正义论伦理的相关观点。在罗尔斯的观念中，社会发展的现状需要一种良好的组织形态来辨明正义与非正义的区别。这种良好组织形态的建构需要一种超越原有社会契约理论的，更抽象、更拔高的正义观来反驳传统的功利论伦理观，进而解决社会的正义问题。罗尔斯提出社会正义原则，包括自由平等原则和差异原则，指出每个人都应在平等享有基本权利的基础上，对非基本权利进行按需按比例分配。在这一正义原则的指导下，罗尔斯的正义论伦理实现了自由、平等和博爱的统一，对解决社会公平问题有着积极意义，对当代正义论伦理的发展也起到了推动作用。

（二）正义论伦理的特征

首先是分配正义，即公平性的特征。正义论伦理的社会正义原则强调个体权利的平等，这意味着每个人的权利份额应得到公平、道德的对待，所以权利和利益分配的公平性体现出正义论伦理的特征。在正义论伦理与功利论伦理的对峙中，社会中少部分人的利益得到关注，开始被视为社会道德与正义的一种向度。随着社会经济的发展，“权利统一”与“机会均等”观念的实现成为可能，因而正义便被寄托于公平与自由的实现中。

其次是社会成员的德性正义特征。正义论伦理的社会正义原则并非只停留在高屋建瓴的理论层面，它需要社会成员拥有支持这种社会正义原则的伦理德性和伦理正义感，并在社会实践中切身践行。在正义建构和实施的过程中，需要社会成员的伦理正义精神。例如社会成员对德性、责任等的强调是一种基于对正义目标的伦理认同，是个人的善与正义的统一。

最后是社会行为中的过程正义特征。社会正义的建构需要通过社会成员之间的交往来实现，在政治上体现为治理或法治体系正义的建构，在社会上体现为社会交往中的正义或团结。这些过程都需要正义观的指导，通过正义的或道德的社会交往和交流来获得正义的规范和社会的团结，并“治疗”社会交往中的“病症”，即需要保持对社会行为和生活的正义和良善。

（三）正义论伦理的目标与途径

正义论伦理的目标是实现社会的正义和公平，关注的是如何通过正义标准与道德行为来建立一个公正的社会秩序，确保每个人享有平等的权利和机会。实现正义论伦理目标的途径主要有以下三种。

第一,个人对社会道德规范的遵守。正义论伦理强调社会成员对道德规范的遵守以及对自己义务和责任的履行,个人的行为应该有利于社会的整体利益,以此来当作社会的善与正义的标准。这包括尊重他人的权利和尊严,遵守法律和社会规范,这些都需要社会个人在实践中去遵守。

第二,做到对公正平等的追求。正义论伦理强调追求公正的重要性,个人应该平等、公平地对待每个人的基本权利,个人应该能够自由行使自己的权利和追求自己的利益,同时也应该尊重他人的自由和平等权利。这要求个人应该避免歧视和偏见,确保得到平等的机会和待遇。

第三,要促进社会公益。个人在考虑到对他人利益尊重的同时,也要注重对权利获取机会的重视。在避免剥夺他人自由和平等权利的基础上,也要尊重、保护甚至创造让社会成员能够获取基本权利的机会,追求普遍的社会正义。

五、关怀论伦理

(一)关怀论伦理的主要观点

关怀论伦理是20世纪下半叶由女性主义者创立的伦理学理论。关怀论伦理强调人类关系中的关怀和关爱以及人与人之间的互动和相互依赖。关怀论伦理认为,人类应该以关怀和关爱他人为基础来指导自己的行为和决策。人类应该关注他人的需求、利益和幸福,并尽力满足他们的需要。这种关怀和关爱不仅仅是出于道德责任,也是出于对他人的尊重和尊严的认可。在关怀论伦理中,关怀被视为一种道德情感和行为的基础,以此来强调人类的情感和情感的表达。关怀论伦理强调公正和平等,认为人们应该平等对待他人,主张建立一个公正和平等的社会,让每个人都能够享受到关怀和关爱。

美国伦理学家吉利根是历史上第一位被公认的关怀论伦理发言人。她基于女性相较而言更重视关系而非公正的道德推理取向,强调关怀道德取向的价值。她指出,相较于正义论伦理侧重于对个体权利平等与抽象的道德准则的逻辑演绎,关怀论伦理更加关注人类之间的情感,凭借道德直觉来分析研究具体的伦理矛盾,并加以解决。美国伦理学家诺丁斯认为,关怀可以从美德与关系两种特性角度来理解,而从关系的特性角度上来理解,关怀论伦理的特性角度显得尤为突出。这一观点影响深远，得到了国内外学者的热议。因而，诺丁斯被认为是关怀论伦理的集大成者。

（二）关怀论伦理的特征

首先是关怀主客体双方的关系性。关怀是在双方共同的掌控下实现的。不论是在两个人之间还是在个人与事物、个人与环境的关系中，必然存在一方付出关怀，另一方接受关怀的逻辑关系。要使这种关系成为一种关怀关系，当事双方都必须满足建立关系的条件。无论是付出关怀的一方还是接受关怀的一方，任何一方出了问题，关系都会遭到破坏。因而关怀论伦理需要行为主体个人感情或愿望自发对被关怀主体需要产生反应的意识，以及培养能够对他人产生关怀的道德意识。

其次是关怀的来源在表达上具有多元性。关怀可以来源于人的存在形式，是对其他生命的同情态度以及人在做任何事情时严肃的考虑；可以来源于情绪，它蕴涵于爱之中，体现出对目标的主动关爱并以此采取行为；可以来源于道德，表现出怜悯、忧患和对苦痛的担忧；可以来源于关系，人与人在社会交往中将关怀付诸实践。基于关怀丰富的来源，关怀的表达与功能也能够表现在诸多方面，包括自然环境、人际交往、社会和政治功能以及文化上的功能与影响等。

最后是关怀实践性与价值性的统一。关怀本身是一个实践活动的过程，这个过程包括关心、照顾以及关怀的给予和接受等阶段。作为一种实践，它表明了人们应该如何应对需要和人们为什么应该应对需要。关怀建立了人与人之间的信任以及人与人之间的相互关心和交往，这不单是一系列的实践，这种实践和其对应的态度是同时发展的。关怀的属性和标准可以被描述，也可以被建议和不断改进，这使得关怀实践能够表达出使人团结起来的关怀关系和价值意义，并逐步令人从道德上感到满意。

（三）关怀论伦理的目标与途径

关怀论伦理的目标是建立一个关怀和关爱他人的社会，让每个人都能够享受到关怀和关爱。通过关怀和关爱他人，提升人类的幸福，创造一个更加美好的世界。实现关怀论伦理目标的途径主要有以下三种。

第一，要建立公正平等的社会制度。与正义论的伦理观点相似，基于关怀论伦理建立一个公正和平等的社会环境的主张，首先要在社会制度和道德原则层面实现公正与平等的目标，构筑重视社会福利短板、关怀他人的社会上层建筑，确保每个人都能够享受到公正和平等的待遇。

第二，要注重关怀理念的传播。关怀论伦理鼓励人们通过教育、宣传等方式传播关怀和关爱的理念，扩大关怀理念的适用范围和关怀伦理的影响能力，让更多的人认识到关怀的重要性，形成公正平等的社会氛围和人际交往关系。

第三，要培养个体的关怀能力。关怀论伦理认为个体应该培养和发展自己的关怀能力，学会关注他人的需求和利益，尽力满足他人的需要。与此同时要将这种能力应用于实际生活中，补齐社会福利和成员利益的短板。

■ 第三节　传统行政伦理的现代探求

一、传统行政伦理的现代价值

现代化的推进过程中，传统文化是起点，不是终点，不断地对传统文化革旧迎新，是现代社会对传统社会的继承与延续。传统与现代说到底不是对立的关系，而是一体两面的关系，现代文化以传统文化为基石并对其进行自我革新与自我创造。基于传统社会的伦理思想，行政伦理意识在现代社会的治理过程中才有传承的意义。同时，科学借鉴西方现代文明成果，将中国传统行政伦理与西方现代治理理论相融合，打造中国特色的社会治理理论及体系。

（一）对行政个体的作用

中国传统行政伦理道德是中华民族精神集聚、气节流露、风貌展现、情感融合和礼仪传承的一种体现。作为一种特殊的、对当代中国发展具有引导作用和促进作用的社会意识形态，中国传统行政伦理道德对于行政个体的品德发展同样具有不可替代的作用。

1. 指引作用

改革开放、体制转轨以及市场经济的发展等社会环境的改变在一定程度上冲击了人们的道德观念，市场的弊端日渐显现，极个别公民产生了享乐和利己等思想。例如，在我国的传统文化中诚实守信一直是伦理道德的基石。诚实守信往小了说是一个人的优良品德，往大了说是一个国家建邦立业的根本，因此要不断发挥诚实守信这一传统美德的作用。此类传统行政伦理道德为行政个体提供了统一的基本行为标准，其依据的是国家和社会公认的道德观念。另外，行政人员掌握着一定的社会资源，在一定程度上代表着社会的形象，其行为对公众产生普遍的引导作用并间接影响社会风气，所以传统行政伦理对行政个体具有指引作用。

2. 维系作用

在五千年的历史长河中，中华传统美德一直强调以礼待人、以礼治国、以礼治天下。即使到现代社会传统行政伦理仍旧是兴国安邦的关键要素，"以和邦国，以统百官，以谐万民"。行政人员作为经济、政治、文化、社会等各领域事业的活跃参与者，行政人员的职业道德和职业行为必然会成为全社会关注的焦点，如果行政人员能够对人民负责，真正为人民办实事，那么就会受到人民的拥护。如果每一位行政人员都能够克己奉公，认真履行自己的职责，国家就会拥有一支团结的行政人员队伍。儒家文化中礼俗文化上至国家显贵，下至百姓无不遵从着"礼"的教化，每个人都遵守一定的行为规范才使整个社会能够稳定有序发展。传统的伦理道德使行政系统中个人之间形成广泛的信任关系，在行政主体和行政对象之间搭建沟通桥梁，增强凝聚力。

3. 规范作用

传统行政伦理道德是一种以一定概念、范畴和一系列的伦理规范反映并作用于行政过程和行政行为的存在，它通过具有普遍共识的传统行政伦理道德规范限定行政行为的活动范围、行为模式，使行政过程更加趋向于程序化、规范化。一方面，传统行政伦理道德在一定程度上能够对行政人员的行为产生约束；另一方面，权力角色自身的道德意识和人格追求又直接对行政人员产生指导、监督和自我评价作用。在这个过程中，行政人员通过对标传统行政伦理道德强化符合伦理道德的行为，弱化不符合伦理道德的欲念。

（二）对公务员职业道德的作用

公务员行政伦理是指作为公共行政活动主体的公务员的行政伦理。公务员有两层含义，一是作为公共行政人员的社会角色，是公共行政活动最基本的主体，通过公职行为来管理社会公共事务，承载着社会对公共行政人员的角色期待；二是作为一种职业，公务员是指由社会分工而形成的具有特定专业和专门职责，并以所得收入作为生活来源的一种工作。公务员行政伦理作为一种应用伦理，其构成应以伦理学对伦理道德的划分为依据。伦理学将伦理道德划分为价值、品质、情感、规范等四个领域，公务员行政伦理也应当作相应的划分。传统的伦理道德能够在每个公务员的行政活动中以伦理胜任力的形式体现出来，对公务员职业道德的作用体现在以下三个方面。

1. 提供正确的价值取向

公务员的公共行政活动具有明确的价值指向，体现着社会主流价值，在社会主流价值的基础之上确定公共行政的价值目标，并进而进行价值判断、价值选择和价值评价。中国古代传统官德建设有着悠久的历史，其中"德治"建设对古代统治发挥着不可磨灭的作用，是传统吏治的核心存在。古代统治者基于统治的需要对官员最基本的道德底线要求是忠君爱国。"忠君"指的是对国家的君主倾尽全力。"忠君"思想经过历代统治者和思想家们的演绎，到了两汉时期已经发展成为官员要绝对地服从君主，不忠于君主便为大逆不道、罔顾人伦，即"君为臣纲"。"忠"作为官德建设的一个重要组成部分，除了对君主服从外，往往还涵盖着对国家、对朝廷甚至对自己职位的忠诚。在"忠君"的前提下做到"爱国"，这其中包含着以天下为己任——坚持以人民为中心的价值立场，坚守人民至上的价值理念，使一切为了人民、一切依靠人民成为其行为定式和自发动机。故，传统行政伦理道德可为公务员行政伦理建设提供一定的价值取向依据。

2. 提供完善的伦理规范

公务员道德伦理包括公务员行政价值取向、行政德性品质、行政道德情感。传统行政伦理道德在公务员道德伦理建设中具有特殊的作用。公务员道德伦理是不成文的、约定俗成的。中国传统社会的行政伦理规范大多如此，例如官员主要以君主的训诫等方式作为行政行为规范。在古代天下通常指某一个国家的城邦或者土地，将管理国家的责任作为己任是古代官员的行政指南，"先天下之忧而忧，后天下之乐而乐"，古代士大夫常常以格物致知、修身治国平天下等道德要求来约束自己，把"平天下"作为自身道德修养的最高要求。例如，顾炎武提出"天下兴亡，匹夫有责"，认为国家兴亡的责任与国家中的每个人都相关，每个人都应当在道德追求中扛起发展自己国家的责任，更不要说在这个国家中的官吏或君主。

3. 提供高尚的德性品质和崇高的道德情感

品质是影响人格发展的一个重要因素，是其他人格因素的标志。德性品质所表达的是人格道德中善的品质，是政治德性、行政德性、公共德性和家庭德性等四种德性的统一。传统的伦理道德是人经过修养所形成的比较稳定的德化情感。黄宗羲"扶危定倾"的思想表达了传统士大夫以国家为己任的道德情怀。忠君爱国是传统官德建设的一个重要方面,也是士大夫的重要美德,不管是陆游的"位卑未敢忘忧国",还是岳飞的"精忠报国",都体现出古代士大夫在行政过程中对于自己国家的热爱,对于君主的服从。忠君爱国、天下为公充分显示了古代士大夫朴素的伦理思想在行政中的体现。

传统文化发展过程中"儒释道"有着各自的理论和主张,这其中传统儒家伦理影响格外深远,对于官德的建设尤以"为政以德"为第一要务。孔子曾经对为政以德做过阐释:"道之以政,齐之以刑,民免而无耻;道之以德,齐之以礼,有耻且格"。孟子则道出了具体措施,"施仁政于民,省刑罚,薄税敛"。他们都强调为政者要加强自身的品德修养。政府行政人员在行政过程中,其自身的道德品质会影响施政的态度和过程,而且行政人员自身的美德对民德民风起着直接的引导作用。孔子在《论语》中说:"为政以德,譬如北辰,居其所而众星共[①]之。"孔子在《大学》中提到"古之欲明明德于天下者,先治其国。欲治其国者,先齐其家,欲齐其家者,先修其身。欲修其身者,先正其心……心正而后身修,身修而后家齐,家齐而后国治,国治而后天下平。"这都体现出为政以德的重要性。

(三)对行政组织的作用

1. 价值观引导

传统行政伦理提供了一套基本的道德准则和价值观,例如诚实、公正、廉洁等,这些价值观对行政组织具有指导作用。传统行政伦理强调个人和组织的道德责任,促使行政组织成员遵守道德规范,推动行政组织健康发展。诚实、公正、廉洁等价值观对行政组织成员的行为具有规范作用,要求他们在工作中遵守道德规范,不做违背道德的事情。传统行政伦理的价值观引导作用使得行政组织成员具备了正确的道德判断力和行为准则,能够遵守职业道德,避免不道德行为的发生。传统行政伦理强调公共利益的重要性,要求行政组织成员在工作中始终以公共利益为导向,为社会、为人民服务。传统行政伦理的价值观引导作用使得行政组织成员能够树立正确的价值取向,关注公共利益,不以个人私利为重,而以维护社会公正、促进社会

① "共"同"拱"。

进步为己任。传统行政伦理强调个人和组织的道德责任，要求行政组织成员在工作中承担起相应的道德责任。传统行政伦理的价值观引导作用使得行政组织成员能够认识到自己在行政工作中所承担的责任，不仅要对组织、对公众负责，也要对自己的行为负责，以保持行政组织的公信力和形象。

2. 行为规范

传统行政伦理对行政组织的行为具有规范作用。传统行政伦理是指在社会中长期形成的并被广泛接受的道德规范和价值观念，它对行政组织的行为起到了指导和约束的作用。

首先，传统行政伦理对行政组织的行为规范起到了道德引领作用。传统行政伦理中的道德原则和价值观念，例如诚信、公平、公正、廉洁等，为行政组织提供了明确的道德准则，使其在决策和执行过程中能够遵循道德规范，不偏离公共利益原则，保证行政行为的合法性和公正性。其次，传统行政伦理对行政组织的行为规范起到了社会约束作用。传统行政伦理是社会共同认可的道德规范，反映了社会价值观念和公共利益的要求。行政组织作为社会公共管理的重要组成部分，其行为必须符合社会的道德期望和价值观念。如果行政组织的行为违背了传统行政伦理的原则，就会受到社会的批评和谴责，从而受到舆论压力和道德约束，迫使其改正错误行为，恢复公信力。最后，传统行政伦理对行政组织的行为规范起到了规范性的作用。传统行政伦理为行政组织提供了一种行为规范的模板，使其能够在日常管理和决策过程中遵循一定的道德原则和规范。这些规范包括公正、法治、权责一致、责任追究等，对行政组织的工作进行规范和约束，确保其行为的合法性和合理性。

综上所述，传统行政伦理对行政组织的行为规范起着重要作用。它不仅为行政组织提供了道德引领和规范性的指导，还对行政组织的行为进行了道德约束和社会约束，确保行政组织的行为符合社会公共利益的要求。

3. 信任建立

传统行政伦理对行政组织的价值观引导作用还体现在信任关系的建立上。传统行政伦理强调诚信、可靠等价值观，这些价值观的遵守使得行政组织能够树立起可信赖的形象，从而获得公众的信任与支持。信任关系的建立有助于行政组织的顺利运行，推动公共事务的有效开展。传统行政伦理对行政组织的信任建立起到了重要的作用。信任是社会交往的基础，也是行政组织与公众之间建立良好关系的前提。传统行政伦理中的道德准则和价值观念为行政组织提供了信任的基础和保障，从而促进了行政组织与公众之间信任关系的建立与维护。

首先，传统行政伦理提供了行政组织的道德参照。传统行政伦理中的道德准则和价值观念，例如诚信、公正、公平、廉洁等，为行政组织的行为提供了明确的道德标准，使公众能够对行政组织的行为进行评判从而选择是否信任该行政组织。行政组织如果能够遵循传统行政伦理的要求，诚实守信，公正廉洁，就能够赢得公众的信任和支持。其次，传统行政伦理反映了社会共同的价值观念和道德期望。行政组织作为社会公共管理的重要组成部分，其行为必须符合社会的价值观念和道德期望。如果行政组织能够与传统行政伦理价值观念保持一致，那么将获得公众的认同和支持，建立起信任关系。最后，传统行政伦理为行政组织提供了行为规范和约束。传统行政伦理中的道德原则和规范，例如公正、法治、权责一致、责任追究等，对行政组织的行为进行规范和约束。行政组织如果能够遵循这些规范，保持行为的透明、公正和负责任，就能够赢得公众的信任和认可。

综上所述，传统行政伦理对行政组织的信任建立起着重要作用。它为行政组织提供了道德参照和行为规范，反映了社会共同的价值观念和道德期望，从而促进了行政组织与公众之间信任关系的建立与维护。

4. 文化传承

传统行政伦理传承了历史发展中的优秀价值观念，例如诚信、正直、公平、尊重等。这些价值观念可以成为行政组织的核心价值，作为行政人员的行为准则和道德标准，促使他们更加负责任地履行职责，树立良好的行政形象。传统行政伦理代表了一个民族或社会的文化传统和价值观念。通过传承传统行政伦理，行政组织可以保留其独特的文化特色，形成自身的文化氛围和共同认同，提升组织的凝聚力和向心力。传统行政伦理传承了对个人和社会行为的规范，例如廉洁、敬业、谦虚等。这些规范可以指导行政组织成员遵守法律法规，作出正确的决策和行为，确保行政活动的合法性、公正性和透明度。此外，传统行政伦理对行政组织成员个人素质的提升具有重要作用。传统行政伦理要求个人具备高尚的品德和修养，例如诚实、勤奋、包容等。这些品德和修养可以提高行政人员的职业道德素质和工作能力，以便更好地履行职责、服务公众。传统行政伦理代表了一个社会的文化传统，通过传承，行政组织可以弘扬和传承民族文化，并将其融入行政工作。这有助于增强行政组织的文化认同和凝聚力，提升行政组织的文化底蕴和影响力。

总体而言，传统行政伦理对行政组织的文化传承起着重要的作用，它不仅可以作为行政人员的行为准则和道德标准，形成行政组织的独特文化，还可以提高行政人员的个人素质，塑造行政组织的价值观念，促进行政组织的发展。

（四）对执政党道德的作用

1. 主导价值观的塑造

传统行政伦理作为一个社会基本价值观念的承载者，可以对执政党道德产生重要影响。传统行政伦理中蕴含的诚信、正直、公平、廉洁等价值观念可以成为执政党道德建设的参照，引导党员干部树立正确的道德观念和行为准则。

2. 指导行为规范

传统行政伦理传递了对个人和社会行为的规范，包括尊重他人、忠于职守、奉献社会等。执政党的党员和领导干部作为党的代表和管理者，应当遵循传统行政伦理中的行为规范，自觉履行责任，做到以民为本、为民谋福，履行公正、公平、廉洁等行政职责。

3. 弘扬社会责任意识

传统行政伦理注重个人与社会的关系，强调个人应当为社会做贡献和承担责任。执政党的党员干部通过传承传统行政伦理，可以培养社会责任意识，更加重视社会公益事业，促进社会公正和人民幸福。

4. 塑造党员干部的品德修养

传统行政伦理对个人品德和修养的塑造具有重要作用。传统行政伦理要求个人具备高尚的品德和修养，例如忠诚、勤奋、谦逊等。通过传承传统行政伦理，执政党可以培养党员干部的品德素质，提高他们履职尽责和服务人民的能力。

5. 提供道义支撑和激励

传统行政伦理在道义层面为执政党提供了支撑和激励。传统行政伦理中蕴含的道德要求和精神力量可以在政治权力交替、治理挑战等关键时刻激励执政党保持坚定的道德信念，并决心以民为主、以廉政为要，为人民群众提供有效的治理和公共服务。

总体来说，传统行政伦理对执政党道德起到了塑造主导价值观、指导行为规范、弘扬社会责任意识、培养品德修养、提供道义支撑和激励等作用。它有助于引导执政党确立良好的道德标准和行为准则，增强道德自觉，推动党的事业发展和为人民谋幸福。

二、传统行政伦理的现代困境

传统行政伦理在发展的过程中，遇到了一些困境和挑战。一方面人们对传统行政伦理本身是否适应不断变化发展的时代提出了质疑；另一方面时空背景重置、阶级属性的转化对传统行政伦理也提出了新的要求。

（一）对传统行政伦理本身的质疑

传统行政伦理在当代社会发挥作用的同时，出现的伦理失范现象，导致人们对传统行政伦理本身是否适应现代社会的发展提出质疑。随着社会的发展和变化，传统行政伦理所强调的价值观在现代社会中可能面临新的挑战。不同群体和个体拥有不同的价值观和道德准则，传统行政伦理的普遍适用性受到质疑。这给传统行政伦理的传承和应用带来一定的困惑。现代社会强调个体的自由和权利，传统行政伦理中的一些规范和约束可能被认为侵犯了个体的权利。例如，传统行政伦理对个体的社会责任和群体利益的强调，与个体权利的观念可能存在冲突。传统行政伦理强调公正、廉洁和诚信，但在社会上权力滥用以及腐败现象仍然存在。这一现象削弱了传统行政伦理在行政和社会治理中的作用，导致传统行政伦理的效用受到质疑。

从微观层面上看，在我国传统社会中，由于受家族式亲缘关系的影响，人们在社会交往过程中往往会依赖他人对自己的评价，并且会根据这种评价调整自己的行为规范。基于此，传统道德提出不管是君主还是士大夫都要以德服人，普通百姓要遵守社会道德规范。这种基于小农经济产生的传统道德观念深入人们生活的方方面面，既能使人们在日常生活中实践伦理思想，同时也对人们的德行修养提出了更高的要求。但是社会的发展、小农经济的瓦解使得传统以家庭为单位的宗族关系越来越淡薄，人们在交往过程中的不信任和提防增加了社会运作成本，使得道德感在人际中缺失。人们缺少道德感、规避道德责任。近些年的一些社会事件显露出当代社会对传统行政伦理的质疑:传统行政伦理是否能够在当前的社会环境中继续发挥自己的调节和规范作用?

从宏观层面上看,传统行政伦理的价值标准模糊,以往儒家思想占主导位置,但是社会转型时期多种价值的出现导致价值冲突出现。当每个人面临多种价值标准的选择时,这种价值标准的模糊会演变为伦理的失范。随之,在实践过程中,人们会出现缺失道德责任感、丧失是否履行道德实践的判断能力等现象。

(二)时空背景重置产生的困境

改革开放后,我国在经济、政治各个领域都进行了重大变革,从根本上改变了我国的利益格局,这对传统行政伦理提出了极大的挑战。对于行政人员而言,社会转型时期经济体制改革向纵深发展,但是政治体制改革相对滞后,相对滞后的政治体制与持续发展的经济体制之间不匹配,导致个别行政人员钻改革的空子,进行权力寻租,致使腐败屡禁不止。经济发展多元化导致价值观念多元化,旧的道德规范被削弱淡化,新的道德规范未被确立,西方的拜金主义、享乐主义、极端个人主义乘虚而入,个别行政人员未能经受住考验,造成公共权力非公共运用,使行政道德失范。对普通公民来说,由于社会经济利益的制约,公众的伦理道德也在不断发生变化。传统小农经济建设中强调“重义轻利”观念,因为小农经济更加强调自给自足,即使是贸易也局限于小范围内,且会受到人情民俗的影响。随着社会的转型、市场经济的发展,市场经济更加注重公平交易以及交易过程中的效率和效益,这可能导致人们在现实的经济生活中道德和利益的平衡点向利益倾斜,带来了经济领域道德失衡的现象。想要在新的社会发展和时代背景下确立更加适应社会生产力发展的义利观和集体主义,必然会造成社会的传统行政伦理观念和现代的行政伦理观念之间的矛盾和冲突。因此,时空背景的重置在一定程度上导致传统行政伦理适应艰难。

(三)阶级属性转换产生的困境

权力制约机制的不完善导致社会伦理失范,制约了传统行政伦理的发展。因权力而造成的资源分配不公也成了很多群体性突发事件的源头。结构层面上,行政人员的权力来源于法律、政府以及公民,而从制度层面上,行政人员的权力来源于自己的上级。官僚制中的权力运行是单向度的,下级服从上级。韦伯的官僚制过分强调去人格化以及理性,但是人不是机器,在具体行政过程中过度强调服从，如果多种权力相加，并且这种权力要求的结果并不一致时权力的冲突就带来了责任的冲突。阶级属性转换背景下公权力冲突对传统行政伦理提出了更高的要求。

三、传统行政伦理的现代转型

（一）传统行政伦理转型的原则

1. 以人民为中心

将人民的利益置于首位，坚持为人民服务、依法行政、廉洁奉公，推动行政行为合法、公正、公平，维护人民的合法权益。以人民为中心是指行政机关在履行职责时，要把人民的利益放在首位，以人民的需求和利益为出发点和落脚点，为人民提供优质的公共服务。在传统行政伦理转型中，以人民为中心的原则应该贯穿始终。

首先倾听民声，行政机关要积极倾听人民的意见和建议，建立畅通的反馈渠道，了解人民的需求和关切；公正公平，行政机关要坚守公正和公平原则，不偏不倚地对待每个人，保障人民的合法权益；提高服务质量，行政机关要加强服务意识，提高服务质量，为人民提供便捷、高效、优质的公共服务。其次依法行政，行政机关要依法行政，严格按照法律和法规办事，保障人民的合法权益。最后加强沟通与参与，行政机关要加强与人民的沟通和互动，鼓励人民参与行政决策和公共事务的讨论决策过程；诚实守信，行政机关要树立诚信意识，守信用、讲诚信，确保行政行为透明、可信。

以人民为中心的原则是传统行政伦理转型的基本要求，通过贯彻落实这一原则，可以使行政机关更好地服务人民，实现行政行为的合法、公正、公平。

2. 依法治理

坚持依法治理原则，加强行政法治建设，严格按照法律法规和规章办事，遵循程序正义和结果正义。依法治理是指行政机关在履行职责时，必须严格按照法律法规和规章进行管理和决策，以法律为准绳，以法治思维和法治方式处理行政事务。

在传统行政伦理转型中，应重视和贯彻依法治理原则。① 增强法律意识。行政机关要树立法律意识，明确法律的权威和约束力，自觉遵守法律，不得违法行事。② 重视法治建设。行政机关要加强法治建设，推动法律法规的制定和完善，建立健全行政程序和权力运行的规范机制。③ 落实法治原则。行政机关在行使权力和处理事务时，要坚持依法行政原则，严格按照法律法规和规章办事。④ 加强法律培训。行政机关要加强对行政人员的法律培训，提高行政人员的法律素养和法律意识，确保行政行为的合法性和合规性。⑤ 加强法律监督。行政机关要建立健全法律监督机制，加强对行政行为的监督和评估，防止权力滥用和违法行为的发生。

依法治理原则是行政伦理转型的重要内容，通过贯彻这一原则，可以保障行政机关行政行为的合法性、公正性和公平性，增强公众对行政机关的信任和支持；同时，也可以提高行政机关决策的科学性和效率，为人民提供更好的公共服务。

3. 创新发展

推动行政机关转变职能，加强创新能力，提高行政效率和服务质量，为人民提供更好的公共服务。行政机关创新发展是指政府机关在履行职能和提供公共服务的过程中，采取创新的方式和方法，提高工作效率和质量，推动公共治理的现代化和优化。① 创新管理模式。行政机关可以引入先进的管理理念和方法，建立科学的绩效评估体系，推行公开透明的决策机制，加强内部协同和沟通，提高决策的科学性和效率。② 加强信息化建设。行政机关可以利用信息技术，建设数字化、网络化的管理平台，实现信息共享和协同办公，提高工作效率和响应速度，提供更加便捷和高质量的公共服务。③ 推动政务公开。行政机关可以通过公开政务信息，提高政府的透明度和公信力，增加公众对政府工作的监督和参与，促进政府决策的科学性和公正性。④ 创新服务方式。行政机关可以针对公众需求变化和社会发展需求，创新公共服务方式和内容，提供更加个性化、便捷和高质量的服务，提高公众的满意度和获得感。⑤ 创新人才培养和激励机制。行政机关可以创新人才培养和激励机制，吸引和留住优秀人才，提高行政机关的专业水平和工作能力，推动行政机关创新发展。

行政机关创新发展不仅能提高政府工作的效率和质量，还能增强政府的公信力和合法性，促进社会治理的现代化和优化，推动社会经济的可持续发展。因此，政府应当积极推动行政机关的创新发展，为公众提供更好的服务和保障。

（二）转型的合理定位

转型应该以推动行政机关的现代化建设为目标，以提高行政效率、提升服务质量、维护人民权益为导向，以法治化、规范化、责任化、效能化为基本要求，以整体推进为基本方式。

传统行政伦理的转型应该定位于合理化和现代化。传统行政伦理通常被认为是基于权威和权力集中的价值观和规范，而现代社会的需求和挑战要求行政伦理适应更为民主、透明和效能的要求。因此，合理化定位意味着对行政伦理进行的转型应该是合理的，即应该基于科学、理性和公正的原则。此外，现代社会的发展也要求行政伦理的现代化，即行政伦理应该适应新的价值观和社会变革，并与科技化、信息化等新兴力量相结合，以提升行政效能和提供更好的公共服务。传统行政伦理转型的合理定位应考虑以下五个方面因素。

1. 社会发展需求

传统行政伦理在现代社会面临许多新的挑战和问题，例如全球化、科技发展和信息化等，因此，传统行政伦理转型的合理定位要根据时代和社会发展的需求来进行转型，以适应新的环境和问题。

2. 公共利益导向

传统行政伦理转型应以公共利益为导向，以服务公众、推动社会进步为目标，确保行政权力的合法性和公正性，促进行政机关工作的廉洁和高效。

3. 价值观转变

传统行政伦理可能存在一些陈旧的观念和价值观，合理定位转型需要考虑社会的多元化和个人权利的保护，以尊重个人尊严、平等和非歧视为基础，构建包容性和多元化的行政伦理。

4. 制度改革与监督机制的建立

传统行政伦理转型不仅仅是理念和价值观的改变，还需要建立相应的制度和监督机制，确保转型后的行政伦理能够得到有效实施和监督，避免权力滥用和腐败现象的发生。

5. 职业道德的提升和培训的加强

传统行政伦理转型需要从源头上加强对行政人员的培训和教育，加强职业道德的建设和提升，提高行政人员的责任感和使命感，使其具备更新的行政伦理观念和更高的行政伦理素质。

总之，传统行政伦理转型的合理定位应综合考虑社会发展需求、公共利益导向、价值观转变、制度改革与监督机制的建立以及职业道德的提升和培训的加强等因素，以确保转型能够适应现代社会的需求，并促进行政机关的责任履行和公共服务水平的提升。

（三）转型的具体路径

1. 建立健全行政伦理规范

制定行政伦理准则、行政道德规范等，明确行政机关的行为规范和行政人员的职业道德要求。应制定明确的行政伦理准则，规范行政人员的职业道德和行为。行政伦理准则应包括公正、廉洁、服务、诚信等基本原则。行政伦理准则可为行政人员提供明确的行为指南。在行政伦理规范中明确行政人员的职责和权力范围，防止行政人员滥用权力和出现任性行为。

一是，行政伦理规范应明确规定行政人员在权力行使中应遵守的原则和限制，建立行政伦理审查和监督机制，对行政人员的行为进行监督和评估，确保其遵守伦理准则和规范行为。监督机制包括内部监督机制、外部监督机制、举报机制等，可为行政人员提供有效的监督平台。二是，加强行政人员的伦理培训和教育，提高他们的伦理意识和伦理修养。培训内容包括伦理准则解读、伦理决策方法和伦理案例分析等，从而帮助行政人员更好地应对伦理挑战。三是，建立激励机制，对遵守伦理准则和规范行为的行政人员进行奖励和表彰；同时，建立严格的处罚机制，对违反伦理准则和规范行为的行政人员进行惩处，起到警示和震慑作用。四是，激励公众参与行政伦理规范的制定和评估，充分听取公众的意见和建议。五是，加强舆论监督，公众和媒体对行政机关和行政人员的行为进行监督和批评，推动行政伦理规范的落实。总的来说，建立健全行政伦理规范需要上述五个方面综合推进，以保障行政人员的行为合规和公正，提高行政机关工作的透明度和服务质量。

2. 推动行政机关的法治化建设

建立健全行政程序和行政权力运行监督机制，确保行政行为的合法性和公正性。建立法律法规体系包括：建立完善的行政法律法规体系，明确行政机关的法定职责和行政权限，规范行政行为，防止行政人员滥用行政权力。

一是，制定与行政工作相关的法律法规，确保行政机关在政策制定、行政执法和行政决策中依法行事。二是，推动行政机关依法办事，建立和完善行政决策、行政执法和行政管理的法治化机制。加强行政人员的法律培训和法治宣传，提高其法律素养和法治意识，确保行政决策和行政行为合法、合规。三是，建立行政机关法律顾问制度，设立专门的法律顾问岗位，为行政机关提供法律咨询和法律事务处理方面的支持。行政法律顾问可以提供专业的法律意见和建议，规范行政决策和行政行为。四是，建立行政法律审核机制，对行政机关的行政决策和行政行为进行法律审核，确保合法合规。法律审核可以由专门的法律机构或法律顾问进行，对行政机关所涉法律问题进行及时指导和纠正。五是，加强对行政执法活动的监督和评估，确保执法行为符合法律规定和程序。建立行政执法监督机制，设立独立的行政执法监督机构，对行政执法活动进行监督和检查，防止滥用执法权力和违法执法行为的发生。六是，建立健全行政争议解决机制，包括行政诉讼制度和行政复议制度，确保公民和法人能够依法维护自己的合法权益，有效解决与行政机关的法律纠纷。

总的来说，推动行政机关的法治化建设需要从建立法律法规体系、实施依法行政、建立行政法律顾问制度、强化行政法律审核、加强行政执法监督、构建行政争议解决机制等多个方面综合推进，以加强行政机关的法律意识、法治意识和法律遵从能力，确保行政机关在行政活动中依法行事。

3. 提高行政机关的效能和服务质量

推动行政机关的机构优化，提高工作效率和责任意识，加强服务意识和服务能力，提供高质量的公共服务。优化组织结构和管理体制包括：对行政机关的组织结构和管理体制进行优化调整，简化冗余的程序和层级，提高行政决策的效率。

一是，建立科学的绩效评价和激励机制，激发行政人员的工作动力和责任心。二是，推动行政机关的信息化建设，建立数字化的信息管理系统和公共服务平台，提供便捷的在线服务和信息查询渠道，提高办事效率和质量。三是，加强行政人员的专业化培训和能力建设，提高其专业知识和技能水平。培养行政人员的服务意识和创新能力，使其具备更好地应对复杂问题和需求的能力。四是，建立健全内部管理和监督机制，加强行政机关内部的监督和审计，确保行政行为的规范性和合法性。加强对行政人员的纪律约束和行为规范，防止行政失职和不作为现象的发生。五是，鼓励公众参与行政决策和监督行政服务，建立有效的沟通机制和反馈渠道，充分听取公众的意见和建议。同时，加大社会媒体和舆论的监督力度，推动行政机关提供更加贴近公众需求的优质服务。六是，学习借鉴国际先进的行政管理经验，采用适合本国情况的管理理念和方法。与国际组织和其他国家的行政机关进行交流与合作，获取更多的管理经验和技术支持。

总的来说，提高行政机关的效能和服务质量需要优化组织结构和管理体制，强化信息化建设，加强专业化培训与能力建设，强化内部管理和监督机制，加强公众参与和社会监督，并学习借鉴国际先进经验，以不断提升行政机关的效能和服务水平。

4. 加强行政机关的监督和问责

建立健全行政机关的内部监督和外部监督机制，加强对行政人员的监督和考核，对违法违纪行为进行严肃追责。建立健全监督体系包括：建立健全行政机关的监督体系，包括内部监督和外部监督。内部监督可以通过建立内部审计制度、设立监察部门、开展巡视检查等方式来实施；外部监督可以通过设立独立的监察机构、加强公众监督、媒体监督等来实施。

一是，对行政机关的执法行为进行监督，确保执法行为合法、公正、公平。建立行政执法审核制度，定期对执法决定进行审核，杜绝任性执法、滥用职权等问题。对违法执法行为进行严肃追责和惩处。二是，建立行政机关的举报机制，鼓励公众和行政系统内部人员对行政机关的不当行为进行举报。确保举报渠道畅通，并保护举报人的合法权益，对举报行为进行查处，确保违法、渎职、失职等行为得到及时处理。三是，建立严格的行政机关问责机制，对违法、渎职、失职等行为进行追责。实行一岗双责原则，落实责任到具体岗位和责任人，对失职行为进行问责，保证行政机关履行职责的有效性。四是，增强行政机关的公开透明度，提供信息公开的渠道和平台，向公众公开行政机关的工作过程、决策依据和执行结果等相关信息。确保公众能够了解和监督行政机关的工作，提高行政机关的透明度和公信力。五是，建立行政机关的审计和评估机制，对行政机关的财务管理、绩效管理、决策执行等进行审计和评估。及时发现问题和弊端，对不规范、低效、浪费等问题进行整改。

总的来说，加强行政机关的监督和问责需要采取严格执法监督、建立举报机制、强化问责机制、实行信息公开、建立审计和评估机制等多方面措施，以确保行政机关依法行事、公正履职，保证行政机关有效运行。

5. 增强行政机关的信息公开和公众参与

加强行政机关信息公开，推动行政决策的公众参与，增加社会公众对行政机关的监督和评价。建立信息公开制度包括：制定相关法律法规和政策，明确行政机关信息公开的范围、方式和程序。确保行政机关对行政决策、政策制定、执法过程等重要事项进行公开，提供信息公开的渠道和平台，方便公众获取相关信息。

一是，加强行政机关的信息化建设，建立电子文件管理系统、公共数据库等信息管理平台，提高信息公开的效率。利用互联网和移动技术，通过官方网站、移动应用等渠道向公众提供便捷的信息服务。二是，加强对行政机关信息公开政策和措施的宣传，提高公众对信息公开的知晓度。通过媒体报道、宣传活动等方式向公众传递信息公开的意义和作用，鼓励公众积极参与。三是，鼓励社会组织、专家学者、媒体等第三方机构开展行政决策和政策实施的评估，提供独立、客观的评估结果。同时，加强媒体和公众对行政机关行为的监督，通过舆论监督和舆情反馈等方式推动行政机关提供更好的服务。四是，建立行政机关与公众之间的沟通和合作机制，鼓励公众参与行政决策和政策制定过程。通过举办听证会和座谈会、开展民意调查等形式，征集公众的意见和建议，并充分考虑公众利益和意见，促进公众参与的实质性合作。

总的来说，增强行政机关的信息公开和公众参与需要从建立信息公开制度、促进政府信息化建设、加强信息公开宣传、实施社会评估和监督、推动公众参与机制建设、加强公众教育和参与意识的培养等多方面综合推进，以实现公开透明、民主参与的目标。

专栏 1-1　对话儒家伦理：
新时代实施公民道德建设的传统资源与多层路径

公民道德建设不能仅仅从契约论的立场来谈形式性道德，而是需要汲取儒家资源来建构整体性的公民道德体系。儒家的忠道确立了自我的德性与相应分位的道德责任，其传统的纲常可以转化为公民的职业道德；儒家的恕道承认他者与自我的平等地位并生起对他者的关照，其传统的伦常可以转化为公民的人际道德，开启儒家式的公私领域。实施公民道德建设，应该继承宏观层面的民族文化心理的道德信仰，加强私人领域伦常关系的文化熏陶，培养公共领域对他人的普遍尊重以及相应的职业道德规范。

（资料来源　朱光磊：《对话儒家伦理：新时代实施公民道德建设的传统资源与多层路径》，载《东南大学学报（哲学社会科学版）》2018 年第 20 卷第 5 期，第 18～24、146 页。收入本书时有改动）

思考题

1. 简述中国传统行政伦理的主要流派与思想。
2. 列举西方行政伦理的主要流派与主要观点。
3. 简述中国传统行政伦理对现代行政体系的价值与作用。
4. 简述中国传统行政伦理现代化转型遇到的困境。
5. 讨论中国传统行政伦理现代化转型的原则与实践。

推荐书目

1. 朱贻庭. 中国传统伦理思想史[M]. 5 版. 上海：华东师范大学出版社，2021.
2. 梁漱溟. 中国文化要义[M]. 北京：商务印书馆，2021.
3. 朱仁显. 中国传统行政思想[M]. 福州：福建人民出版社，2000.
4. 费孝通. 乡土中国[M]. 上海：上海人民出版社，2019.
5. 钱宗武. 尚书译注[M]. 北京：中华书局，2022.
6. 魏向东，曹炳生，杨光，等. 中国古代文化史[M]. 苏州：苏州大学出版社，1998.

2

第二章

德 性 伦 理

学习目标

1. 熟悉德性的概念与意义，学会如何界定和鉴别德行的几个要素。

2. 了解行政德性的内涵，对行政德性进行解读，了解行政行为的道德批判。

3. 掌握公共行政中德性的具体内容，探索新时代公务员行政德性的内涵和建设路径。

康德在《道德形而上学》中说，德性是一种道德的力量。德性之于人而言，是指人的本质或者本性的东西。具体来说，德性是一种以道德为核心，同时具有卓越特征和生命力量的精神品质。

■ 第一节　德性的界定与价值

一、德性的概念与特征

（一）德性的概念

无论西方德性理论还是中国传统德性思想，均强调要做一个德性之人。德性是人之所以为人并获得幸福的根基。德性是指一个人或社会在道德方面的品质和特征，涉及一个人的道德行为、品德和道德素质等要素，可以被视为一个人或一个社会的道德品质的总和。

德性概念在不同的哲学和伦理学理论中有不同的解释和理解。在西方，德性意指事物的特长和用处，表示该事物具有高尚、优秀的品质或品性。在中国古代思想家眼中，德性表现为个人修养的培育以及社会交往的诸多规范。随着时间的推移以及文化交融，德性的概念与内涵不断丰富，而在这些概念中往往包含着共性的界定。

首先是优秀的品德和道德素质。如果一个人是有德性的，那么这个人一定被视为具备优秀的品德和道德素质，例如正直、善良、宽容、勇敢、诚实等。一个具有良好德性的人会坚守正确的价值观，会对他人和社会负责。

其次是遵循道德规范和准则。德性可以被理解为一个人遵循道德规范和准则的能力和意愿。一个具有良好德性的人会根据道德准则来指导自己的行为，不会违背社会的公序良俗和道德规范，能够在实践中促进社会的稳定。

最后是社会的认可和赞许。在社会层面，德性可以被视为社会对一个人道德品质的认可和赞许。一个具有良好德性的人能够推动社会的良性运转，在社会中会受到尊重和赞赏。

总之，德性是一个人或一个社会在道德方面的品质和特征的综合体现，包括优秀的品德和道德素质、遵循道德规范和准则以及社会的认可和赞许。德性的概念与内涵在此基础上不断丰富，形成庞大的社会道德和伦理思想系统。

（二）德性的特征

从来源上讲，德性是一种强调道德力量的品质。德性本身是一种道德力量，它来自社会历史与实践活动中孕育出的公序良俗与行为准则。这些为社会成员所认可的优秀品质逐渐被概括为德性，并在德性这一范畴下不断丰富与延伸，形成多种具有鲜明历史、地域、实践特征的道德尺度，并内化于个人的意志中，进一步对人的行为进行规范。德性是人的意志，意志在行为过程中体现为道德力量。德性对于道德力量的重视，能够使人们的行为准则在追求善的过程中勤勉不息。同时，德性与人的道德力量呈现一种相互促进的关系，一个人越是努力追求自己的目标，其所具有的道德力量便越强大，越拥有德性。德性可促进个人道德力量的增加。

从目标上讲，德性是一种向善祛恶的品质。个人存在的主体意志与行为可概括为善与恶的衡量尺度。主体价值的实现以善为规定，以良心与道德的完善为最高形式。善的内容和追求是德性与道德行为选择的判断依据，当德性存在于人心时，向善能够解决内心的道德矛盾，从而驱使人进行行动以实现真正的道德，这是一种由抽象意识过渡到主观概念再到实际行动的过程。同时，德性也是一种克服恶的品质，人在追求良善目标的过程中必须扫除内心存在的恶，才能真正使自己做到善。因此，德性是能够使善被发扬、恶被克服的一种品质，是使人完成自身使命，走完自身旅途的一种品质。

从过程上讲，德性是一种在实践中追求卓越的品质。人所具有的德性是在追求美好的实践过程中表现出来的，同时德性能够使人在实践过程中出色地完成任务，是一种人在追求成功、实现美好愿望的过程中所表现、获得的品质，也是一种获得成功所不可或缺的因素。实践是将德性以及其对抽象的良善目标的追求与在现实中的实现进行联系的桥梁，德性不仅是获得实践内在利益必需的品质，也是使整体生活得以改善的品质，同时德性通过实践与人对良善与美好的追求相联系。

综上所述，对于德性的理解，其核心围绕着强调道德力量、向善祛恶、追求卓越三点展开论述，其最终的目的是使人能够得到更好的发展。德性作为一个不断发展中的概念，其在新的历史阶段被赋予了新的特征，反映出的是不同时代的社会发展情况与精神文明高度。

（三）德性的分类

德性往往被分为不同类型，基础尺度的不同，形成的分类标准也不尽相同，例如亚里士多德的“理智德性”与“道德德性”、阿奎那的“尘世德性”与“神学德性”等。基于对古今中外学者德性观点的扬弃以及当前社会环境下德性研究的时代需要，本书将德性的种类划分为道德德性、理智德性、实践德性和行政德性。

1. 道德德性

伴随着德性研究中人的活动范围从个人扩大到整个社会，个人的公民性增强，德性也从“私德”逐渐向“公德”靠拢，发展出调节人们关系的行为规范，即社会公德。道德德性作为全体公民在社会交往和公共生活中的行为准则，对人与人、人与社会、人与自然的关系进行了界定。因此，可以将道德德性定义为公共生活中的社会公民在道德上体现出来的优秀品质，包括人与人之间的信任关系、平等意识、行为规范、包容品德等具体内容。

2. 理智德性

智性文化是西方德性研究的重要价值取向，从古希腊时期的思想家到近现代民主和科学发展的阶段，理智往往是德性强调的重点。中国古代的德性观点中也常有“智”的出现。理智德性要求人要有智慧，要有足够的思维能力应对矛盾，能够通过理性思维明辨是非，能够在生活与实践中做到理性。在社会飞速发展的今天，理智德性是促进公民德性培养和建设的重要内容。

3. 实践德性

任何思想和科学都离不开实践。以追求“善”为目标的德性，其价值体现在德性实践中。实践德性是人在社会公共生活的实践中体现出来的德性，人也是在实践中实现对个人善和公共善的追求。基于实践产生关于德性的理解与思考，经过凝练与反思后又归于实践。这一过程不仅是德性价值的凝练，而且也是能实现这一价值的过程。对"善"的追求是德性进入实践领域的主要依据。

4. 行政德性

在中国的政治系统下，行政公务人员体量庞大。来自国家政党讲政治和守规矩的行为要求、国家公职系统内的行政工作需要以及为人民服务的行为追求，决定了行政公务人员德性的标准比普遍意义上的公民德性标准更高。因此，行政德性作为一种特殊的德性分类，将道德、理智、实践的特征融合于行政实践活动中，不断衍生出政治德性、身份德性、行政道德德性与行政实践德性等种类。行政德性既来自一般意义上的公民德性，又体现出超越这些意义、难以普遍适用并且仅对特定群体、特定领域发生作用的特征。因此，本书将行政德性单独列出，作为德性与德性伦理的一个种类进行研究。

二、德性与德性伦理

（一）德性伦理的界定

德性伦理是出自人的德性的伦理，是一种以个体德性为自因的伦理。关于德性伦理的界定，目前仍存在争论，其争论的焦点在于德性伦理能否自足，即德性伦理能否不依赖功利论和义务论的原则来下定义。这决定了德性伦理能否作为一种单独的伦理理论与其他伦理学观点分庭抗礼。但总体来看，学界关于德性伦理的讨论达成了几点共识。首先，德性伦理的核心是个人特质与品格的塑造，而不是以"以行为为中心"的伦理学。其次，伦理的本质决定了德性伦理关心的是人的发展状态，而不是具体的"应该如何行动"。再次，德性伦理中的基本概念体现出正向德性的特征，而非义务的特征。最后，对把德性伦理视作能向人提供行为建议原则的观点，持反对的态度。

德性伦理的发展实现过程是一种将道德、伦理逐渐主体化、个性化的过程，是一种将外在伦理转化为自身道德品质的过程。作为一种传统伦理，德性伦理的历史在西方可追溯到亚里士多德，在中国可追溯到孔子。西方文明是以古希腊理性主义与希伯来精神作为精神根基发展而来的，东方文明中天人合一的观念缔造了与西方文明完全不同的一种文明，从而产生了两种不同的德性伦理体系。

（二）德性伦理的主要思想

亚里士多德的德性伦理观以“善”为核心，认为幸福是完善和自足的，实现个人的完善是人所有活动的目的，因此将论述人应当怎样做和怎样生活，以达到幸福的目标作为德性伦理的主要任务。这一过程包含对人的行为进行对与错、善与恶的德性伦理上的解释。亚里士多德的德性伦理观中的德性是判断人的价值的基础，其具有相对固定的特质，通常是人在特定实践中按照特定方式去思考、感受和行动的取向。这种德性是由幸福这一最终目标来界定的，德性是实现个人幸福的主要手段。后世阿奎那、麦金太尔等学者在亚里士多德德性伦理观的基础上进行了丰富和发展，尽管表述上不尽相同，但都将“善”作为德性伦理的指向。

黑格尔“良心说”的德性伦理思想较亚里士多德的观点，在另一个方向上实现了发展与拔高。黑格尔认为的“德”，即亚里士多德观点中的“德性”。黑格尔认为道德是主观意志的法，是人的良心消解了社会中的道德冲突，并实现德性的维持和延续。对于“善”，黑格尔也进行了补充，认为人在对善的追求中会逐渐形成个体对善的内涵的丰富，进而经由个人意志对善进行规定，将其特殊化。不同于亚里士多德德性伦理观的一系列研究，黑格尔将善与意志相结合，并将主观意志下形成的义务作为善的本质规定。由于意志将人自在的反思和自为的存在统一起来，因而道德的观点经由意志确立了人的主体性，并寓于主体的自由之中，成为人习惯性的特质。只有当合乎道德的行为方式成为人性格中的固定要素时，才可以说是有德的。

中国古代儒家的德性伦理对于德性的解释聚焦于人的自身品行修养上。中国传统的“三纲五常”观念中的“五常”即“仁义礼智信”五种品质。“五常”是对于德性品质的一种解释，同时也是中华文化价值体系的核心概念。孔子在《论语》中对于“德性”的阐释，被后世总结为“仁义礼智信，温良恭俭让，忠孝廉耻勇”十五个字。中国的“德性”文化即是一种内在的“修身”文化，由于中国古代政治强烈的专制规范，人的思想得不到外在的展现，其思维指向更倾向于转向人的自身和人的内心。个人只能由外转内，寻求人生的价值意义，“内圣”“修身”的观念盛行。明代王阳明心学中的“致良知”学说与对“格物致知”的强调也体现出这一点，他认为认识的对象首先应该是自己的心灵，认识是一种向内的自我体验，其次再将心中之理推广到外部事物之中。

(三)德性伦理的价值表征

基于历史上不同思想家的观点,可以看出德性伦理思想生命力的绵长,同时其中的诸多观点也被赋予了具有时代特征的价值,外显于不同时代的社会实践中。其中,西方的德性伦理在亚里士多德的理论中更加注重公正,亚里士多德将公正视作“集一切德性之大成”;中国的儒家文化中则将诚信作为一个具体的德目。两种思想观点在历史中脱颖而出,被赋予丰富的时代意义,是德性伦理在当代社会实践中的重要价值表征。同时在当代德性伦理建设中,许多学者也将“公正”和“诚信”作为研究重点。

公正是社会美德的起源,其通过观念和制度两个层面发挥作用。观念层面的公正能够促进个人人格乃至社会美德的形成产生,能够推动人向善祛恶,塑造对于是非善恶的判断与选择。公正可以看作制度伦理的核心和灵魂。作为一种理性约定,公正只有落实在制度层面上,才能体现出其普遍性和共守性。社会要想实现公平,仅仅依靠个人内心的约束是难以实现的,必须建立公民共同守护的规则用以遏制、防范人内心中的恶。

公正是社会伦理的总原则。以公平为例,公平是公正的社会实际表现,是处理利益关系的基本原则。公平能够调和人与人之间的关系,能够保证社会中最基本的平等,能够有效解决各种因分配不均而引起的冲突问题,因此公平直接与社会道德挂钩。同时,公平作为公正的一种表现形式,也是道德评价的尺度。公正的规则为社会发展提供了一个客观的框架,使得评价的尺度变得清晰。

诚信是道德价值的本体之一,道德价值是源于人自身的。人的德性是需要通过实践去完成的,这种完成过程不是外在因素驱使推动的,因为这种德性是在人自身内部的。诚信作为道德本体,其展露自身的过程是由内而外的。人只有借助诚信,才能在道德之上立本,在本体之上立根。

诚信是人存在的尊严,诚信的价值所展现出的人的尊严体现在各个方面。诚信作为一种至善之德,能够体现人的品格,通过真实看出价值,通过真实凸显尊严。同时,诚信对于现代社会具有指导推动作用,作为人格独立基础的真诚与真实,是稳定价值观建立的基础,是人在社会实践中的价值感受和价值印证。诚信是最内在、最根源的德性,它从人的本源处用心,努力工作,认真做事,积极投入,这些都是现代社会所要求的品格。综上所述,探究公正和诚信之德，对于进一步理解德性伦理在当代的意义是有益的。

三、德性的价值与意义

（一）德性的价值

首先是导向价值。德性是社会发展方向的引领和规范，尤其是在社会变革时期，制度的约束作用不断削弱，德性的“软约束”作用得到体现。德性一方面在社会的变革、发展与社会主体的实践中，不断丰富自身内涵，使其具备符合时代要求的价值；另一方面也以调整“实然”与“应然”的关系来发生作用，通过道德“实然”的规范，潜移默化地影响社会主体的行为方式、价值追求，同时通过道德“应然”的方向性和理想性，实现对社会主体的价值引领。

其次是整合价值。德性既是个体思想行为的道德指引，也是社会风尚的价值风向标，这两个层面上的意义，注定德性作为调节社会主体之间关系的一种“润滑剂”是必不可少的。一方面，需要对个体在社会实践中的复杂关系进行整合，通过引导个体与社会中丰富的要素之间的交流、合作等行动，使之向善的目标发展。另一方面，面对个体与集体以及不同利益主体之间的冲突，需要德性对各种利益诉求进行整合，积极提倡集体主义原则和精神，维护社会秩序的稳定。

再次是实践价值。德性应寓于实践。德性本身是一种规范与标准，这些规范包含极强的操作价值，不仅对社会主体自身的行为起着规范作用，还规范着社会主体、其他行为个体与组织相互之间的关系与行为，例如可为与不可为，如何处理社会关系以及协调多方利益等。社会主体能够在德性的规范中完善自我，社会也能在德性影响下形成更好的风尚。德性能够获得实践中的价值，能够达到并保持德性追求的目标。

最后是人的主体性建构价值。德性的主要作用在于对人行为的一种约束，使人的行为向对社会、对他人有利的方向发展。一个具有德性的人既是个体人，在德性的指导下追求自身的善，同时又是社会人，其实践行为无时无刻不展现给社会其他主体并与之形成互动，且需要德性的指导和协调。德性对人的主体性存在建构功能，让人自觉遵循道德规范行事，既实现个人行为与精神的完善，又使人在社会交往中符合社会对人品德的要求，使人能够在社会中不断发展，逐渐实现人自身的完善。

（二）德性的意义

第一，德性与德性伦理符合培养公民行为德性发展的社会要求。德性重视道德在社会中的调适功能，重视规范对于社会发展与公共生活的积极作用，重视个体发展对于社会整体发展的广泛影响作用。德性伦理突出道德的作用，能够聚焦道德的社会性影响。

第二，有利于德性社会的建构。以公德为本位的德性思想使公民不再仅仅关注自身的发展，而是勇于走出自我，将目光放到他人、社会、国家上。公民开始以小我关注大我，更加关注社会发展、人类发展等问题，开始主动捍卫社会道德规范，维护社会公平正义，保障自身利益不受侵害，从而使道德变成社会发展的强大动力。

第三，有利于促进公民自身的发展。德性最终是归结在个人身上的品质。在以“强调道德力量、向善祛恶、追求卓越”为核心的德性发展中，人们为了获得成功，在行为过程中能够主动或是被动地接受教育与启蒙，从而形成健全的道德心智。

第四，有助于社会道德规范的形成。在德性影响下的社会发展中，道德这一因素的发展能够使社会氛围变得积极向上。公德作为能够影响每一个公民的道德规范，是人们相互宽容、理解、妥协和认同之后的产物。公德强调个体能动性以及对社会整体的影响力，利用民主与法治这两个要素为德性行为提供制度保障。公德使道德观念与行为有了保障，在公民道德良心体现的同时，社会能够积极响应。

（三）如何实现德性的意义

第一是个人道德意识的树立和自我修养的提高。德性并非人生来就具备，而是在丰富的社会实践中形成并影响人行为选择的品质。个体应该通过自我修养来培养自己的德性，包括对自己的思想、情感和行为进行回顾、反思和调整，同时通过思想学习、实践活动与社会交往形成自我修养，在自我约束和自我教育中提升自己的道德品质。

第二是环境塑造。一方面社会环境对个体的德性发展具有重要的影响，良好的社会环境可以提供良好的道德规范和道德激励，促使个体形成正确的道德观念和行为习惯。社会通过创造良好的道德环境，倡导与惩治并举，为个体的德性发展提供支持和保障。另一方面榜样的示范可以激励个体向德性高尚的方向发展，通过学习和模仿榜样的行为和品质，个体可以逐渐培养自己的德性。

第三是道德教育。德性论认为道德是可以通过培养和教育获得的。道德教育不仅涵盖个人在实践中对自我道德的培育,也包含社会其他客体以及教育主体对人德性的建构。通过道德教育可以培养个体的道德品质和道德行为。道德教育包括家庭教育、学校教育、社会教育等多个层面,通过教育引导个体形成正确的道德观和价值观,进而形成良好的品行与素养。

■ 第二节　德性的要素与鉴别

一、德性与德目

(一) 德目的概念

在历史发展过程中,根据不同阶段的道德要求,人们提出了各种德性思想,并划分了具体的德性项目作为德性思想的概括,这些概括了德性的内容就是德目。德目不仅是人道德行为的根据,也是人道德判断、评价的具体标准。

不同的德性论思想家在各自的德性体系中提出了不同的德性和德目,这一点体现出德性品质在不同时间和地点表现为不同德目的特点。在西方德性思想史中,柏拉图第一次对德性进行了分类,划分出了德目,在其著作《理想国》中提出智慧、勇敢、节制和公正的"四主德"。亚里士多德在此基础上将德性划分为理智德性和伦理德性,并提出中道的原则来贯彻这种德性标准。中世纪时期,奥古斯丁提出"七主德"。休谟把德性划分为自然的德性和人为的德性,也是德目划分的一种体现。

中国传统道德对德目的概括和提炼同样历史悠远、内容丰富、体系完整。《尚书》中"德"字出现200余次,包含若干德目标准并为后世进一步沿用发展。中国古代的品德思想以儒家为大,经由社会历史的发展与融合,各种德目经历了趋于"仁义礼智信"的发展过程,贯穿了中国古代社会道德的发展。儒家文化的德目体系在流传中不断丰富,近现代以来中国的德目体系既体现出儒家思想特征,又融入了丰富的时代特征。

(二) 德目的特征

第一,德目的成文性。社会生产与发展中的德性标准往往呈现出抽象的特征。德目来源于人们在实践活动中概括出的良性社会行为以及精神品质的共性特征，并对人形成潜移默化的影响。德目是将德性中的要素进行精练、总结与概括，能够以文字等确切形式或具体成文的形式描述出来的德性特征。不同于观念中或者公序良俗中形成的较为朦胧的德性思想，德目能够以具体的标准或尺度呈现出来，进而在具体的实践中对人的行为进行更为明确的指导。

第二，德目的社会历史性。社会实践中概括出的德性大都具有大同小异的内涵，其重点在于人自我实现道路上更为核心的品质。但在不同的时代、不同的社会背景下，社会力量集中于何处、又要涌向哪里，这些丰富的要素中充斥着思想的碰撞，同时也诞生了无数形式的德目。这些德目或展现学派、宗教的思想教义，或体现出社会治理的德性要求等。例如，阿奎那的德性观体现出强烈的宗教思想，中国古代的德性思想具有服务于封建统治的特点。

第三，德目是实践的具象化引导。德目是成文的、具有时代价值的德性，其对个人行为的指导作用也与德性的功能发挥不尽相同。狭义上的德性由于抽象的特征，往往停留在概念层面，“道德”“善”等德性中的思想与要求对人的指导更多地停留在价值塑造和目标追寻的层面。德目则基于时代与社会的要求，在价值引领的同时对人的行为进行具体指导，让人在明确德性追求的同时，知道如何去行动。

（三）如何促进德目的发展

德目作为一种具体的德性原则或德性规范，它的产生便于人们理解、记忆、表达和运用。德目形式的通俗易懂以及标准的具体明确对人的行为活动产生了根本性的影响。因此，德目自诞生之日起便受到了专家、学者、国家管理者的重视，并根据需要不断创新与发展。

首先，要注重德性在时代变迁与社会背景下的不断丰富与完善。德目是标准化、具象化的德性，德目的发展本质上依赖于德性本身的发展水平。时代的变迁与社会环境的演变决定了德性的内涵不能一成不变，尤其是在古代“礼崩乐坏”的社会动荡期，更需要具有时代性的德性尺度，并由言简意赅的德目进行有力展示，以此来规范社会中个体的行为。可通过体现一个时代特征的德目体系来优化社会秩序，规范人的行为模式。

其次，要注重通过教育、宣传等方式推动德目的流传。德目不能只是冰冷的文字，想要真正实现德性所界定的社会道德目标，就要让代表德性标准的德目走出典籍、走出政策文件，通过媒体的传播、学校的教育，让德目“飞入寻常百姓家”。只有这样才能真正让人们将德性的标准“内化于心，外化于行”，在实践中实现对德目的践行，推动社会向德性原则设想的目标迈进。

最后，个人要树立将德目付之于实践的意识。德性最终是实践性的，只有践行了的德性才有提高人道德素养、推动社会道德建设的功能。德目同样需要通过实践，将其从提纲挈领的文字标准转化为真正指导人的行为和社会发展的道德价值体系。此外，社会上的个体将德目践行后，必然引起社会的改变。这种改变能进一步丰富德目的内涵，使其具备更为强烈的现实特征，更加适应时代与社会的需要。

二、德性与品德

（一）品德的概念

品德作为一种道德现象，与德性中的“向善”思想不谋而合。与德性或者德性伦理中对普遍意义上人的道德目标的研究与界定不同，品德概念更加注重行为者个人的道德品质。品德作为个体内化社会价值观而形成的道德品质，已不仅仅是单纯的心理结果，而是现实的人在实践过程中凸显的追求卓越、向善祛恶的精神力量，同时体现社会整体内在价值观的多维品格。

（二）品德的特征

第一，品德以个体为基础。德性作为一种人的内在状态，并没有客观的、外在的实体，人的品德则是道德标准被个体内化之后转变成自身品质的结果，是通过个体心理状态呈现出来的。这种内在的品质一旦在个体身上形成，便会处于一种牢固稳定的状态，变成人内心的一种固有的精神品质，不会轻易随着外部环境的改变而转移，并能够更好地指导人完成各种各样的计划从而达到成功。

第二，品德的形成凸显出鲜明的社会性。德性的内容与德目的界定往往是抽象的，而人的品德培养与发展存在于某种社会形式之中，并实践于社会关系之内。因此，人的品德从形成到发展完善都具有强烈的社会性，应与社会的发展相适应，承载着社会道德价值的要求，并且能够体现出社会的道德价值观。同时，道德价值关系到他人的幸福与追求，因此人的品德在突出个体对卓越和成功追求的同时，也体现着个体价值与社会价值。

第三，品德的核心是实践。无论哪一种德性，其实现过程都需要实践作为保证，否则只会停留在德性的抽象概念与德目的文字界定中。实践为德性提供指导，德性为实践提供方向。个体通过自身的实践活动将原本抽象、机械的德性规范中的精神内核通过品德的实践体现出来。因此，品德的核心是实践，需要以实践作为保障，以此来保证道德主体在判断选择的过程中保持审时度势、严谨认真的态度，避免德性的践行与社会的规范相违背。

第四，品德基于个体特征的丰富性。不同于抽象的、外在的德性规范，品德是个体将德性内化后的内在状态。这决定了在道德主体主观特征与社会经历的影响下，个体的品德较其来源的德性标准有了个性化的完善与丰富，包含了个体主观体验、感受的道德心理状态。因而，在个体特征的影响下，品德展现出了显著的丰富性。尽管社会公认的德性标准近乎统一，但不同个体的品德体现出各不相同的特征，并转换为丰富多彩的道德实践。

（三）如何促进品德的发展

个人品德不是人类个体的生理特征和一般个性心理特征，而是人们后天形成的，具体体现一定社会道德原则、道德规范和道德要求的个人意识和行为总体的特征。基于品德依赖于德性的特征，这些品德并不是与生俱来的，是人在追求卓越，向善祛恶的过程中主动或被动获得的。作为社会中的行为主体，个人需要主动采取行动，去塑造属于自身的品德特征。

首先，要强化个人品德观念的培养。品德观念的培养和树立是人品德发展的基础。在日常工作和生活中，人们不能忽视德性与品德的重要作用。只有重视个人良好品德的养成，将品德作为自己的精神支柱，才可能在人生实践中展现出高尚的品质和昂扬的精神面貌，才可能具有良好的道德形象，才可能具备做一个全面发展的人的坚实基础。人们要将符合社会要求的道德规范内化于心，构成个体稳定的精神定势。有了稳定的道德品质作为保障，人们自然就会具有相对稳定的道德行为。

其次，要重视品德在实践中的应用。一般说来，个人品德与道德行为是一致的。只有将个人培养形成的品德观念外化于行，才能让抽象的德性标准焕发出贴近社会、紧跟时代的活力。只有将个人品德与社会实践紧密结合，人们的行为举止才会趋向于符合德性的行为，才能够将目光放远至旁人、社会乃至国家，从而在整体上推动和谐社会的建立。

最后，要强化对个人品德的主观塑造。尽管德性的尺度相对统一且抽象，但其体现在每个人身上的品德特征不尽相同，想要将抽象的品德与每个人的生活相适应，更好地应用于实践中，需要培养个人从实践中学习与反思的能力。人在拥有了实践智慧之后，就不会被道德原则的框架所限制，不会因按照道德原则的条条框框去照搬照抄而陷入教条主义的死循环，而是能够充分发挥人的主观性，根据具体情况有针对性地行动。

三、德性与德行

（一）德行的概念

德行与德性两个词虽意思相近，但在内涵上存在差别。德性是人的道德人格在个体内部的整体展现，德性的实践指向决定了德性必然在实践中展现与实现。在实践中表现出的德性便是德行，指的是一个人在行为和决策中所表现出的道德品质和道德行为，是一个人遵循道德原则和价值观，以及具备良好的品德和道德素养，来指导自己的行为和决策。

在西方传统伦理学家的逻辑里面，“德性”是人及其现实活动的终极目的本身，而“德行”则是完成人及其现实活动终极目的的一种过程和手段。在具体论证方式当中，活动手段比活动目的显得更重要。例如在亚里士多德看来，没有在一生中始终积极、出色地完成道德活动，就不可能具备好的德性。因此，在西方伦理学中，尤其是在亚里士多德伦理学中，德性问题的答案是从目的论转向义务论的，即包含了德行的价值和重视实践的意义。

“德行”一词是在中国传统伦理文化中得到广泛使用和备受推崇的概念，尽管它的使用率较低。《周易》中多处提到了“德行”的概念，《论语》中将德行列为四种学科门类之一，此时的德行已经具有道德学的意义。南宋朱熹将德行视为“德者，得也，行道而有得于心者也”，东汉郑玄也认为德行“在心为德，施之为行”，认为德性是一种内在的品格，相对地，德行是指人德性的外在展现。由此可见，在中国古代“德行”往往被解释成内在的“德”与外在的“行”之间的一种统一，有什么样的德性，就有什么样的德行，强调的是人的内心之“德”。

（二）德行的特征

第一，德行是实践的德性。德行是“凝于内又显于外”的。“凝于内”是指德性是人的一种品质，主要体现在人所追求的善的道德意志力量上；“显于外”是指人由于某种欲望和目的采取相应的道德活动，这种活动的性质取决于行为主体的行为选择及其性质。因此，德行是在由德性所引导的内心动机的推动下产生的。德行来自德性，又进一步将德性在实践中展现，将德性内在特征融入社会实践活动，体现出德性在人实践活动中的道德原则与价值引领功能。可以说，德行就是实践的德性。

第二，德行具有功利主义的价值倾向。德性的目标是实现个人的完善，指导人要成为什么样的人、具备什么样的品质。德性为人的道德树立和行为方式提供了评价标准，而德行是主体与目标之间的连接。德行将德性引向实践，它为人提供了“如何做”的方略。不同于德性关于个人自我完善目标的“空中楼阁”式探讨，德行是更为务实地对这一目标的追求。换句话说，德行是基于德性的标准，为了实现道德目标所付出的实践。德行架通了思想来源与目标结果的桥梁，体现出明显的功利价值或者说结果导向的特征。

第三，德行具有鲜明的个人特征。德性的主体是社会中的个人，德行也是拥有德性的人所开展的活动。因此，德行与人是分不开的，其具体的表现形式体现出鲜明的个人特征。由于每个人所处的社会环境背景不同，其树立的德性受生活经历、家庭环境、教育经历及实践经验影响而各具特征，由此产生的德行也体现出鲜明的个人风格。同时，依赖于德行所养成的行为习惯也会反过来影响个人的社会关系和德性观念的改变，进一步丰富独属于个体的人格特征。

（三）如何促进德行的发展

在现实生活中，德性与德行相辅相成，二者缺一不可。没有德性，人们道德行为的选择就会失去理性的指导；没有德行，人们道德实践的选择就会偏离正当轨道、失去正确的方向。德行的发展是德性树立的实践助力，也是个人品格不断完善的行为动力。

首先，德行要以良好的社会道德为导向。德行是实践的德性，德行受德性的指导。一个人能表现出何种德行，一个社会能产出何种德行，归根结底还是要看个人或社会的德性气质。想要产生好的德行，想要形成良好的德行氛围，需要强化社会的德性建设，以社会的道德原则形成引领个体道德行为，尽可能优化德行的质量。

其次，注重德行的实践性特征。德行绝非“完成即作数”的指标性工作，不是一蹴而就的。德行必须寓于行为主体的行为习惯中，在长期实践中形成个体的道德气质，推动人与社会的不断完善。人的德行绝不能仅用来展示在他人面前，而是需要成为人在长期实践中的道德习惯，需要成为在潜移默化中追求完善的目标。

最后，要注重外部因素对德行的影响。人是具有强烈群体性的动物，人的行为很大程度上受到社会环境的影响。培养和发展德行，需要重视能够支撑德性实践的社会环境建构。要树立讲文明、守道德的社会风气，通过宣传、教育等方式传播道德理念，发挥榜样的力量，形成有助于发展德性、实践德行的社会环境与道德风尚。

■ 第三节 行政德性

一、行政德性的概念与分类

（一）行政德性的概念

行政德性，是指公共行政人员通过公共行政行为的实践活动来实现其内在利益的一种品质或品性的总和，是理性行政人的身份特征，是行政生态环境的重要组成部分，是公共行政中不可或缺的因素，是行政管理活动的重要资源。公共行政人员的行政行为应当通过实践性与科学性、公共性与服务性有机地统一起来，从而真正塑造公共行政人员内在的品性。公共行政不仅是一个管理领域，而且是一个道德领域，其核心价值在实践中应以维护社会公平、正义、公开、平等为宗旨，公共行政人员执行社会、政府以及国家机构的各种日常管理活动，并以此为依据来开展各项社会公共事务活动。这是公共行政的基本价值理念，也是公共行政人员德性的一种具体体现。对公共行政人员而言，只有将德性内化于公共事务管理活动过程中，并且对社会产生积极的、正面的影响，才能充分彰显公共行政的基本价值；只有通过内在的品质与实践意义上的行政行为，才能真正体现公共行政的特质。

在古希腊与先秦儒家的德性思想中，德性不仅是对社会大众提出的要求，更是对行政主体或者掌权者提出的要求。柏拉图的“智慧”之德是针对哲学家而言的“上位德性”，“智慧”能够使哲学家成为掌握自然真理的主体，能够把握政治社会的运转逻辑与规律。亚里士多德眼中不同政体的“善”是以德性为前提的，认为决定一个国家发展的不是政体、治理结构等因素，而是主导国家治理的德性主体，至善的行政决策要求以至善的君主作为保证。

先秦儒家的观点中，不论德性理论的最终目的是什么，德性都发挥了行政权力的约束功能。在孔孟的思想中，德性的权力约束主要是基于对共治体系的维护、社会治理的有效性以及行政合法性的构建三种思路。儒家劝导君王接受德性规范的逻辑，是基于借助君王的完善促进政府治理体系的完善，通过研究君王的行为素质和道德标准，来推动行政系统的不断完善，进而促进社会利益的构建。

此外，古希腊哲学家与先秦儒家思想中对德性与职位的关系也有讨论。柏拉图等思想家希望德与位完全对应，职位的分配取决于德性的类型，具有至德的哲学王在行政体系中处于行政体系的最顶层，同时德性的变化与行政职位的变化相对应，以维持德与位之间的动态平衡，形成德与位相统一的状态。但古希腊哲学家为实现行政德性追求形成的“出世”价值和行政体系内的“入世”要求相悖，加之德与位一致的理想城邦难以实现等困境，决定了古希腊哲学家行政德性的理想追求难以实现。先秦儒家对于德位议题的理解中，在理想逻辑上认为德与位应该是统一的，德是获取行政权力与职位的充分条件，位是德的产物，德又是位的支撑。行政主体在制度上的合法性虽来自其职位，但社会认可意义上的合法权益则取决于主体的德性；另外也只有同时具备制度上与社会中的合法性前提，主体的行政行为才能有效开展。现实中有德无位的情况时常出现，针对这一问题孟子定义了“天爵”与“人爵”的划分，区别于现实中的行政职位。“天爵”来自人培养出的德性，可为人带来物质或精神上的福禄，例如社会威望等。

（二）行政德性的分类

1. 政治德性

行政德性中的政治德性是指行政人员在行使行政权力时所需要具备的政治品质和政治道德水平。行政系统的运转离不开国家政治，高度的政治性是保证行政环境稳定和行政活动不偏离国家核心价值的基础。行政人员作为行政系统的一员，应当树立正确的政治观念和政治认同，维护国家稳定和发展的大局；同时在行政权力的运行过程中遵循法治原则和正当程序，不得滥用权力、违法乱纪；应当坚持公正廉洁原则，不偏私、不徇私；应当维护社会公平正义确保公共资源的合理配置，推动社会公平正义的实现。此外行政人员在行使行政权力时，其决策和行为往往关系到广大人民群众的切身利益，坚持以人民的利益为出发点和落脚点，需要政治德性约束行政人员在权力运行中坚持公共利益至上的原则。行政人员如果具备政治德性，将能够更好地履行职责、服务人民，推动社会稳定和发展。

2. 身份德性

行政系统中的行政人员在社会公民身份的基础上，还叠加了一层行政人员的身份特征。行政人员的这一身份特征为自身带来了特定的德性标准和要求。行政人员应该培养忠诚敬业与政治忠诚的品德，对国家、人民和政府忠诚，应该为国家和人民利益工作，以高度的责任感履行职责；并在这一过程中培养勤政务实的专业素养，以实干精神履行职责，杜绝形式主义和官僚主义。同时在日常工作中要培养诚信、守约、公正、廉洁的行政品质，恪守职业道德原则，诚实守信，言行一致，同时廉洁自律，不因私利而为。行政人员需要具备团队合作精神、敏锐的观察力和判断力、良好的沟通能力和应变能力等，以便更好地履行工作职责，适应复杂多变的行政环境。行政人员的职责是服务人民、服务社会，故应具备强烈的服务意识，时刻以公众利益为出发点和落脚点，坚决维护社会公平正义，保障公共利益的实现。

3. 制度德性

国家行政机构的制度框架是通过法律、制度和规章的建立和完善形成的，旨在规范行政机构的组织结构、权力运行以及行政行为的合法性和公正性。国家行政机构的制度框架建立了明确的权责分配，确保行政机构按照法定权限和程序履行职责，为行政人员提供了明确的行为准则和规范，塑造了行政人员的行政德性。行政人员需要树立法治意识，强调依法行政，严格遵守和执行法律法规，以法律约束自己的行为。行政人员应服务于国家和人民，把公众的利益放在首位，坚持公正无私，忠于职守，不为个人或特殊利益谋取私利。行政机构的运转强调行政决策的透明性和责任追究，行政人员在行使权力时应该公开、公正、接受监督，并对自己的行政行为承担责任。同时，行政机构的管理和决策对效率的追求，要求行政人员以高效务实的工作作风履行职责，注重问题导向和工作实效。此外，国家行政体系对行政人员提出了一系列专业化和能力方面的要求，要求行政人员应具备相关的专业知识和技能，不断提升自身的能力水平，以满足复杂的行政工作需求。这些特征和要素对于保障公正行政、提高行政效能和维护人民利益至关重要。

4. 实践德性

行政德性中的实践德性是指在行政和治理过程中，行政人员在工作实践中应该具备的一种品德修养。实践德性来源于行政机构的内外环境和行政人员的工作实践，通过工作实践的磨砺和培养逐步形成。首先，行政人员应当以诚实的态度对待工作和他人，确保行政行为的可信性。其次，行政人员应当在工作中秉持公正无私的原则，不偏私、不徇私，同时保持廉洁从政的良好形象，坚决抵制腐败行为。再次，实践德性要求行政人员具备强烈的服务意识和公众导向，行政人员应主动服务公众，关注民生需求，为公众提供优质、高效的服务，切实解决问题。最后，实践德性需要行政人员具备发现问题、解决问题的能力以及良好的公共参与意识和沟通能力。行政人员应在决策过程中充分了解问题的复杂性和多样性，运用科学的方法分析和解决问题，追求决策的科学性和实用性。行政人员应积极开展公众参与，及时回应社会关切，并通过沟通技巧，与各利益相关方进行沟通，解决问题，弥合分歧。实践德性是行政人员在行政工作中应具备的一种品德，是推动行政管理健康有效运行的重要保障。

（三）行政德性的特征

1. 公正

公正是现代政治学、伦理学等人文社会科学研究最多的课题之一，也是行政德性的重要价值表现。从历史演化过程看，公正是人类进入社会分配关系的历史阶段提出的社会治理理念。为控制资源分配中的不平等行为，公正这一要求被提了出来，并且作为公民对统治阶级的期望。但在统治型社会治理中，公正只是作为公民的一种美好理想而存在，缺乏根本的政治制度保障。只有在现代服务型治理中，每位公民才享有平等的权利。这种平等的权利不会因为个人的地位、种族、性别、收入或受教育程度等不同而受到区别对待，社会公共利益属于每一个公民。公正的实现要依靠制度保障和公正的德性，两者相依相促，才有可能实现公正。

2. 责任

责任是指主体由于被赋予一定的资格而要承担与此资格相适应的要求。公共行政人员的责任总体上可以分为外部责任和内部责任两类。外部责任是公共行政人员对社会和公民的责任，即维护社会公共秩序，提供公共产品和服务，实现公共责任；内部责任是公共行政人员对党和政府组织的责任，对自身的失职、失误应承担相应的责任。公共行政人员自身的责任来源于人民赋予与其自身承诺。公共行政人员的权力是人民赋予的，属于公共权力。因此，公共行政人员承担着作为代表性公民而应担负的责任。同样，公共行政人员的内部责任来自公共组织的授予。作为一种权力的分配，下级接受并使用上级赋予的权力。不论是内部责任还是外部责任，都是为了满足公共需求、维护公共利益而存在的，因此作为责任主体的公共行政人员需要在公共管理和公共服务的过程中积极作为，避免消极懈怠、不作为现象的产生。

3. 务实

公共行政人员的务实德性是科学精神在公共管理中的体现，也是社会所极力倡导的一种生活原则，其主旨是要用科学的态度对待生活、工作等。务实德性要求人们揭示事物的真实底蕴，说老实话，办老实事，真实地对待自己和他人。简要地说，务实就是从实际出发，实事求是，脚踏实地，真抓实干，求得实效。务实不仅是公共行政人员应有的工作态度，也是公共行政人员的一种义务。在现代社会，务实应该是现代人的基本精神，因为务实给予个人和社会的是追求科学精神的意义。

4. 合理服从

公共行政人员要遵循合理服从的德性观念。合理服从是以公共利益为核心，经过实践理性审视和判断的结果，是综合分析个人信息、权衡利弊后的理性结果。影响公共行政人员服从选择的因素主要有两个，即特殊的双重代理人角色和制度的特殊地位。双重代理人是指公共行政人员既在公共部门中充当公众管理社会事务的代理人角色，又在公共部门中充当委托人的角色。制度是现行层级制的公共部门中最重要的和最主要的控制手段，公共行政人员一方面处在科层制度的严格过程控制中，另一方面其行动也受机构技术上的薄弱性限制，这导致了公共行政人员在具体的行政实践中，会遇到价值观念和行为指导上的矛盾冲突，因此显示出合理服从作为行政德性的可贵之处。合理服从需要公共行政人员超越私心杂念，并借助道德意志力去实践完成。

5. 服务

公共行政人员的行政德性要求公共行政人员具备服务精神。公共服务是现代国家的基础，服务的最高宗旨是整体意义上的公共利益最大化，这与全心全意为人民服务具有高度的一致性。只有树立了服务的理念，公共行政人员为人民服务才会真心实意，而不是道德粉饰。同时，随着现代公共服务理念的确立和服务型政府建设的推进，以服务为宗旨的公共管理实践逐步确立。服务是公共行政人员实践的第一原则，也是社会的需求和公民的需要。所以，服务不仅要成为公共行政人员的自觉意识，而且要成为公共行政人员的一种美德。

二、公务员的行政德性

广义上的行政德性是将德性的伦理观点放置于行政环境之下，讨论其在行政运作的过程中如何发挥作用。狭义上的行政德性，可将德性界定为行政系统中行动主体的行为规范，即公务员德性。对公务员来讲，行政德性是其德性构成中最重要的部分。行政德性能够反映出公务员在生产实践中的道德品质，是评价判断公务员是否合格的较为直接的标准体系。

（一）公务员德性的概念

公务员德性可以作为“有德性的公务员”来理解，即有德性的公务员应当具备什么样的品质。公务员德性是公务员如何开展行政行为的一种规范，是公务员岗位职责所赋予的带有明显价值取向的德目的统一，包括政治德性、行政德性、公共德性、家庭德性等及其德目。公务员德性既是一种理论预设，也是现实中的典范，是作为一名公务员应该具有的优秀品质。

第一，公务员德性是一个由各种德目所组成的统一体。公务员德性不仅包括专门从事这一职业所必需的专业德性，还包括必须具备的公民德性，即作为社会中的普通一员所必须具备的普遍德性。公民德性是公务员合乎道德实践的必要条件，但不是充分条件。也就是说，公务员只有在具备公民德性的基础之上同时具备公务员德性，才能有符合公务员职业身份的道德行动。公务员所应具备的各种德目之间也未必是完全和谐的，在公共事务处理的实践中，公务员常会身处价值冲突或伦理困境之中而难以抉择。这些困境并不是善与恶或对与错之间的简单抉择，而是善与善之间、德目与德目之间、价值与价值之间的冲突和取舍。能否在这些冲突中作出正确的选择，是判断公务员是否称职的重要标准。

第二，公务员的身份角色、职位和社会功能等要素决定了公务员必须卓越地完成自身所必须承担的社会责任。当公民成为公务员时，就必须按照公务员角色标准的规范，具备公务员的德性，发挥公务员的功能，满足社会期望。在评价某一位公务员时，公众往往会根据其职责标准来衡量能力和品质。所以说,讨论公务员的德性是一个设定性的描述。由于社会层面对公务员群体合乎道德行事的品质要求较高,加之个别公务员的不当行为引发了公众对公务员群体的关注不断加强,导致公务员群体履职过程中得到的评价有时会贬大于褒,因此更需要公务员加强对自身履职能力以及承担社会责任品质的重视。

第三,公务员德性是对在公共管理实践中“具有德性的公务员”的一种理论预设和现实典范。公务员德性是一种设定性的具体描述,而做“有德性的公务员”更是一个带有明显价值取向的概念。公务员德性这一概念试图在对现实反思的基础之上,运用逻辑演绎的方式得出公务员德性的基本结构和框架。公务员德性是基于公务员现实实践而提出的规范性要求。公务员德性重在实践,实践是其出发点和归宿。这种实践不是功利论或结果论的活动,而是以其德性品质确保自身公共管理行为向善的一种价值理性行为。

第四,有德性的公务员是追求公共管理内在价值的道德主体。一方面公务员开展有实践理性的活动,必须依靠德性的支持。应发挥作为道德主体的创造力、价值判断力与意志力,作出合乎道德伦理的决定,并克服种种与此相悖的狭隘偏好或自我利益,履行所抉择的道德伦理规定的职责义务。另一方面要强调公务员的主体性地位。尽管公务员在社会公共事务和公共利益面前表现出功能性的一面,但这并不妨碍公务员也是一个具有内在精神感受、具有自身价值观和人生观的人。只有具备了主体性地位的公务员才能成为价值的肩负者,只有具有德性的公务员才能使自身行为指向公共利益。

(二)当代公务员的德性要求

作为代表公民利益的公务员,其职责是在公共管理和公共服务过程中运用全体公民赋予或委托的公共权力,为保障社会公共事务和公共秩序而提供良好的公共服务,从而实现公共利益。对公务员来说,公民德性是公务员德性的基础,但公务员德性应高于或重于公民德性。也就是说,公务员德性应比公民德性要求更高、更严格。中国向来有“以吏为师”的文化传统,这凸显出公务员的特殊地位。公务员的职业活动集决策、教育、引导、组织、执行等职能于一身,肩负着比普通公民更高的历史责任,其德性状况将直接影响着这些职能是否能够充分发挥。

1. 鲜明的政治性

公务员的行政行为是建立在国家政治系统基础之上的，这要求公务员在公共管理过程中，思想与行动都要与国家的政治要求高度一致，服务于执政党的政治要求。以中国为例，公务员既是普通公民，又是人民授权的具有特定身份的公民，全心全意为人民服务既是对公务员的政治要求，也是其最根本的道德原则。公务员所掌握的权力，从根本上说是人民赋予的，是人民权力的让渡。因此，公务员应代表执政党为全体人民谋利益、谋福祉，公务员应是人民利益和人民意志的代表。公务员是否代表全体人民利益而正确行使权力不仅关乎执政之基的稳固，也关乎党和国家的前途命运。总之，忠于党和国家、为人民谋福利是公务员应尽的义务。当今中国公务员德性在本质上是党和国家的政治性价值追求，这种追求充分体现着全体人民的利益，具有鲜明的政治性。

2. 积极的导向性

公务员行使公共权力，为维护社会正义和公共利益而承担社会公共事务和履行公共秩序的管理和服务责任。作为公民代表的公务员，不但要具有普通公民的德性，而且要具有更高层次的公务员德性；不但是践行公民德性的优秀公民，而且要成为榜样。无论是受我国传统思想学而优则仕的影响，还是受现代民主社会中作为代表性公民而存在的影响，公务员都体现出先进性和特殊性。公务员道德水平对社会风气的影响力之深，是其他群体无法比拟的。有德性的公务员群体，可以营造和谐的氛围，凝聚民心，通过自己的德性行动感召他人，从而形成公民间的共同意识，提高社会的道德水平。所以，作为精神文明建设的践行者、维护者和引领者，各级公务员必须以对国家行政事业高度负责的精神严格自律，以身作则，率先垂范，树立有德性公务员的人格形象，从而推动良好社会风气的形成，在全社会思想道德建设中发挥主导作用。

3. 内在的实践性

公务员是一种特殊的社会角色，这种社会角色集中体现特殊的权利与义务关系。因此，公务员工作不是一种简单的谋生手段或职业工作，而是带有强烈使命的公共事务实践。公务员的公务管理和公共服务行为是一种实践行为，并且是一种德性实践行为。德性是人的内在品质，并且这种内在品质是一种优秀的品质。公务员德性即作为一名卓越的、优秀的公务员应该具有的品质，公务员的行为活动即是其德性实践的过程。德性实践是化德性为德行的关键步骤，是公务员履行公共权力和管理公共事务的集中体现。公务员德性的实践特性要求公务员将自身的优秀品质贯穿任何公共事务中。公务员要恰当地行使公共权力和自由裁量权，忠诚地维护公共利益，出色地履行公民与国家赋予的责任和义务。所以说，公务员德性不是存在于观念和理念中的，而只能在实践中获得“内在利益”，并在实践中大放异彩。

4. 强大的自律性

一个有德性的公务员会在公共管理和公共服务过程中，表现出强大的自律性，也就是自我约束和自我管制。德性作为一种优秀的品质，不是通过外界的强制(例如法律或规范)而获得的，而是通过公务员自身的主观能力转化来的，是公务员自觉地将其信仰、理想和价值内化于心的结果。这样形成的德性品质，才能使公务员在处理公共管理实践过程中遇到角色冲突、利益矛盾时，能认识到自己的责任和义务，能经受住挑战和考验，自觉维护公共利益，作出正确的价值选择。

三、行政德性应用中存在的问题探究

我国公务员作为政府职能的具体承担者，其德性品质不仅直接关系到公共部门的工作成效，也关系到全体公民的利益和各项事业的发展。国家需要具有优良德性的公务员队伍，代替公民行使公共权力，实现社会公共利益。培养和造就一支具有优良德性品质的公务员队伍，是现阶段国家社会发展的客观需要，是提高政府工作效率的前提条件，也是公务员自身建设的内在要求。

(一) 公务员德性履行中存在的问题

1. 逐利型行政

现实中，个别行政机关或多或少存在着“权力部门化、利益部门化、利益个人化”的倾向，有时会利用职权与民争利，为个人或部门谋取不恰当的利益。这种利益可归类为有形利益和无形利益两种。其中，有形利益诸如各种形式的腐败现象，个别行政机关鉴于预算目标的压力，在实施行政处罚时未必适当，为了部门利益，罚与不罚的尽量罚，少罚与多罚的尽量多罚，单罚与并处的尽量并处；在职能交叉领域，能够给部门带来利益的大多抢着介入，反之则互相“踢皮球”。无形利益则包括为谋求本人在行政范围内的好关系而曲意迎合；与部门及个人关系不大的，则不上心，或者出现懒政现象。

2. 畏难型行政

避重就轻、怕担责任、遇到难题绕道走，缺乏必要的进取心和创新性是畏难型行政行为的主要特征。比如，个别行政执法机关在执法办案过程中，不愿意探索新的类型和领域，宁愿守着常规案件"炒冷饭"，致使执法领域常常留有"空白"；在案件定性过程中，由于对某些问题把握不准，为避免出现违法行政，宁愿采用最保守的定性条款，由此错失最为合适的定性机会；面对诸如垄断部门、地方支柱企业等处于相对"强势"地位的行政相对人，有时行政执法机关选择不严格执法；面对模棱两可、办与不办均可的事情时，有时选择能推就推、不能推就拖的策略。上述种种行为从法德兼备的要求来看，显然是有差距的。

3. 随意型行政

随意型行政者常常没有明确的价值取向，缺乏清晰的社会责任感和是非感。除了守住依法行政这条底线外，其他诸如工作是否勤勉、态度是否端正、执法是否文明则不定。某些时候，随意型行政者对待企业、社会公众较热情，常常主动为他们出点子、想办法；但某些时候，却是冷言冷语。究其原因，主要还是因为随意型行政者德性的阶段性缺失，尚未形成一以贯之的良好职业素养和个人品格。

4. 低效型行政

体制严进宽出、考核难以量化等特点决定了行政机关中不乏得过且过之人。低效型行政人员将现代行政中的勤政、高效理念束之高阁，做事拖沓，行政效率低下。对于低效型行政行为，如果仅从合法性角度审查的话，却又挑不出多少毛病。

（二）公务员德性困境的原因

1. 机会主义的行动

公务员体系是一个由多层级的组织机构和人员构成的体系，公务员作为政府、权力机关以及公民的完全代理人，享有公共权力的执行权。通常意义上，公务员只要遵循工具理性去执行国家意志，能够高效地完成指定的工作任务，即是道德，但现实中个别公务员不问责任是非，使得公务员队伍陷入"责任困境"。在这种背景下，公务员抛弃责任后果，于是便产生机会主义的行动。公共部门作为公共产品的直接提供者和垄断者，若机会主义存在,则利用职权"钻空子""潜规则""睁只眼、闭只眼"等现象便会时有发生。

2. 二元利益的合谋

二元利益是指公共利益与私人利益。公共领域包含着对公与私、群与己关系的调整。公务员作为社会公共利益的服务者,追求公共利益的最大化是其职责的基本要求。公务员在执行公务时所具有的是公务员的身份,所行使的公共权力为人民所拥有,维护的是广大人民的利益;当公务员在执行公务以外的事情时,则以个体成员的身份出现,所代表的是个人利益,此时以个人利益为行为诉求并追求个人利益最大化。在此情况下,公共职责和义务与个人利益诉求便会产生矛盾,个人利益可能会侵蚀公共利益。尽管在现有制度下公务员遵循着公共利益最大化的目标,但道德风险的存在不可回避。在道德、法律与制度都没有实现有效约束时,公共权力往往成为他人牟利的工具。

3. 行政伦理的困境

行政伦理是公务员行政实践的重要组成部分,也是公务员从事公共事务管理活动的调整器。由于在特定的行政实践中,公务员必须作出符合某一伦理准则,但又不得违背另一伦理准则的决策,这使得他们在进行伦理选择时容易遇到评价与选择的两难状态。这种道德选择情景对于公务员而言是一种对理智与良知、能力与德性的考验。现实中,个别公务员由于道德力量的匮乏,在伦理价值选择面前,常常轻公共利益重个人利益,舍大择小,由此带来工作效率低下,甚至损害公共利益。

4. 公共权力为我

公共权力的根本目的是促进社会公共利益发展,维护社会公平正义,保障社会公共生活秩序稳定,增加社会公众福祉。然而,公共权力为我所用成为公务员中时有发生的现象。实际上,这些权力的滥用是一些道德自律意识上升为权力意志的表现。权力的滥用使得公共权力异化,超出了道德的、法定的、合理的范围,偏离了公共权力行使的目的,导致公共权力的越位,进而使公共利益受到严重损害。本应服务于社会公共利益的公共权力从社会中产生又日益同社会脱离,这种脱离致使公务员具有权力扩张性的欲望,并寻求更大的权力来为自身牟利创造条件,从而使公共权力背离了公共的性质。

（三）如何推动公务员德性的发展

1．推进行政德性建设的法治化、制度化

行政德性是一种职业道德，行政德性建设则是对公务员行为进行约束，使其自律的过程。这一过程中有相应的法律和制度作为保障，有道德作为支撑点，才能使公务员的行为朝着“善”的方向行事。尽管法律、道德和制度都是对社会进行有效调节和控制的重要手段，其本质是一致的，但道德没有法律和制度的制裁和规范约束功能。因此，唯有在现代公共领域进行行政德性法治化和制度化建设，才能使公共行政伦理精神借助相应的法律法规和制度，维护公共价值取向。

2．以公共价值取向为依归

公共行政价值需要公务员在行政实践中实现，需要公务员具有公共价值理念。公共性是现代公共行政实践的主旨，是实现社会公共利益最大化的结果；服务是一切公共行政工作的根本出发点和落脚点。公共行政是以为人民服务为根本宗旨的，政府的体制设置和公务员的行政行为都应建立在公共利益至上的信念基础上，只有这样，政府才可能成为一个对人民负责的公务体系。公务员对任何利益问题的思考，都应当坚持从公共利益出发，坚持公共利益至上、责任本位、自我节制、反思平衡、合理服从以及慎用权力等原则，自觉地维护公共利益、平等、公正、自由，这应当成为公务员不可推卸的责任。

3．不断强化对公务员的行政伦理教育

行政伦理教育是指根据公共行政的基本价值、原则、规范及精神等对公务员有组织、有计划地进行教育培训，从而提高公务员的道德认知和工作能力水平。公务员不仅是公共管理活动的引导者，而且是行政伦理文化的接受者和传播者。从更广泛意义上来说，社会、单位、个人伦理文化的良好运行均需要公务员在实践中发挥表率作用。如何处理好社会、单位以及个人之间的关系，并维护社会的公平正义，决定了行政德性对社会道德的影响。所以，要因时、因地、因事、因人采取灵活多样的方式，不断强化公务员的行政伦理教育。

4．建立和完善道德的监督、惩戒机制

行政德性的培养不仅需要内在的约束力，而且需要外在的力量对其进行有效监督，以此来克服行政行为中的偶然性、随机性因素。同时，行政德性的培养需要建立和完善道德的监督、惩戒机制，对各种行政行为不作为、乱作为、损人利己以及危害社会公共利益的公务员进行惩罚。

思考题

1. 如何实现中国式德性“教化”。
2. 如何在当下社会背景下促进德性的“美好生长”。
3. 行政德性是一种知识吗？请结合实际进行具体阐述。
4. 公共行政中的德性具体包括哪些内容。

推荐书目

1. 熊明辉. 德性论证理论[M]. 广州：中山大学出版社，2023.

2. 陈斯一. 幸福与德性：亚里士多德伦理学十讲[M]. 北京：中国人民大学出版社，2023.

3. 秦洁. 新时代公务员德性伦理研究[M]. 北京：人民出版社，2017.

3

第三章

行政伦理监督

学习目标

1. 掌握行政伦理监督的概念及其意义，辨析制度和道德两种监督力量所发挥的作用。

2. 理解行政伦理监督中自律与他律的作用逻辑及机制。

3. 熟悉国内外行政伦理监督的实践经验，引发对于推进我国行政伦理监督发展的思考。

行政体系中的权力是一种特殊的公权力，行政主体通过公权力推动行政系统的运行和治理政策的落实，实现社会公众的利益诉求。行政伦理是公权力运用的规范之一，行政伦理监督则是根据这种规范对行政权力运用的一种约束。

行政伦理监督是指对行政机关及其工作人员在行使职权过程中是否遵守法律法规、遵循职业道德、履行职责等方面进行监督和管理的一种制度。法律法规、职业道德、社会公众和内部管理制度等共同构成了行政伦理监督的基础和保障。行政伦理监督的目的是保障公共利益、维护社会公正、促进行政机关的廉洁和效能。行政伦理监督是保障行政机关公正、廉洁、高效运转的重要制度，对于维护社会公正、促进政府形象建设、提高政府工作效能具有重要意义。

■ 第一节　“笼子里的利维坦”：行政伦理监督的必要与可能

一、权力监督的脉络

权力是公共行政的基础，是公共资源合理配置的先决条件，是一个国家或政府能够开展治理工作，实现公民利益的力量来源。离开公共权力，人类社会就可能陷入自然状态，社会生活就会陷于无序。权力具有两面性，权力的拥有者既可以用权力创造利益和价值，实现社会公共利益，同样不受制约的权力也会压制他人或其他群体的利益，为权力使用者个人的利益追求服务。人类政治实践一再表明，权力是一把双刃剑，因此需要对权力的运行予以监督，将权力运行限制在规范的轨道上。权力监督经过长期的历史探索，已逐步发展出清晰的思想脉络。对权力监督的研究，是开展行政伦理监督的起点。

（一）权力监督的必要性

1. 权力的派生性

权力的派生性指的是权力的来源和产生方式。权力来自政治、经济、社会、军事等多种要素，行政权力则源自公民自然权利的让渡。对行政权力派生性的研究可参考洛克、卢梭等人提出的社会契约论。该理论认为政治权力来源于人民的自愿选择和共同协商，政治权力的行使必须得到人民的授权和认可；政治权力的合法性是基于人民之间的契约形成的，政治权力的行使必须符合契约原则和契约精神，同时权力的行使受到契约的限制和制约；政治权力的行使还必须符合人民的利益和意愿，受到人民的监督和制约。社会契约论强调了政治权力的合法性与限制性，放在当代行政领域中仍有参考价值：行政权力的来源和合法性要求行政机关必须在法律规定的范围内行使权力；行政道德和合理性层面上强调行政权力必须符合正义原则和人权保障；同时行政权力必须符合民主原则和公共利益，受到公众监督和制约。权力来源的多样性决定了权力异化和滥用的可能性较大。法国启蒙思想家卢梭指出，政府的权力来自人民，政府运行的目的是满足人民的利益需求，政府的行为必须受到人民的监督。权力的派生性要求权力的行使符合人民利益和社会制度契约的要求，违背根源性诉求的权力运行应受到约束。

2. 权力的扩张性

权力及其持有者在达到一定规模后，会不断寻求权力范围和影响力的扩大，以实现更大的控制力和影响力。权力的扩张性可能表现为政治、经济、文化等方面的控制和影响。例如，政府可能会通过制定法律、政策等手段来扩大自己的权力范围，企业可能会通过收购、兼并等手段来扩大自己的市场份额和影响力，文化机构可能会通过宣传自己的文化价值观来扩大自己的影响力。权力实现跨范围、跨领域的扩张，其影响也波及更广阔的地方，这些新领域对权力的互动与顺从同时也是对权力的加强，进一步方便了权力行动的开展。权力的扩张实质上是权力的范围性强化，但同时也存在权力过度膨胀与滥用的风险。权力的扩张性可能会导致权力的滥用和不当行为的产生，例如有的政府工作人员滥用权力谋取不当利益，企业通过权力影响垄断市场，文化机构借助权力推广不健康的文化价值观等。法国启蒙思想家伏尔泰认为，绝对的权力会导致绝对的腐败，权力的扩张性需要受到监督和制约，以确保权力的合法性和公正性。

3. 权力行使者的不可靠性

尽管权力本身是形容行政力量的客观而抽象的概念，但权力的行使者是现实中活生生的人，是经过法定程序任命、选举或选拔出来，行使公共权力、治理公共事务的公职人员。虽然在公职人员接触并运用公共权力前必然经历过多重的训练、考察与实践历练，但是作为个体的人本身的自利性与软弱性决定了在权力运用中存在夹杂个人情感的隐患。公职人员存在受内在情绪、外在感情等主观因素的影响以及面临复杂的关系、各种利益等客观诱惑的现实情况。当权力的运用者面对私人利益与公共利益的冲突时，让其作出选择注定是艰难的。因此才有了休谟的“无赖假设”、斯宾塞等人的“社会达尔文主义”等，这些思想将人的自利因素摆在道德规范之前。现实中个别公职人员，或是利用权力对特定群体进行限制，例如某地通过对银行欠款人员赋数字健康凭证限制其行动，或是通过权力运用实现自身或集体的私利等。有权力的人使用权力一直到遇到有界限的地方才会休止。[①] 权力使用者的不可靠性要求对行政权力进行监督。

(二) 权力监督的思想脉络

1. 以权力监督权力

以权力监督权力是对国家公共权力进行约束的基本方式。英国哲学家洛克对中世纪西方的君权神授思想进行了颠覆，并强调了议会主权在国家权力系统中的优先性。洛克在《政府论》中提出，对权力滥用的纠正需要用强力对付强力，用自然法的力量对抗极端的君主统治。权力对权力的监督在发展中逐步延伸为分权思想，即将公权力分为若干权力并交由不同主体行使。公权力的行使通过职能分解、机构分设和人员分工等方式进行横向与纵向的分割：横向分权是将立法、行政、司法等基本公共权力进行划分，纵向分权是将公共权力分至中央、地方的不同层级，此外还包括政府与政党以及组织内部各项权力的划分等。这些被分派至各个主体的权力一方面彼此之间相互独立，运行互不干扰；另一方面在具体的业务上存在程序上的联

① 孟德斯鸠. 论法的精神[M]. 张雁深，译. 北京：商务印书馆，2020.

系，彼此相互影响，例如当某种权力出现异化，脱离正常的运行轨道时，其他权力能够予以制止和规范——最终形成一种均衡态势，防止公共权力的滥用。

2. 以权利监督权力

以权利监督权力是权力的授予者对权力的行使者进行的监督。按照现代民主的观点，政府是建立在人民基础之上的，政府的权力由人民授予，代表人民行使权力。国家通过公共事务的管理以及社会权利的保障来实现人民的权利。如果权力主体以公共利益为由侵犯公民权利，或为自己谋求私利，人民就有权收回授予行使者的权力。除了权力的授受关系之外，权利的监督还可以通过对权力的委托、控制、收回等方式实现：通过选举权将能够代表自身利益的候选人纳入政权系统，委托其代行自身意志；通过监督权对行政人员的权力行使予以控制，防止其滥用权力；公众还可运用罢免权，在权力行使者任期内将其罢免，收回赋予其行使权力的能力。此外，公众也可通过个体或权利相近个体的集合来行使对权力的制约，例如通过结社、集会、游行、示威等方式体现对少数人集体权利的保护。

3. 以制度监督权力

以制度监督权力是要建立起制度导向和程序合理的权力运行机制。制度对权力的监督较为显著地体现为法律监督，是将权力的运行放在法律和制度的监督框架之下，对权力的运行进行规范和制约，督促权力行使的主体正确运用权力，防止权力运用的随意性和个人化。首先国家的权力属于人民，公共权力的授予要按照法定程序进行；其次公共权力必须在法定范围内运行，权力的内容、范围、运作方式以及事前、事中、事后的权力监督，都应在法律明文规定下进行；最后不依法使用的权力会受到追究，按规定予以收回。将权力置于法律的监督之下是法治社会的要求。公共权力必须依法运行，公共权力的行使不能逾越法律规定的边界。任何违背法律的行为都应受到追究，法律面前人人平等。任何组织包括政府组织及其部门、政党和个人都不能凌驾于法或自外于法。①

4. 以责任监督权力

以责任监督权力要求在权力运行过程中建立完备的责任追究机制。权

① 黄健荣. 公共管理学[M]. 北京：社会科学文献出版社，2008：459.

力与责任是相伴存在的,权力异化失控的显著特征是权力与责任的失衡与脱节——只行使权力而不承担相应的责任。以责任监督权力是将权责统一,享有什么样的权力,就要承担什么样的责任和义务。在管理中要实行责任制,将主体责任明确化、规范化、制度化,以责任来约束公共权力,要求权力主体明确自身的责任与义务,并对自身行使公共权力带来的后果承担相应的责任。同时,以责任监督权力也是一种预防机制,权力与责任的明确能够让权力主体对自身行为进行事先预测,明确自身行为的后果,进而在权力的运用中能够三思而后行,形成对权力行为的约束。

5. 以道德监督权力

以道德监督权力是通过道德教育的方式保障公共权力的合理运行。以道德监督权力的思想来源已久,中国古代哲学中"为政以德"的思想,便包含有对统治者自身德行的要求,将"德"作为治理用权的评价标准。近现代以来,有的国家出台法律来规范行政人员的道德,例如美国 1978 年的《政府伦理法》规定了从总统到公务员的道德行为标准。不同于前面提到的几种权力监督的刚性手段,道德对权力的监督具有内省性与柔性特征。道德通过提升权力行使主体的道德修养与理想信念,抑制权力主体的自利性欲望,减少其滥用权力的可能性。

6. 以外部环境监督权力

与道德监督相近,外部环境监督也是对权力进行约束的途径之一。权力来自人民,人民拥有对权力行使进行监督的权利。这一监督过程除了人民利益在权力行使过程中的作用之外,还包括将行政内容向权力运作系统之外进行展示,例如政务公开以及政策、行动的相关新闻发布会等。政府通过将政务内容展示给社会公众与媒体平台,基于社会公序良俗以及公民层面的道德尺度,针对政务问题在社会层面受到关注的要点进行评价与监督,通过外界声音对政府的行动进行监督。相比于内化于心自我约束的道德监督,外部环境的约束更多的是一种柔性的他律,并非用制度来强行约束,而是通过社会对政府的关注,将用权放在无数双眼睛之下,促使政府在无形约束之下规范权力的使用。

二、社会共识:把权力关进制度的笼子里

2013 年 1 月,习近平总书记在中国共产党第十八届中央纪律检查委员

会第二次全体会议上提出“把权力关进制度的笼子里”，其背后有着深厚的理论基础和迫切的现实依据。

（一）把权力关进制度的笼子里的理论基础

自古以来，对权力的监督与制约就为政府及学者所关注。随着民主政治的发展，如何监督权力，如何让权力在制度下运行，愈发成为行政实践中的重点问题。各种权力制约的思想在民主制度的不断完善中逐渐丰富，为政治体制的优化与权力的规范运作提供了理论基础和思想资源。

1. 社会契约论

社会契约论是17—18世纪重要的政治哲学理论，代表人物有卢梭、洛克、霍布斯等。社会契约论认为，人和人之间是相互平等的，任何人对其他人都没有必然的权威，通过权力赋予的政治权威是没有合法性和道德性依据的。政治权力不是来自自然法则或者某些特权阶层，而是来自人民的自愿选择和共同协商。政治权力的来源在于人民，政治权力的行使必须得到人民的授权和认可。应通过社会契约建立合法权威，政治权力的行使必须遵循来自人民的契约中的规定和原则，同时受到契约的限制和制约。总而言之，政治权力的来源、合法性和行使都必须基于契约原则和契约精神，政治权力的行使必须受到人民的监督和制约。这种对权力进行监督制约的力量来自人民，表现为整个社会达成的共识性契约——当社会契约不断发展，最终在政治运行中形成明确的、书面的约定，这种契约就表现出制度的雏形。在西方民主政治发展中社会契约论得到实践，洛克面对封建统治提出“三权分立”的观点，孟德斯鸠认为有权力的人使用权力一直到遇到有界限的地方才会休止，这强调了以权力约束权力。基于社会契约论，西方民主政治逐渐发展出“民主法治”以及“法律面前人人平等”等原则，与“用制度监督权力”的思想具有高度的一致性。

2. 委托代理理论

委托代理理论产生于20世纪30年代，美国经济学家伯利和米恩斯为研究解决企业所有权和经营权分离产生的诸多问题，用该理论解释代理人如何代表委托人执行某些任务或决策。20世纪70年代，该理论被引入政治学领域，用于研究公共官僚与议会之间的关系，而后应用领域逐步扩展到了其他存在类似委托代理结构的社会公共事务等行政事务上。委托代理理论的核心是代理人和委托人之间存在利益冲突，因为代理人可能会追求自己的利益而不是委托人的利益。针对这一问题，该理论提出可以通过合同来规范代理人和委托人之间的关系。合同可以规定代理人的职责和义务以及委托人的权利和责任，还可以规定代理人的报酬和奖励，以激励代理人为委托人的利益而努力工作。除此之外，委托代理理论还提出可以通过监督和激励机制来规范委托代理行为，解决委托人与代理人之间的矛盾。权力的行使也是一种委托代理过程：权力来自人民，国家、组织的领导人作为权力的行使者，承接人民的委托行使权力，作为人民的代理行使权力。权力的行使过程同样伴随着权力行使主体追求自身利益而非人民利益的问题，这就需要通过监督来规范委托代理双方的互动，实现委托人利益的最大化以及委托代理关系的平衡。

3. 公共选择理论

公共选择理论是一种介于经济学与政治学之间的理论，基于微观经济学中的理性经济人假设等原则，解释政治决策的制定和实施等问题。该理论认为，政治决策是政治家、政府机构、利益集团、公众等个人和组织之间的利益冲突和协商而产生的结果，是通过民主决策来决定公共物品的配置，将个人选择转化为集体选择的过程。这一过程存在一些问题，导致集体利益无法顺利实现。其中一个问题是信息不对称，即政治决策制定者和执行者可能拥有比公众更多的信息，可能导致决策不符合公众的利益。另一个问题是利益集团的影响。利益集团可能会通过游说、捐款等方式影响政治决策的制定和实施，从而获得自己的利益，这也会导致政治决策不符合公共利益。放在权力行使的语境中，权力的拥有者基于自身利益需求，或自身所在组织、政党以及对自身有利可图的利益团体的诉求，凭借自身力量优势，容易将来自公众的权力用于实现公共利益以外的用途，导致权力的滥用和异化。为解决这一问题，公共选择理论提出通过提高政策的透明度以及增加公众的参与与影响力等措施来规范决策过程。除此之外，公共选择理论还要求通过明确的制度引导和法律法规对政府的权力行使进行监督和制约，以确保公共利益的最大化。

4. 马克思主义理论

马克思主义理论及其在我国实践中的发展也包含人民主权与权力监督的思想。马克思主义理论中为绝大多数人谋利益的观点是“把权力关进制度的笼子里”形成的重要理论依据。经济基础决定上层建筑，基于私有制这一经济制度，马克思、恩格斯揭示了官僚特权制度是导致国家权力异化和权力腐败的政治制度根源。马克思主义国家学说认为国家是一个历史范畴，具备统治阶级用来实施阶级压迫和统治的政治职能，以及利用公权力管理社会公共事务的社会职能。但事实上，国家一旦形成，就成为诞生于社会却又凌驾于社会并日益异化于社会的力量。① 官僚特权制度是社会的公仆转变为社会的主人的根源，也必然滋生权力腐败。"'工人阶级一旦取得统治权，就不能继续运用旧的国家机器来进行管理'，必须'以新的真正民主的国家政权来代替'。国家机关必须由社会主人变为社会公仆，接受人民监督。"②这样一种人民主体论思想和市民社会理论是制度反腐的社会基础。市民社会理论相对于国家学说，虽没有直接论述权力腐败与制度问题，但它作为正确认识人类历史发展进程中各阶段国家政权性质以及解析现代社会民主政治发展的重要理论依据，为我们正确认识权力腐败，构筑"制度之笼"奠定了科学理论基础，提供了重要方法论。

（二）把权力关进制度的笼子里的现实依据

在应用和发展权力监督与制约的相关理论基础上，"把权力关进制度的笼子里"这一提法的理论内涵进一步丰富，成了超越不同体制、地理界线、社会阶层的普遍共识，并在社会治理、组织优化等方面的行政实践中得到发展，形成如下公认的观点。

1. 权力监督：有权也不能任性

相较于广义上的权力，行政权力具有特殊性：行政权力来源于赋予行政主体合理性的社会群体，为这一社会群体的利益使用，受这一社会群体监督。在主体角色上行政权力运用的主体往往是各级政府，对于赋予其权力的群体呈现出管理与被管理的关系。这就导致权力的运行很容易基于使用者的喜好进行，导致腐败风险滋生。同时权力的无序扩张又进一步让"权力的手"跨地域、跨领域地伸到过远的地方，使其影响波及应然范围以外的领域，权力的力量进一步增大，权力的管制愈益困难。因此要对权力进行监督，把权力从使用者的私人诉求中剥离，对权力行使的过程和结果进行监督和评估，将权力的使用方式、影响规模限制在合理的范围以内，以确保权力

---

① 中共中央马克思恩格斯列宁斯大林著作编译局. 马克思恩格斯选集：第四卷[M]. 北京：人民出版社，2012：187.

② 习近平. 论中国共产党历史[M]. 北京：中央文献出版社，2021：205.

的合法性、公正性和透明性，让权力不能任性。西方国家多采用分权的方式对权力的使用进行监督，最为典型的是“三权分立”制度，即将立法、行政、司法三项权力分设，各自独立运行。我国采用人大（中华人民共和国全国人民代表大会）监督制度，法律赋予各级人民代表大会及其常委会行政监督权，对相应部门的行政工作进行监督。

2. 权力公开：要将权力运行放在阳光下

行政权力的性质决定了权力公开需要依托国家行政机构的支撑，权力的运行与日常社会生活之间无法完全对接。社会公众往往只能接触到与自身利益相关的政策，且社会公众难以对政策安排产生显著影响，社会公众利益的实现往往处于被动位置。一方面，作为赋予权力的一方，社会公众有权了解权力如何运作、如何使用，来自他们认可的权力最终被用到了哪里。另一方面，当社会公众认为其利益诉求未得到满足，或者某些权力主体并未合理运用权力、存在腐败风险时，他们提起检举和得到解释的权利也需要得到满足。因此需要完善权力公开机制，打通社会生活与权力运行的阻隔，使社会公众能够接触并影响权力的使用，让权力运行在阳光下。我国的两会（中华人民共和国全国人民代表大会和中国人民政治协商会议）制度是权力使用向社会公开的重要表现，两会中，国务院总理作政府工作报告，将权力如何使用、取得的成果向社会公开，受参会代表监督。除此以外各级政府政务公开渠道的开放，也方便了社会公众能够实时了解政府工作动态，进而提出工作改进的意见建议。

3. 权责对等：有多大权，就要负多大责

权力是由政府组织拥有的一种力量。政府组织的决策决定了权力会如何被使用及权力的影响范围。这种影响是与权力直接相关的，权力的强弱、权力行使者的行动以及权力涉及对象的特征都与权力影响的范围以及权力影响的程度挂钩。因而权力的使用必然伴随与这种影响的绑定关系，一个主体使用权力创造了产物，那么这种产物所带来的影响就同样应该由权力主体承担。责任是指在行使权力时应该承担的义务，如果权力与责任不匹配，就会导致权力滥用、责任逃避等问题，从而影响社会的稳定和发展。组织机构运行中的权力应用应考虑组织运行的流畅以及成员结构的稳定，行政权力的应用也需要考虑对社会公众带来的影响，从而谨慎行事。权责对等是权力运行中基本的道德原则和管理原则，只有在权责相匹配的情况下，才能保证权力的良性运行。

4. 用权为民:要做到权为民所用,利为民所谋

公权力来自人民,来自社会对政权的肯定和对行政主体"用权之权"的认可,因而各级政府以及行政组织等权力主体应该将权力为人民所用,将权力应用于保障社会公众的利益及社会范围内的民生福利上。权为民所用,利为民所谋,应当是权力运用的最终去路。由于权力本身的特征以及权力使用者的"不完美",权力使用的走向并不能准确契合社会对权力的期望,权力带来的福利往往会流向权力主体本身或者能够创造出利益的组织或团体。政府的权力来自人民,政府运作的目的是满足人民的利益需求,政府的行为应受到人民的监督。权力的偏向以及异化风险要求行政组织以及社会层面对权力的使用进行监督,将权力的应用向人民的利益方向引导。西方代议制民主国家的政权往往存在党派竞争,其执政权力来自选民,最终上任的执政党代表选民利益,为选民服务,选民利益的满足与否决定了这一党派能否继续执政。我国实行人民代表大会制度,通过两会制度等实现人民代表对政府工作的监督,同时政府信箱等线上线下监督渠道的开放也为人民对政府工作提出建议及监督提供了可能。

(三)把权力关进制度的笼子里"任重而道远"

"把权力关进制度的笼子里"衍生于新时代,它的提出使党的建设任务更显艰巨。对我国而言,一方面国家正处于实现中华民族伟大复兴的关键时期,这对党提出了前所未有的新挑战、新要求。另一方面多维危险破坏性因素使党将长期面临"四大考验"(执政考验、改革开放考验、市场经济考验、外部环境考验),并伴随"四种危险"(精神懈怠危险、能力不足危险、脱离群众危险、消极腐败危险)。"四大考验"和"四种危险"是党在面对现实考验时提出的,凸显出了敢于承担历史责任的勇气,为坚持党要管党、全面从严治党提供了重要依据。

中国共产党作为马克思主义执政党,最大的政治优势是与群众保持密切联系,最大的危险是脱离群众。因此,"把权力关进制度的笼子里"的提出有利于用制度规范党员日常行为,规范干部执政行为,规范权力行使与运行方式,这是我们党在面临"四大考验"、防治"四种危险"时的重要利器。

"把权力关进制度的笼子里"所指向的"制度"必须是科学合理的制度。

这个要关住权力的"制度",也绝不是那些写在纸上、贴在墙上、说在嘴上的毫无执行力的制度,而是能够真正把权力关进"笼子"里的制度,也就是习近平总书记所强调的"不敢腐的惩戒机制、不能腐的防范机制、不易腐的保障机制"。全面依法治国要把依法治权、依法治官作为重中之重,切实把权力关进法律和制度的笼子里。依靠法治是规范权力行使、制约权力滥用、遏制权力腐败的重要路径。只有从根本上完善法律体系和法治机制,才能更好地用制度和法律去管干部、管权力。党的二十大以来,一系列围绕全面依法治国提出的新思想、新理念、新战略,都强调了全面推进依法治国的总目标是建设中国特色社会主义法治体系、建设社会主义法治国家。全面依法治国必须扎根于中国特色社会主义法治这一从根本上引领我国社会主义法治建设的正确方向,其中坚持党的领导是根本保证,中国特色社会主义制度是基础和保障,中国特色社会主义法治理论是思想指导、学理支撑、行动指引。

三、以道德约束权力

道德是对权力进行监督与约束的另一大力量,不同于制度的刚性管制,道德通过柔性的感化和引导发挥作用。道德作为行政伦理监督中的重要力量,在权力运行的过程中对其施加影响,发挥约束权力运行、稳定行政秩序的作用。

(一)道德的力量

道德与政治、法律等一样是社会控制力量。任何社会都会在其运转过程中形成某种秩序,社会只有在合宜的秩序中才能正常运转。作为道德主体的人是具有意识的、经过思虑或凭激情行动的、追求某种目的的人,并且每个人的个别行动往往是互相冲突、互相矛盾的,往往同社会及各个生活领域直接需要的秩序不尽一致。为了将社会成员的行为引入现实直接需要的秩序范围,任何社会都必然形成某种相应的社会控制系统。社会控制系统所凭借的社会力量,通常是法律、道德、教育、习俗、宗教、艺术、制度以及体现国家权力的军队、警察、法庭、监狱等。不论在哪种社会控制中,道德都是不可或缺的力量。基于社会控制因素这一社会属性,道德应肩负着两大社会职能,即直接疏导社会成员行为的职能和调整社会成员行为的职能。既然道德具有这两大社会职能,那么道德就必然成为约束社会成员行为的重要力量;社会成员在道德的约束下,形成符合社会规范的品德。一旦形成这样的品德,社会成员就必然在品德的约束下从事各种活动,也必然会推动和维持良好社会秩序的形成和发展。

(二)道德约束权力的可能

第一,权力的约束来自社会道德的要求。道德价值与公共权力产生于社会实践与经济关系。公众在社会实践中产生利益需求,社会组织化形成的公共权力服务于公共利益,需要解决公共利益中个体利益与集体利益的矛盾。权力运行中不同主体的利益关系差异是道德约束权力所应关注的要点。权力具有自发性,权力自发运行机制只会使利益向权力中心聚集,无法形成社会利益的最大化,因而需要通过道德约束权力的行使。马克思和恩格斯提出,"既然正确理解的利益是整个道德的基础,那就必须使个别人的私人利益符合于全人类的利益。"[①]公共权力需要以保护公共利益为宗旨,个人利益要服从公共利益,同时协调不同个体之间的正当利益冲突。

第二,权力主体的行动需要道德信念的引导。前文提到权力具有自发性,公共权力的行使主体是具体的个体或组织,其自身的利益需求会对权力的运用造成影响和干扰,造成权力的过度集中以及腐败等问题。制度与法律手段能够在一定程度上对权力主体行为进行规制,但刚性的手段往往难以从根本上改变个体的行为逻辑,因而需要通过德治手段转变权力主体的行为方式。一方面社会层面形成的道德风气和公序良俗能够对权力主体发挥教化作用,对权力行为进行良性引导。另一方面权力主体的道德信念、道德意志和道德习惯会对其理性行动形成影响,进而实现权力的良性运用以及公共利益的最大化。

第三,道德规范对权力系统运作发展的建构作用。道德对权力的约束贯穿权力运作的全过程。首先,道德的规范与约束能够确保公共权力基本功能的实现,即协调利益主体之间的矛盾冲突和维护利益主体之间的合法权益,形成合理有序的基本社会秩序。其次,通过道德教化以及道德立法等方式对公共权力的主体和运行进行约束,能够推进权力组织及其运行架构的先进性建设,防止腐败等问题的发生。最后,通过强化道德建设,包括社

① 中共中央马克思恩格斯列宁斯大林著作编译局.马克思恩格斯全集:第二卷[M].北京:人民出版社,1957:167.

会风气的引导教化以及权力机构中的“官德”建设，上下全程塑造良好的社会道德秩序体系，从而实现对权力运行的全过程监督，形成道德规范监督权力，强化道德建设的良性循环。系统的道德规范机制，有助于推动权力行使的不断优化，以及国家机构的稳固发展。

（三）道德何以约束权力

从道德对权力的约束来看，道德约束权力涉及两个方面的问题：一是用什么东西进行约束；二是如何提供约束条件。这两个方面做好了，权力主体的道德约束就会有一定的保障。

第一，建立健全道德规范体系和正确的社会价值体系。没有深厚的伦理道德基础和系统的社会价值体系，道德约束便会失去坚实的基石。由于我国正处在社会转型的关键时期，新旧道德规范还处于不断的冲突和矛盾斗争之中，新的道德规范还没有最终定型，道德与非道德的界限还不十分明晰。应适应新情况新条件发展的需要，建立起体现时代特点和经济社会发展要求的新道德规范体系，明确道德与非道德之间的界限，道德规范体系的内容应全面、具体，既有言论规范，也有行为规范；既有政治道德规范，也有思想道德规范；既有职业道德规范，也有社会公德规范。这样才能够在多层次多方面利用道德的力量，制约、约束和规范权力的运作，做到有章可循。建立健全道德规范体系，应注意以下三个方面的问题。一是提升道德立法机关的地位。以往的一些道德规范大多数是由教育部门及其相关部门制定的，缺乏权威性，也与国际惯例不相协调。例如，在英国、美国、日本、法国、意大利等国家，行政道德立法由政府起草，国会审议通过并颁布实施，具有普遍的约束力和权威性，我国可科学合理借鉴这些做法。二是注意吸收法律的一些规则和程序，丰富道德规范体系。随着社会的变迁，道德和法律调整的范围会相应地发生一些交叉变化。一方面，许多行为从道德领域进入强制性的法律范围，成为法律规范的一部分；另一方面，一些以前被法律所禁止的行为，游离出法律领域，转入个人道德领域，成为道德规范的内容。因此，梳理和重塑道德和法律调整的内容和范围，对监督和约束权力十分必要。三是注重道德规范的使用价值。道德立法要具体实用，例如意大利的《道德法典》对公务员大部分的行为进行了限制性规定，明确告诉公务员可以做什么、应该做什么、不能做什么。

第二，权力主体要自觉接受道德的约束和制约。有了道德规范，权力主体如果不去遵循也是毫无意义的，所以权力主体的自觉接受是道德制约和约束一个很重要的方面。自觉包括自重、自省、自警、自励。自重是指自己尊重自己的人格；自省是指经常自我反省，检查自己的道德行为；自警是指警示自己不做邪恶坏事；自励是指激励自己多行善事。这些都要求权力主体在履行社会职责和道德义务时具有道德自我评价能力。道德自觉的最高境界是“慎独”，即在无人监督独处的情况下，个人仍能自检自律自觉，用道德规范约束自身言行，不做任何不道德的事情。道德的自我约束是一个学习和改造思想的过程。权力主体通过学习，增强明辨是非善恶的能力，改造自己的世界观，促使自己的行为更趋向理性，进入规范性的领域，树立正确的人生观和价值观，正确认识手中的权力，摆正个人与服务对象的关系。

第三，注重和加强道德外约束。道德外约束属于他律范畴，他律主要是依靠道德和正义的力量，根据政府官员的行为和实际利益，通过正确的道德判断和道德认识，达到制约政府官员滥用权力的目的。道德外约束的主要手段是社会舆论。发挥社会舆论的监督作用，要解决好三个问题。一是拓宽新闻媒体了解权力运作的渠道；二是逐步取消对新闻媒体的财政拨款，使之成为独立的、不依赖权力主体和权力机构的、符合市场规律的信息经济实体；三是杜绝行政权力对舆论监督的干预，使舆论成为监督权力的一支重要力量。同时，实行道德外约束，赋予道德应有的权力和地位。在条件成熟的时候，可设立道德法庭和专门制约机构，对严重违反道德规范的行为实行道德审判，赋予道德硬约束的功能。这些措施对强化道德外约束和保持权力主体的为政清廉具有必要性。

■ 第二节　自律与他律：行政伦理监督的内控和外控机制

一、自律与他律的关系

18 世纪德国哲学家康德在其道德观体系中提出自律的概念。康德认为，自律是指通过确定一种具有普遍性、纯粹性、绝对性的道德原则来衡量行为的道德善恶价值，以此来摆脱宗教教条对人自由的限制，意在激发人摆脱蒙昧状态，拥有理性的意志自由和批判精神。伦理是一种实体性的特定的社会关系，包括社会生活的全部过程，是一种包含着道德与法同时又高于道德与法的一类社会现象。法是底线伦理，道德是不成文法，伦理实质上是法与道德的统一。这种统一体现为伦理规范具有法与道德的两个基本特征，即行为规范的他律与自律的统一，客观性与主观性、外在性与内在性的统一。[①] 因此研究行政伦理，需要厘清道德与法，即自律与他律的内涵与关系，进而探究二者在行政伦理监督过程中的作用机制。

（一）道德的两面性

传统道德理论认为，道德要求个人或行为主体对他人和社会作出必要的自我节制和自我牺牲，只有无私利他的动机和行为才是高尚的。其实这只是对道德利他性这一特性的说明，道德除了利他性之外，还有自利性的一面。讲道德是为了谋幸福。道德的基础是利益，道德的选择归根结底是利益的选择，是人们之间利益关系的反映。道德不是自发产生的自然物，而是人们为了相互间的利益关系而约定的行为规范。人们之所以要用道德这种形式规范各自的行为，是因为这种形式可以避免人与人之间在利益上的种种冲突，减少不必要的损失，把人的行为约束在规则所允许的范围内。因此，道德是以较低的成本换取人与人之间利益关系相互协调的较高收益，道德在人际关系中的运用遵循了人类行为效用最大化原则。

道德在本质上是他律的，是社会对个人的要求；人们追求道德的目的不是道德本身，而是道德之外的功利——保证社会的存在和发展，增进每个人的利益；人们追求道德的动力并非理性的道德意识，而是感性地对幸福的追求。因此，道德的选择必然是与对幸福的追求联系在一起的，正确的幸福观是道德选择的动力。为了追求和得到真正的幸福必须选择做一个有道德的人。也只有如此，才能使人们自觉自愿地去过符合道德要求的生活。这样就有效地解决了人从感性的欲望到理性的认知，从“求实惠、谋实利”的自然人到主动“做好人、干好事”的道德人转变的道德难题。

道德在本质上是讲效益的。一种道德行为是否发生以及发生的广度和深度如何，是由成本和收益的关系决定的。道德成本是一个广义的概念，行为者在道德行为过程中事实上的付出均属于此范围。道德收益是指道德主

---

① 王伟.行政伦理概述[M].北京：人民出版社，2001：57.

体从事某项道德活动所获得的效用。行为者从特定道德行为所获得的物质的、精神的、情感的、权利的东西均为收益。当收益大于成本时，该行为就具有经济价值，并且是值得或易于发生的；反之，则是不值得或不易发生的。当收益与成本的差越大时，道德行为发生的概率就越高，驱动力就越强。在收益既定的情况下，道德成本就像经济论中“看不见的手”一样支配着人们的选择。

（二）自律与他律的内涵

自律与他律的内涵均是围绕道德的概念展开并在道德选择中发挥作用。从伦理学的角度上讲，道德自律与他律的概念是由康德提出的。自律，即道德自律，道德的行为主体根据自身的道德观念和思维方式采取行动。自律可理解为为自己立法，为自己进行道德立典。美国哲学家施尼温德认为自律是康德的道德观中对自治观念的反思。[①] 康德认为的道德自律是指人的意志应当如何去实践道德原理。康德认为，通过自律，纯粹的理性证明了自己的实践性，能够不依赖于任何经验自为地决定意志。自律的基础是理性，道德主体依靠自身的意愿进行选择与行动，通过对道德合理性的追求以及对批判性的内在反思，免除外界的强制与约束，同时具有自由的意志与行动力将意愿转化为自主行动。

对于他律的界定，康德认为一般理性存在者的感性自然是在以经验为条件的法则之下的实存，因而这种感性对于理性而言自然是他律。[②] 康德强调理性个体之外的外界环境对道德主体施加的规范与约束。康德的道德观将他律局限为世俗的权威和教义等规制，认为道德是自律而非他律，但对自律产生的理性实际的否认隐含了主观片面的缺陷。黑格尔指出，康德的道德观中重视道德原则的普遍化与绝对化，但忽略了道德的辩证发展过程以及道德所依托的客观伦理关系。黑格尔为道德所依托的原则提供了客观内容，将个人利益、他人利益和普遍利益统一，构成他律的伦理秩序，形成自律与他律相统一的道德理论。

（三）自律与他律的关系

首先，自律与他律相互区别。自律来自主体自身的道德意志，是道德主

---

① 施尼温德.自律的发明：近代道德哲学史[M].张志平，译.上海：上海三联书店，2012：142.

② 康德.实践理性批判[M].韩水法，译.北京：商务印书馆，1999：89.

体通过其理性思考、理想信念以及道德观念等要素，对自身的自然性约束，关注的是“我要做什么”的问题。他律来自道德主体以外的力量，是道德准则、奖惩制度、社会舆论等外部性因素对行为主体施加的且具有强制性、被动性等特征的影响和规范，其关注的要点是“我应该做什么”。

其次，自律与他律相互依存，不可分割。一方面个体的道德必须是自律的，社会的道德需要通过个体的自律来实现，另一方面来自社会与实践他律的标准也是自律需要承认的客观基础。因而，自律与他律不可分离，既不能抛开他律的内容空洞地谈论自律，也不能忽视道德自律对客观社会内容的正确反映。自律与他律应当统一于符合伦理规范的社会道德以及反映社会道德但又与之相对独立的个体道德中，通过有层次的道德评价体系以及自律和道德意识的教育，形成社会价值层面下的道德体系。

最后，自律与他律相互影响，相互转化。在自律中，需要通过道德经验和价值观等他律性的行为限制来进行规范，将一般性的伦理价值与个体的道德认识和情感相互联系；在他律中，作为参与社会实践的个人通过自发性的行动和价值判断对道德品格进行塑造，勾画出理想化的伦理图景。他律是自律的基础，自律是他律的最终目的，他律为自律引导方向，促进自律的提升。他律是道德形成的起始阶段，最终会转化为自律，促进社会与道德水平的发展。

在我国，几千年来，受儒家“内圣外王”传统思想的影响，“修己以安人”“为仁由己”“何必曰利”等由原始儒家所倡导的命题成了中国道德自律论的经典语式。道德自律论主要来自康德。在康德看来，人在本质上是一个理性的存在者，理性的最高使命是产生善良意志。善良意志是一切行为、品质有无道德价值的必要条件，是对普遍必然性道德法则的遵从。康德将这种具有普遍必然性的道德法则称为“绝对命令”。这就是说，人作为理性存在者，自己是自己的道德立法者，同时又绝对遵从理性的立法。这样，康德就从人的理性本质中推出了人既是“立法者”又是“执法者”，并使两者统一于人的理性本质。因此，道德是人类理性的自律。①

道德自律论的观点在反对宗教他律观点方面具有积极作用，受到马克思的肯定，从而“道德的基础是人类精神的自律”便成为一种权威的观点得到我国理论界的肯定。遗憾的是，许多人只停留在来源性的结论层面上，忽

① 康德. 道德的形而上学基础[M]. 孙少伟，译. 南昌：江西教育出版社，2014.

视了道德是来自社会对个人的他律性要求这个更为根本的实质性问题。实践证明，道德自律论是一种片面的、脱离实际的、不能有效指导人们道德实践的理论。

在以上种种因素的共同作用下，在以往的行政伦理建设中，人们更多地关注行政人的德性修养，忽视了对其赖以存在的制度的探究。人是在制度中生活的，如果制度不合理、不道德，那么，个人的道德行为所起的作用将是微不足道的，只能作为修身养性、独善其身的手段；反之，如果制度是合乎道德的，即使某些个体有不道德的行为则对社会的危害也会受到抑制。就此而论，制度的道德比个人的道德更为重要。①

二、自律与他律的作用逻辑

将传统伦理学研究中的自律与他律代入权力与伦理监督的行政领域，可对其界定进行简化。自律可以理解为组织内部以及组织中个体所具备的道德素养、伦理观念、职业理想以及组织的精神气质、文化气节等，组织和个人在这种精神品德的指导下开展行动的模式。他律可以理解为通过组织、集体的规章制度以及相关的法律法规发挥作用，通过明确的文字规定与违反规定的惩罚机制来规范个人和组织的行为。简单来讲，自律在个体与组织中形成的内在控制机制、与他律对个体与组织的外来管理机制，两种机制共同作用，构成了自律与他律的作用逻辑。

（一）自律作用下的内控机制

道德自律是指权力主体在运用权力的过程中按照道德规范进行的自我约束。自律是道德规范的一个重要特征，它能支配人们的内心活动。美国法学家博登海默指出，道德规范能否得以执行的保证，完全在于有关个人内心，而不是外部的有形强制与威胁。② 道德自律力能在一定范围、一定程度上约束权力主体运用权力的动向。权力主体如果超越道德约束，其身不正，纵有威权，而无道德威信，其后果：一方面其令不行，不足以为政；另一方面滥用权力，导致腐败。权力主体通过自我道德修养和社会道德教育，能够增强自律能力、防御能力，自觉地按照道德规范进行约束，形成伦理运权自控机制。

① 李建华. 中国官德[M]. 成都：四川人民出版社，2000.

② 博登海默. 法理学：法哲学及其方法[M]. 邓正来，姬敬武，译. 北京：华夏出版社，1987.

第一，端正道德在权力运行中的坐标位置。权力主体在行使权力过程中产生的效果与权力主体自身道德品质有关。权力主体在运用权力的过程中应定好道德坐标位置，崇尚道德风范，坚持以全心全意为人民服务为道德核心，唱好集体主义道德主旋律，把握好社会主义义利观，以高层次道德进行自我控制、自我约束。

第二，加强权力主体的道德自律能力。真正意义上的道德行为是一种自律行为，即自我调控，自我约束行为。提高道德自律能力，可以从强化良心的作用方面入手。良心是每个人自身内部的道德评价和道德价值意识，是自己对自己行为道德价值的认知、判断、态度、感情体验、意志动机等一切心理反应活动。这种心理反应活动如果是对自己行为所具有的正道德价值的肯定性评价，便叫作良心满足；如果是对自己行为所具有的负道德价值的否定性评价，便叫作良心谴责。因此，良心具有使人遵守道德规范的价值和作用。作为一种职业道德责任意识，良心构成了权力主体内心深处的道德自律，是推动权力主体伦理运权的内在精神力量。作为一种运权行为的自我评价能力，良心构成了权力主体内心深处的调节器。

（二）他律作用下的外控机制

我们倡导道德自律，但决不能把权力主体的道德建设完全建立在人人能自律的良好愿望上。权力主体伦理建设的维护离不开他律，离不开外在制约，即道德制度约束、法治约束、民主监督约束。健全道德制度约束包括健全以德运权机制，主要是加强权力运行的道德制度建设和约束，权力道德属于职业范畴，是指权力主体将道德原则和规范深入个人的职业活动中并加以具体化。任何一个干部虽然都有一定的道德基础和道德经验，但是并不意味着他们一旦掌了权力就能自觉按照和遵守权力道德的要求以德运权、清正廉洁、高风亮节。事实上，任何一个干部接受和遵守权力道德都有一个从他律到自律的过程，只有经过这一个由外在强制性力量支撑的他律化训练，才能够自觉遵守道德规范。道德的他律性或外在约束性要发挥约束作用需要凭借权威力量的支持和以赏罚为内容的实施机制的支撑而发生作用。因此，要使权力主体有效地发挥道德他律作用并实现他律向自律转化，就必须加强道德制度化建设。

第一，要加强道德责任制度建设。运权责任应包括运权职责和运权罪责。职责是指运权的任务和义务。罪责是指权力行使过程中越界的后果承担，所有权力主体都应建立起高度的责任心，要尽职尽责。要按照伦理学上的责任原则建立一套责任制度，以保证权力主体自己不直接从事非伦理运权行为，并有能力制止上级和组织的非伦理运权行为。这样做既是为了维护人民的利益，也是人民对权力主体的责任要求。只有建立责任制度，才能保持运权的公利性，提高运权绩效，防止权力滥用而滋生腐败，更有利于促进权力主体在运权过程中感悟如何进行伦理选择。

第二，要实行道德奖惩制度，使权力主体“守德受益，缺德受损”。作为领导干部，应确立无私奉献的道德观。对于那些履行道德义务、为民办实事并作出了贡献而使个人合法利益遭受牺牲或损失的权力主体，应采取奖励的办法，实行德行代价补偿机制，以物质的适当形式予以补偿。特别是那些以德运权，且为国为民创造了较大效益的权力主体，应按效益的多少、贡献的大小来提高其待遇，充分体现各尽所能、按劳分配的利益分配原则，这也是对权力主体诚实劳动、忠于职守的一种奖励。这样可以提高权力主体的积极性、主动性，从道德效益上真正做到使立足道德践行的权力主体得到“好报”。以权谋私、运权主观随意者应受到精神惩罚。创造一个扶持正气、贬斥奸邪，亲近好人、疏远坏人，赏善罚恶、善恶分明的社会道德风气是把运权道德奖惩制度化为权力主体以德运权的动力。

第三，要把道德责任制度与奖惩制度有机结合起来，加强用权的全程管理，建立健全对权力运行的管理、考察和激励制度。以道德制度的形式对各种权力的限度进行规范，针对不同层次、不同类型的权力进行科学分解和定位，克服权力功能在道德范围内的伸缩性和在权力使用中的随意性。道德在本质上具有软约束性。要想把抽象的道德目标、规范转化为具体的、可操作的规范和准则，必须实行道德法律化以促使道德规范“硬”化。因此，对运权的约束，除软性的道德力量外还必须借助于硬性的法律力量。道德法律化是道德约束权力较为有效、稳定的手段，它可以使道德成为权力，从而以道德权力约束权力主体的权力。例如，《中华人民共和国宪法》把“五爱”“五个教育”等道德要求以法的形式确认下来，再如我国道德中的平等、公平、诚实信用原则通过《中华人民共和国民法典》进行了法律化了。因此，为了约束政府官员权力，一方面必须把权力道德中的一些底线层次与国家法律特别是《中华人民共和国刑法》中的一些条款结合起来，另一方面可以把权力道德一些底线层次的要求直接上升为专门的“道德法”。

三、自律和他律二者并用

从行政伦理学的研究成果来看，行政人格的形成大概要经历三个阶段：行政伦理他律阶段、行政伦理自律阶段及行政伦理价值目标形成阶段。行政伦理他律阶段，行政人员通过法律法规和道德规范约束自己的行政行为。这一阶段的主要特征是服从。行政伦理自律阶段是行政人员从他律到自律升华的阶段。这一阶段的行政人员已经逐渐形成了行政良心，并开始积极地、有意识地履行范围内的行政责任。行政伦理目标形成阶段是行政人员行政人格形成与完善的阶段。这一阶段行政人员的行政理想、行政态度、行政荣誉及行政作风等融为一体，行政自律与行政他律、行政义务与行政良心有机统一。因此，从上面三个阶段的分析来看，为了发挥行政伦理监督作用，防止行政伦理失范现象频繁发生，应从自律和他律两个方面监督政府机关及行政人员，使之具有良好的行政伦理观。

（一）提升自律的途径

1. 提高行政人员廉洁自律意识

行政伦理道德教育是指使行政人员接受伦理道德价值和伦理道德要求，并最终转为自觉的道德品质和道德人格的过程。在我国，对全国范围内政府部门的行政人员进行行政伦理道德教育和廉洁自律意识培养是一项巨大的工程，培养行政人员应该具备的行政伦理道德素质和廉洁自律意识对国家长治久安、民族复兴来讲具有重要意义。要借鉴国外先进的经验，使之成为适合提升我国行政人员廉洁自律意识的方法，同时通过不定期的学习培训、日常管理等多种渠道增强行政人员对廉洁执政的认知，让他们认识到行政伦理是从政之本。对政府部门内的行政人员开展行政伦理教育、增强廉洁自律意识，应从以下三个方面着手。一是行政伦理知识的学习、培训要制度化，针对学习、培训制定的相关细则应写入公务员相关法律中，并把学习、培训的成绩作为行政人员考核的指标之一。二是树立典型示范人物，归纳总结出符合社会普遍利益的价值观念，循序渐进、逐步深入，让行政人员从内心深处自觉接受并表现出社会需要的价值。三是把中华民族的传统美德和现代教育相结合，让行政人员具备正确的世界观、人生观和价值观，将以往的行政伦理规范与当代的行政伦理规范需求相结合，提高行政人员的廉洁自律意识，不断适应社会发展的需要。

2. 端正行政人员对公权力的认识

公权力与私权利相对应，是指以维护公共利益为目的的行政机关及人员在职务上的权力。公权力是基于社会公众意志，由行政机关行使的强制力量，其本质是处于社会统治地位的公共意志的制度化和法律化。从根本上说，公权力践踏私权利是在挑衅法律的底线，与法律倡导的价值背道而驰，超越了公权力的范围。因此，行政主体要认识公权力与私权利的关系：私权利是公权力的源泉与基础，离开了私权利的公权力难以实现。公权力与私权利之间是此消彼长的关系，在社会处于常态的情况下，必须充分体现出私权利的优位，公权力必须给私权利留有更大的生存和自由空间。此外，需要指出的是，公权力与私权利之间沟通的桥梁是公共利益，当公权力需要介入私权利的时候，必须是基于公共利益的考虑。行使公权力的行政机关只有在维护社会秩序和公共利益的前提下，才可对私权利进行一定范围及程度的干预，否则便构成了公权力对私权利的侵犯。因此，行政主体要正确认识公权力，端正实施公权力的态度，紧跟时代潮流，避免行政伦理失范现象的发生，保持公权力与私权利的和谐，真正实现为人民服务的宗旨。

（二）提升他律的途径

1. 增强行政主体相互之间的伦理监督

对政府行政机关的行政人员进行行政伦理监督，其实是对领导干部及领导班子的主要成员进行行政伦理监督，这是一种效率高、成本低且行之有效的道德监督方式。为了完善这种相互监督的方式，让行政伦理监督更好地起到促进作用，国家要不断强化行政人员的监督思想和廉洁自律意识，明确行政人员的伦理道德监督权利与义务，并且以法律成文的形式建立起行政伦理监督机制，完善上、下级行政机关及行政人员之间进行相互伦理监督的形式，最终达到保护各自监督人的伦理道德和人民群众利益不受外界因素干扰的目的。

2. 加强制度伦理化和伦理制度化相结合

发挥行政伦理监督的作用，要将教育手段和外部手段相结合，以此来规范政府机关及行政人员的行政伦理行为。规范政府机关及行政人员的行政伦理行为，主要从加强政府相关政策、制度的伦理化以及强化行政伦理的制度化、法律化两个方面逐步实现。一是对政府相关政策、制度的合理合法性进行伦理方面的判断。政策的公共性是其根本属性,是行政主体处理社会公共问题的依据。政策产生的效益比例是伦理评价的一个方面,因为政策的效益比例是对政策实施过程中效率和结果的综合考量。效益比例不高是一种伦理失范的表现,因为该现象表明行政主体浪费了有限的社会公共资源。二是加快行政伦理的制度化和法律化进程。对行政伦理进行制度化和法律化是我国行政伦理建设的保障,主要思路是首先制定一部行政伦理的基本法律来规范政府机关及行政人员,其次在基本法律的框架内制定具体细则,逐步完善行政伦理体系。行政伦理立法工作要根据我国实际情况,结合具体国情制定行政伦理方面的法律法规。

3. 建立健全行政伦理监督制度

一个完善的行政伦理监督体系,不仅要有行政伦理教育和行政伦理法律,还要有行政伦理监督制度。我国目前的行政伦理监督方式有行政监督、立法监督、司法监督、政党监督、群众监督、舆论监督等。从行政伦理监督的时效性看,主要有组织监督和社会监督。多种多样的行政伦理监督制度在防止政府腐败案件中发挥了不可忽视的作用,但是在实际的行政伦理监督过程中却存在问题。若想达到行政主体做好自己的本职工作、防止腐败案件发生的目的,必须不断完善我国的监督制度,尤其是规范行政主体的行政伦理监督制度。一是加大人民代表大会的行政伦理监督权力。二是设立活动独立、专门的行政伦理监督机构。三是加大司法机关和社会舆论监督的独立自主。四是建立健全举报制度。

4. 加强社会舆论的伦理监督

威尔逊认为,在行政管理活动中,公众舆论将起着权威性评判家的作用。无论是在政治方面还是在行政方面,为了对制定基本政策进行更强有力的监督,公众的批评是有益的,也是不能缺少的。应该让行政学研究去发现一些最佳方法,这些方法能够给予公众舆论监督的权力。[①] 例如,美国的民间行政伦理监督组织有改进政府工作协会、公仆廉政中心、公务员政策中心等由个人发起,没有官方成分,成立后曝光了多起政治丑闻,有效降低了政府违反行政伦理规范的腐败行为发生。

① 丁煌.西方行政学说史[M].3版.武汉:武汉大学出版社,2017:23.

■ 第三节　行政伦理监督实践

一、行政监督与行政伦理监督

行政伦理监督，是各个国家政治系统建设和运行的重要部分，其包含的诸多种类以及运行机制均以现行的多种行政监督模式及运行机制为基础。同时，行政伦理监督也是公共管理必须研究和解决的重大理论和实践问题之一。行政伦理监督来源于行政监督体制，综合多种运行要素，由此延伸至行政伦理领域，围绕防治腐败和廉政建设等行政伦理问题的解决，不断丰富发展。因而，厘清行政监督与行政伦理监督的基本内涵与特征是研究行政伦理监督实践、实现行政伦理监督创新优化的基本条件。

（一）行政监督的内涵

行政监督是一种特殊的监督形式，主要存在狭义和广义两种概念。狭义的行政监督是指行政机关内部上级和下级之间，以及专职行政监察、审计机关对行政机关及其公务人员的监督①。广义的行政监督则为执政党、国家权力机关（在我国即人民代表大会）、司法机关和人民群众等多种社会力量对国家行政机关及其公务人员的监督②。根据上述概念，行政监督是指针对行政机关及其公务员的监督，包括行政机关及其公务员依照法定职权而为的行政行为等，监督主体之间的差异是区分狭义的行政监督和广义的行政监督的关键。有学者指出，行政监督有5个特征，包括法治性、主体多元性、客体特定性、目的确定性、标准多维性③。

行政监督存在不同的分类标准，按照监督的主体和监督权的性质可以把行政监督分为国家监督和非国家监督。国家监督指国家机关的监督，例如国家立法机关（权力机关）、司法机关、行政机关的监督等，这些监督主体相对来说比较正式，具有国家强制性；非国家监督又称社会监督，党的监督（执政党监督）、政协监督、媒体舆论监督、社会公众监督等都属于非国家监督，其监督权力也来源于《中华人民共和国宪法》的规定，比如我国《中华人

---

① 中国法制出版社．常用法律适用全书[M]．6版．北京：中国法制出版社，2016：1.

② 杨礼宾，成云雷．简明廉政文化词典[M]．济南：山东人民出版社，2015：5.

③ 周高仪，陆静，马振耀．行政管理学[M]．长春：吉林大学出版社，2016：4.

民共和国宪法》规定一切国家机关和国家工作人员要接受人民的监督等。与国家监督不同的是非国家监督缺少国家约束力，不能直接产生法律效力。按照监督主体与监督客体是否同属于一个系统，行政监督可以分为内部监督和外部监督，内部监督主要是自我约束，外部监督更为客观、有力。以监督对象为划分标准，行政监督可以划分为对行政机关的监督与对行政机关工作人员的监督。以监督内容为划分标准，行政监督可以划分为合理性与合法性监督，同合理行政、合法行政有异曲同工之妙。以监督方向和监督权行使的时间为划分标准，行政监督可以划分为纵向监督、横向监督、双向监督以及事前监督、事中监督、事后监督。纵向监督通常是具有隶属关系的监督，例如上级机关对下级机关的监督。横向监督是行政机关同级部门的相互制约。双向监督一个典型的示例是行政相对人不服具体行政行为既可进行行政复议，也可提起行政诉讼。以监督的专业性和监督主体职权、职责为划分标准，行政监督可以划分为一般监督、专业监督、专门监督和非专门监督。①

行政监督是法治政府、法治国家建设的一个方面，若按照管理学的评价指标体系，行政监督应当是该项建设工程中一个十分重要的考评指标。此外，在法治国家、法治政府建设与行政监督的辩证关系当中，法治国家、法治政府建设是结果、是目标，行政监督是手段、是服务者，为法治国家、法治政府建设保驾护航。另外，行政监督自身也存在着独立的价值，切实增强行政监督可以有效提高政府工作人员的人民公仆意识，真正落实政府为人民服务的宗旨。行政监督贯穿行政执行全过程，是行政管理的基本职能也是实现行政控制的有效手段。行政监督能够提高行政效率，实现科学管理，实现行政民主化、法治化，起到预防、补救、完善、评价的作用。②

（二）行政伦理监督的内涵

行政伦理监督是指在行政管理活动中，对行政机构及其工作人员行为是否符合有关（公共行政）伦理道德原则与规范所进行的监察和督导。③ 由此看来，行政伦理监督是相关的监督主体在对公共行政主体进行监督时，运用行政伦理的价值要求和规范来评价和衡量行政主体的行政行为、行政决

① 侯志山，侯志光．行政监督与制约研究[M]．北京：北京大学出版社，2013：8．

② 吴江，陆新文．行政管理学[M]．2 版．北京：中国农业出版社，2014：11．

③ 王明锋．当代中国行政伦理监督机制研究[D]．南昌：南昌大学，2009．

策和行政效果。对监督主体的划分，有广义和狭义之分，与之相应，对行政伦理监督的划分也有广义和狭义之分。广义的监督主体既包括执政党、国家行政机构、公共组织机构等内部系统，也包括民主党派、公众、新闻媒体、社会企业等外部系统。因此，广义的行政伦理监督是由权力机关、上级行政机关、政党组织、社会团体、人民群众等多种政治力量、社会力量通过制度化方式、社会舆论等形式对国家行政机关及其工作人员行政行为是否符合伦理道德原则、规范要求所实施的监察和督导。狭义的行政伦理监督仅指行政机关内部对自身及其工作人员的行政行为所实施的监察和督导。行政伦理监督的客体是国家执政党、行政机构和行政人员组成的行政主体。

行政伦理监督不同于其他类型的监督，是在行政领域内运用行政伦理的规范及方式，对行政主体进行的监督。行政伦理监督具有以下几个特点。第一，监督主体的多样性。行政主体既包括国家行政组织和具有监督职能的行政机关，还包括执政党和民主党派、国家权力机关、社会团体、人民群众、新闻媒体等多个主体，是一个广泛的体系。第二，监督对象的特定性。行政伦理监督的客体即对象，主要是指国家行政机关及其工作人员的行政行为。需要特别指出的是，行政组织任命的其他人员也在其中，例如党群部门、人大和政协组织、社会团体中的国家公职人员等。第三，监督内容的广泛性。行政管理具有广泛的活动领域，行政伦理涉及方方面面，因此行政伦理监督的内容也极其广泛，涵盖行政管理的各个环节，包含对行政组织和人员的监督。第四，监督过程的互动性。行政伦理监督的具体实施过程，既有监督主体对监督客体的监督与制约，也有监督客体对监督主体的监督与制约。在行政组织内部，不同部门之间相互监督、互相制约，存在着分工合作关系。行政人员之间也有相互的道德或伦理方面的评价与考核，构成互动关系。第五，监督的规范性。监督必须依据一定的规范。行政伦理监督依据相关的伦理道德原则和规范来进行监督。这些伦理道德原则和规范既来自行政组织内部的规章制度、文件规定，也来源于国家法律法规的内容，还有社会普遍认可的道德观念和行为规范。行政伦理监督按照自身的监督依据、程序、类型、手段展开监督活动，也通过这一系列的监督活动形成相应的规范过程。

二、行政伦理委员会：西方国家行政伦理监督的组织化尝试

早在古希腊时期已有“政府应由伦理委员会构成”的思想，启蒙运动时

期的乌托邦构想,也是通过伦理化组织来重塑社会及政治关系的形式创新。通过建立组织的形式来保证道德伦理得到遵行已是长久以来的政府建设构想,现代的行政伦理委员会是当代各国政府基于历史上伦理管理思想的新创造。可通过道德立法、组建行政伦理专门机构等方式对政府的道德行为进行管理,以保障政府机构的合理运行以及政策的有效实施。

(一)行政伦理委员会的产生渊源

20 世纪 60 年代以来,西方发达国家面临诸如石油危机、通货膨胀、政治腐败、民众抗议等一系列社会问题。这些问题引发了严重的政府信任危机,导致诸多国家陷入了治理危机。面对此类困境,一些发达国家将政府伦理监督与道德重塑作为国家治理的突破口,力图实现国家治理的改善。其中,设立行政伦理委员会作为政府伦理建设的重要实践,在政府治理优化与信任重建的过程中取得了明显成效。

行政伦理委员会的产生与发展大致基于以下三个方面的需要。首先是科学化行政管理的需要。在一些发达国家,行政管理工作以效率为中心的弊端开始暴露,随着行政人员群体中出现越来越多、越来越严重、越来越棘手的道德问题,行政管理工作开始转向伦理视角,寄希望于借助行政伦理的载体,即行政伦理委员会,来帮助政府提高行政科学化水平,实现政治制度的良好运行。其次是治理行政腐败的需要。20 世纪 70 年代以来,众多发达国家面对各自国家的行政腐败之风,纷纷通过制定符合本国国情的行政伦理法律以及设立相应的行政伦理执行机构,针对行政腐败问题对症下药,力求建立廉洁高效的政府机构。最后是行政伦理学科研究的推动。早在 1880 年,英国学者伊顿就明确将公务员道德纳入其研究范围,主张公务员不仅是公共事务的执行者,更是国家政治公正和社会道德风尚的检验标准。被称为现代行政学创始人的美国学者威尔逊,同样强调行政制度的道德问题。随着行政伦理学界对道德问题的不断关注,行政伦理委员会作为行政伦理学研究的实践成果在多国政府治理中得到重视。

20 世纪 70 年代美国的"水门事件"是引发伦理组织建立的直接原因。美国国家公共行政学会专家提出多份从行政伦理角度研究水门事件的报告,推动卡特政府于 1978 年通过了以德治(道德政治)为目标的《政府伦理法》。1979 年,美国根据 1978 年的《政府伦理法》组建了政府伦理办公室。1989 年,美国议会立法将政府伦理办公室升格为行政机构中的一个独立部门。20 世纪 80 年代，许多国家开始陆续制定并颁布行政道德的法律法规，并设立相应的行政伦理委员会。1994 年，英国设立了英国公共生活准则委员会，又称诺兰委员会(因其第一届领导人为诺兰勋爵而得名)，其机构负责人由首相亲自任命，专门负责公共机构中行为准则调查并向首相提供相关建议。1997 年，该委员会又扩大其功能，将有关政党资金方面的道德事务纳入职责范围。此外，韩国、加拿大、新西兰、新加坡、瑞士等国也都建立了相应的行政伦理委员会。鉴于各国的国情不同，各国的行政伦理委员会在名称、隶属关系、组成以及职能上也不尽相同。不可否认的是，行政伦理委员会早已随着政府现代化建设的发展逐渐成长为政府组织体系的重要组成部分，发挥着不容忽视的作用。

(二) 行政伦理委员会的初步发展

就行政伦理委员会的发展态势来看，较具代表性的有美国政府伦理办公室、英国公共生活准则委员会、加拿大政府道德咨询办公室等。此类机构实质上是由政府内部或外部成立的，针对有关政府官员道德问题制定法律法规、标准、守则并对其进行解释的机构。

一般而言，行政伦理委员会的设立宗旨包括：防止并解决政府雇员的利益冲突；推动政府雇员形成高伦理标准，并增强民众对政府公正廉洁的信心；负责指导全国行政机关的廉政工作，制定行政系统内部统一的行为准则和廉政计划。行政伦理委员会的主要任务范围包括：制定行政人员规章条例；审查财务并公开报告；检查监督道德计划的执行情况；提供解释性的建议与指导；评价道德法和道德条例，并提出立法建议；提高行政人员的道德水平。行政伦理委员会在实践特征上，主要表现为以独立性促进公正公平、以灵活性促进高效实效。行政伦理委员会往往具有较大的独立性，相当程度的工作独立性能够保证组织在工作上充分发挥效力。

以美国为例，美国的行政伦理委员会在成立之初隶属于人事管理局，然而这种隶属关系使得行政伦理委员会的工作在各个方面均受人事管理局的领导，严重影响到该机构作为监督部门应有的独立地位。于是，1989 年，美国联邦政府进行机构改革，将其升格为一个具有独立性的政府机构，其主任由总统亲自提名并经国会批准，机构负责人直接向总统、国会负责。这一改革，使得行政伦理委员会具有前所未有的独立性，从而为行政伦理委员会公平公正执法提供了保证。

改革后的美国行政伦理委员会由政府伦理办公室主任负责全面工作，但是其机构内部仍设有 4 个分支办公室以便灵活分担具体职能：全面咨询与法律政策办公室、特别项目办公室、行政办公室和信息资源管理办公室。不仅如此，美国的众议院、参议院和司法机关设置有相应的行政伦理委员会。美国众议院的行政伦理委员会对有违德行为的议员可建议采取批评、惩罚、停职等方式进行惩办，并且建议一旦经众议院 2/3 以上议员表决，便可将违德者开除出众议院。美国参议院的行政伦理委员会不是常设的立法委员会，而只是参议院下属的特别委员会之一，主要负责通过订立规范而处理议员的道德问题。例如通过订立《议员行为守则》《伦理工作手册》《议员财产公开报告》等，对受邀旅行、接受礼物、政治捐款等各项活动提出专门的行为规范。美国司法机关的行政伦理委员会主要职能有二：其一，在道德上以高标准严要求公务人员；其二，以书面形式给出权威性的意见或建议。[①] 由美国的行政伦理委员会可以看出，行政伦理委员会基于不同国情与政府机构特征，逐渐演化出不同的组织形式与运作模式，适应性地承担不同国情下特征各异的行政伦理监督职能。

三、我国行政伦理监督的完善

不同于西方诸国，我国人民民主专政的国体与人民代表大会制度的政体决定了我国注定走上一条具有鲜明国家特征的行政伦理监督道路。中国特色社会主义进入新时代，意味着将面临新的历史发展阶段、环境、条件、目标任务以及社会主要矛盾。当前国家处于加快建设社会主义法治国家的攻坚阶段，党面临着“四大考验”与“四种危险”，为保证国家治理架构的先进性与纯洁性，发挥政府系统的治国理政功能，需要建立具有我国特色的监督模式，总结我国现存监督体系的优势以及尚存的不足，不断完善我国行政伦理监督。

(一) 我国行政伦理监督的特色成果

第一，“人民监督权力”的民主监督模式是我国人民民主专政的国体决定的行政伦理监督形式。早在 1945 年 7 月，黄炎培在延安曾经向毛泽东提出了一个经典问题：如何才能跳出“其兴也勃焉，其亡也忽焉”以及“人亡政

---

① 王乐. 行政伦理委员会：国家治理的重要力量[N]. 学习时报，2016-07-28(A2).

息”的历史周期率?毛泽东的回答是:“我们已经找到新路,我们能跳出这周期率。这条新路,就是民主。只有让人民来监督政府,政府才不敢松懈。只有人人起来负责,才不会人亡政息。”① 人民当家作主是中国特色社会主义民主的本质和核心,“人民监督权力”是社会主义民主政治的重要内容,是发展全过程人民民主的重要方面。自新民主主义革命时期建立的党内监督机制,其根本上体现出权力来自人民、权力为人民利益服务的核心思想,同时借鉴苏联经验,我国在革命根据地与边区政府等尝试建立起工农监察机关,并提供相应的制度保障。新中国成立后,从社会主义革命和建设时期到改革开放和社会主义现代化建设新时期再到中国特色社会主义新时代,我国的政治建设始终保持民主与监督同步,规范权力运行,并逐步扩大监督覆盖范围,更广泛地吸纳社会公众参与政府治理过程,确保“权为民所赋、权为民所用”。党的十八大以来,以习近平同志为核心的党中央提出全过程人民民主的重大理念,进一步凸显以人民为中心的价值取向、更为丰富的民主实质以及科学多样的民主方式。全过程人民民主的重大理念具有鲜明的人民性特征,充分体现人民的意志、接受人民的监督,是以人民为中心的发展思想在党和国家治理实践中的创新应用,其通过监督范围的全覆盖、监督规模的多元化以及监督机制的常态化,规范权力运行,坚定反腐立场,实现全过程的人民当家作主。

第二,“党的领导与监督”模式是我国一党领导、多党协商的政治特征下行政伦理监督的必然成果。中国共产党自成立以来始终重视自我监督,自我监督可以使中国共产党永葆执政党的先进性和代表性,长久以来是全党上下关注的重点。由此,对党内机关及党员的监督也得到高度重视。《中国共产党章程》指出:“加强对党的领导机关和党员领导干部特别是主要领导干部的监督,不断完善党内监督体系。”还规定:“不允许有任何不参加党的组织生活、不接受党内外群众监督的特殊党员。”革命斗争中中国共产党创建了中央监察委员会作为党内监督的机构。社会主义革命和建设时期党的纪律监察领导体制进一步机构化、制度化。改革开放以后党内监督机构和党内制度建设进一步得到加强,一是重建中央纪律检查委员会,加大对党内不正之风和消极腐败现象的监督力度;二是选举制度不断完备,差额选举、直接间接选举相结合、干部任前公示等选举模式不断优化;三是中央纪委与

① 黄炎培.八十年来[M].北京:文史资料出版社,1982:157.

国家监察委员会合署办公，将党内监督与行政监察相结合，创新“人民监督权力”“人民监督政府”实践。中国特色社会主义进入新时代以来，党中央坚持把全面从严治党摆在突出位置，通过一系列重大部署，不断健全党和国家监督体系，同时深入推进全面从严治党，持之以恒、一以贯之地纠正“四风”问题，反腐败斗争取得了压倒性胜利并得到全面巩固，党内监督范围不断拓展，民主化程度进一步提高。作为执政党，中国共产党的领导集体及其各级下属机构组成了行政伦理监督的实践主体和平台，对国家机器的运作与发展进行监督和管理；针对党的领导机构以及党的内部开展的整风监督行动，也进一步强化了党组织与党员干部的先进性与纯洁性，优化了党领导国家发展的主体优势。

第三，“两会监督”机制是协同监督模式在我国政治背景下的创新成果。两会，即中华人民共和国全国人民代表大会和中国人民政治协商会议，是我国政治生活中具有鲜明中国特色的民主政治形态。两会选举各地、各阶层、各领域人民代表与各民主党派政协委员组成大会，向国家政府提出意见和要求，国务院总理会上作政府工作报告，接受人民与政协委员监督。在执政党推动下，人大与政协相互联系、相互作用，以有机整体的形式进入国家决策程序，发挥参政议政、行政监督等作用。“两会监督”机制是在我国政治背景下逐步发展形成的，在中国共产党统一领导下，以人大为主、政协为辅的民主政治监督形成。代议民主与协商民主在两会平台上交融互补，充分吸纳来自各个党派、各个团体、各个民族以及各个界别更具广泛性与普遍性的民意，同时融合了依托法律开展的刚性监督与以对国家机关不当行为进行批评建议为主的柔性方式。两会对法律规章实施情况、方针决策贯彻情况、财政预算执行情况、群众实际问题解决情况等全方位多领域的诸多问题开展监督，形成了中国特色的民主平台机制和政党政治形态。

第四，对监督进行再监督是社会尚未足够意识但需要予以关注的现实问题。近年来的腐败治理实践中“灯下黑”的问题已经显现，纪检监察系统中的监督权腐败成为管党治党进程中的障碍。监督者岗位的徇私舞弊，其危害更甚于其他岗位，因此加强纪检监察系统自身的监督刻不容缓。纪检监察部门凭借对腐败案件处理的直接性、在监管中的强大影响力等特征，为自己及近亲属谋取私利相对便捷，同时监察队伍自身权力的缺失与错用也容易导致监督不当现象的发生，因而加强纪检监察系统干部队伍自身建设、防止出现监督权腐败是我国中共中央纪律检查委员会会议中关注的重点内容。《中华人民共和国宪法》和《中华人民共和国监察法》针对此类“监督者难以监督自身”问题的基本方案是“对监督权进行再监督”，即通过人大监督等方式对各级监督机构开展全过程监督。监察委员会由人大依照法定程序产生，对其负责并受其监督，在督促监察委员会开展工作的同时也监督其正确行使权力。监察机构内部包括同级及上级监察委员会在内的部门也对监察部门的权力运作进行监督，两种监督相互补充，并行不悖。前者关注监督者权力的运行机制，后者关注用权之人的廉洁公正，两者相互交融，共同推动我国法治监督体系的完善。

（二）我国行政伦理监督的发展成效

在党的领导下，我国行政伦理监督取得了长足进步，主要体现在以下四个方面。

一是监督认知程度普遍提高。公众不仅仅关注行政决策和行政行为的合法性，更加关注行政决策和行政行为的合理性和合情性。国家机关及其工作人员在进行行政管理活动时，不仅仅要合乎国家法律法规的要求，还要遵循行政客观规律，合乎行政伦理的要求。国家机关及其工作人员的行政管理活动，必须践行行政伦理的价值观，遵守行政伦理规范和要求。如今，国家机关及其工作人员的行政管理活动吸引了越来越多的社会关注。公众监督政府的工作，监督政府工作人员的行政作风、行政道德和行政行为。公众通过多样化的监督渠道来反映问题、提出意见和建议，加强对行政伦理主体的监督，行使自身的监督权力并履行相应责任，督促政府和工作人员的行政管理活动。党和国家也不断加强思想教育工作，提高领导干部和人员思想水平，加快行政伦理建设工作。通过发挥党的政治优势，加强对公务员特别是领导干部的思想政治教育，促进公务员廉洁自律，提高公务员的政治素质和道德修养，将行政伦理的他律和自律相结合，做好自我监督和相互监督工作，有效推进监督机制的良好运转。不断加大党内监督工作力度，提高监督意识，将党内监督和党外监督相结合，完善党内监督工作体系。在全社会范围内，公众监督意识相比以前普遍有所提高，对于行政伦理价值的认同度提高，开始关注行政过程中伦理的实施，更加注重政府权力的运行是否得当，政府行为是否合理合情，以及公务员能否认真履行责任等。近年来，公众开始利用网络手段监督政府行政行为，通过传媒的力量加大监督的力度，给政府行政施加压力。这些都是监督认知程度提高的表现，为行政伦理的监督工作提供了良好的社会条件。

二是法治化程度进一步加深。法治进程的推进能够为监督的实施提供强有力的法律后盾，通过不断完善法律法规，构建完整的法律体系，使监督工作有法可依、有法必依，有效地将监督工作开展下去。一个重视法治的社会才能有效防止腐败问题的发生。通过法律的制约，行政、司法、执法等各个环节才能有效制约权力的运行，遏制权力滥用行为。我国近年来不断加快社会主义法律体系的建设，推进法治化进程，为监督机制构筑了坚实的法律基础。《中华人民共和国刑事诉讼法》明确规定：人民法院依照法律规定独立行使审判权，人民检察院依照法律规定独立行使检察权，不受行政机关、社会团体和个人的干涉。在《中华人民共和国监察法》出台之后，我国相继出台了修订后的《党政领导干部选拔任用工作条例》《中华人民共和国公务员法》等，赋予人民更广泛的监督权，扩大监督范围，使监督工作更好进行。为进一步推进反腐败和廉政建设的法治化、规范化，发挥法律法规制度的规范和保障作用，我国制定了一系列的反腐倡廉法律法规；同时以《中国共产党章程》为依据，制定了一系列中国共产党党内制度规定，逐步形成内容科学、程序严密、配套完备、有效实用的反腐败和廉政建设法律体系。

三是监督体系建设更加完善。当前行政伦理监督机制是建立在行政监督体制上的，我国已经形成了一个较为全面完整的行政监督体制。从形式上看，我国的行政监督体系包括行政机关内部监督和行政机关外部监督两种形式。行政机关内部监督包括行政专门监督，主要有监察机关监督、审计机关监督以及行政机关的职能监督，例如财政、公安、税务等部门实行的职能范围内的监督以及行政机关上下级和平级之间的监督。行政机关外部监督包括政党监督、司法监督、社会监督和人大监督等。这些监督主体的监督能在一定程度上保证政府工作人员廉政勤政工作，提高行政效率，促进行政公平，有利于国家和社会生活的正常进行。此外，国家法律还特别明确了公民对于国家机关及其工作人员的权力行为、伦理规范和行政纪律方面的监督权利。社会组织或成员通过参政选举、批评质询、检举控告等权利的行使，维护自身权益，制约国家机关及其工作人员的权力行为。国家不断完善民主监督制度，使公民成为监督政府的主要力量之一。政府除了接受公民的监督外，还加强内部自我监督，通过颁布行政法规，慎重作出行政决策，实行民主集中制和集体领导制，并且严惩内部违纪行为，维护政府自身的良好形象，防范内部机构和成员出现违反行政伦理规范的行为，加强政府自身约束。

四是制度化进程发展迅速。党的十六大报告指出:要着重加强制度建设,实现社会主义民主政治的制度化、规范化和程序化。党的十七大报告指出:在坚决惩治腐败的同时,更加注重治本,更加注重预防,更加注重制度建设,拓展从源头上防治腐败工作领域。党的十八大报告指出:要把制度建设摆在突出位置,充分发挥我国社会主义政治制度优越性,积极借鉴人类政治文明有益成果,绝不照搬西方政治制度模式。党的十九大报告指出:加强社会治理制度建设,完善党委领导、政府负责、社会协同、公众参与、法治保障的社会治理体制,提高社会治理社会化、法治化、智能化、专业化水平。党的二十大报告指出:坚持和完善我国根本政治制度、基本政治制度、重要政治制度,拓展民主渠道,丰富民主形式,确保人民依法通过各种途径和形式管理国家事务,管理经济和文化事业,管理社会事务。行政伦理监督的制度建设,是有效实施监督的根本保证。近年来,国家通过进行干部人事管理制度改革,对领导干部和公务员的选拔、任用、考核和辞职等方面严格管理,规范其行为,避免不当行为的出现;通过加强民主问责制特别是引咎辞职制度的完善,使官员处于严格的监督之下,从而提高官员的自律性,责任心和行政行为的效率,促进领导干部工作作风的转变,维护党和国家的形象。

(三)我国行政伦理监督的发展方向

1. 我国行政伦理监督机制存在的问题

近年来,在依法治国和反腐倡廉的形势下,我国行政伦理监督机制在这一过程中发挥了重要作用,但腐败问题并未从根本上得到遏制,所以继续进行反腐败斗争要保证行政伦理监督机制能发挥最大效用。在行政伦理监督机制运行过程中存在以下三个方面的问题。

第一,流程体系中缺乏预防环节。在行政伦理监督中对于监督主体而言,把握最佳的监督时机十分重要,不能将监督的重心集中在事中和事后处理上,要做好事前预防工作。对于行政伦理失范的行政行为,早发现问题并降低发生概率则监督效果更佳。行政人员日常管理中,由于思想教育不够充分,教育工作重于形式,导致行政人员队伍中违法违纪行为时有发生。所以,行政伦理监督在整个行政监督中应起到重要的预防作用,应对行政人员的行政伦理道德把好关,在一定程度上避免因为行政伦理道德出现偏差而导致行为上的错误发生。

第二,部分行政人员道德素养有待提升。在监督机制运行过程中,行政人员的道德素养、个人能力与组织工作效率和功能发挥有着直接的关系。不少贪污腐败案件中人员落马,在某种程度上所反映出的是行政人员的道德修养不够、自我监督意识不深。行政伦理监督人员的伦理道德思想意识淡化主要表现在两个方面。一是政治修养不高。行政伦理监督人员在贯彻国家大政方针和上级指示时并没有落实到位,同时受自己专业水平所限难免会出现政治修养不够的现象。二是公仆意识不强。行政伦理监督人员作为公共部门中的一员,政府的一切权力来自人民。这说明行政伦理监督人员既是行政伦理监督的主体,同时也要为人民服务。实际生活中,个别行政伦理监督人员往往以权力所有者的形象出现,不以社会公共利益作为工作出发点和归宿,在监督执行过程中,有时会出现问题。

第三,缺乏相关的法律法规作为支撑依据。随着法治国家建设的不断推进,相关政府部门努力尝试将一些制度性的规定通过适当程序上升为国家意志,借助法律来解决社会问题。在行政伦理方面,我国的法治化进程比较缓慢,主要反映在行政伦理监督方面具体可行的法律不健全。我国还没有较为成熟的行政伦理方面的法律,行政伦理的法治化程度还不够高。另外,我国对于一些监督主体也缺乏有效的法律保障。人民群众监督和新闻舆论监督缺乏相关的法律制度作为保障,使得作为监督主体的人民群众行使了监督权却不能保障自己不会遭受被举报人的打击报复。

2. 我国行政伦理监督机制的完善措施

推进我国行政伦理监督机制的完善,需要从完善内部监督和外部监督两个方面考虑。

(1) 完善内部监督

一是要建立行政伦理道德考核机制。行政伦理监督是对行政人员因行政伦理道德出现偏差而违背行政伦理规范的一系列行为所进行的监督活动。建立行政伦理道德考核机制主要从行政人员的个人品德和职业道德两方面着手。美国行政学家阿普尔比将公共部门的个人品德分解为思想态度和思想品德。公务员拥有什么样的思想态度从事行政管理活动会直接影响到行政行为。所以,公务员为人民群众服务一定要有公仆意识。对于公共行政活动而言,除去个人应有的美德之外,乐观、勇气、仁慈和公正也是必不可少的。在处理公共事务时,总会有个别“吃力不讨好”的事情发生,这时候就需要以乐观的心态、足够的勇气以及仁慈的心态来解决所出现的问题。行政职业道德与个人道德不同，行政职业道德主体是由相当数量的个体所形成的集合体。行政职业道德是从事一定职业的人们在其特定的工作中或劳动中行为规范的总和。行政伦理监督的本质内容是监督公共利益，如何处理公共利益和个人利益之间的关系是行政伦理监督的基本道德原则。所以，建立行政伦理道德考核机制是有必要的并且是可以尝试制定标准的。

二是要完善行政伦理监督程序。程序在行政伦理监督过程中必不可少，完善监督程序是行政伦理监督过程中需要重视的问题之一。在行政主体日常管理中，要做好行政伦理监督主体的教育和思想工作，培育良好的行政精神，同时不定期进行行政伦理测试。在行政伦理监督过程中，对行政主体的监督要严格遵照行政制度规章和法律法规，要严格把控监督权力行使的范围做到依法监督。在法律允许的范围内做到严格控制好行政伦理监督主体的权力同时紧盯监督客体的行为。充分行使人大监督权即建立人大关于行政伦理监督的听证制度，重点加强针对领导人员的监督，通过财产申报的规定来规范监督人员的公务活动并进行财产公示，同时不定时不定期进行审计监察和工作纪律检查工作。在行政伦理监督中，要将自律和他律相结合，完善高效协作的监督机制。

三是要将行政伦理作为对公务员绩效评估的依据。绩效评估是公务员工作和晋升的主要依据。绩效评估对于公务员来说是一项必不可少的重要内容，行政伦理道德要引起重视，将行政伦理加入公务员绩效评估是一个不错的选择。随着环境问题越来越受重视，我国不断提倡绿色 GDP（国内生产总值）发展。在行政伦理立法还没形成之前，可以尝试将行政伦理作为公务员绩效评估的依据来推动行政伦理监督的发展，把公务员的行政伦理道德践行情况摆在重要位置，在加薪、晋升和奖励等绩效评估中充分考虑道德因素。

（2）完善外部监督

一是要建设和完善网络监督机制。美国现代行政学奠基人威尔逊认为无论是在政治方面还是在行政方面，为了对制定基本政策的更巨大的力量进行监督，公众的批评则是安全有益的，且是不能缺少的。随着网络的普及率逐年增加，公众通过网络平台行使自己的言论自由权利来监督政府的不良行为。由此，网络监督已经逐渐成为一种越来越重要的外部监督途径，所发挥的作用是其他监督方式无法替代的。因此，要继续发挥网络的监督优势，规范网络监督行为，完善网络监督机制，在全社会形成一个巨大的监督体系，同时避免出现因为网络发展所带来的更多负面影响，例如社会安全隐患等。在合理利用网络监督平台的同时，政府要推广电子政务以便于更加便捷高效地解决公众问题。

二是要加快行政伦理监督的法治化进程。一方面是加快行政伦理立法进程。拥有立法权的组织机构要加强立法建设，组织各个方面的力量研究如何解决行政法律监督中所存在的一些问题。另一方面是国家应当尽快出台《行政伦理法》。将《行政伦理法》作为调整和规范行政伦理各方面关系的基本法律，是社会各界人士的强烈愿望。

三是要制定与《行政伦理法》配套的各项可实行的专门法规，例如《行政伦理法实施细则》《行政伦理法程序条例》等，在此基础上形成完备的行政伦理监督法律体系。各地方政府要依据法律规定，结合地方性法律法规，使行政伦理监督走上规范化道路。所以，要使行政伦理监督更加有说服力和可行性，就需要找到法律的支撑，需要将《行政伦理法》的制定提上日程。

思考题

1. 如何理解行政伦理监督的含义？
2. 分析制度和道德两种监督力量所发挥的作用。
3. 如何理解自律与他律的作用逻辑？

推荐书目

1. 孟德斯鸠. 论法的精神[M]. 张雁深，译. 北京：商务印书馆，2020.
2. 侯志山，侯志光. 行政监督与制约研究[M]. 北京：北京大学出版社，2013.
3. 康德. 实践理性批判[M]. 韩水法，译. 北京：商务印书馆，1999.

4

第四章

政府责任伦理

学习目标

1. 了解和掌握政府责任伦理的概念、内涵。
2. 了解和掌握政府责任体系的构成及其相互关系。
3. 了解和掌握政府承担道德责任的原因及政府道德责任的内在序列。

在现代民主社会，政府行使的权力源自人民，政府要对人民负责。萨托利认为，权力属于人民是构成一条有关权力来源和权力合法性的原则。只有当被统治者同统治者的关系遵循国家服务于人民而不是人民服务于国家，政府为人民存在而不是人民为政府存在这样的原则时，才有民主制度存在。[①] 现代民主和法治政府的本质是责任政府[②]，这要求政府服务于民，能够积极回应、满足和实现人民的正当诉求。

第一节　政府责任伦理概述

责任是人们在日常生活中使用频率较高的一个词，政府的责任问题是社会关注的焦点。但究竟什么是责任、什么是政府责任，出于不同的学科和领域、不同的角度和视野，学界对政府责任有不同的解析，学者们从不同的学科背景出发所做的研究极大地丰富了政府责任的相关研究。只有首先明确责任与政府责任的基本内涵，才能对有关政府责任的其他问题展开有效讨论。

一、政府责任及其要件

政府责任是“政府”与“责任”的合成概念，为了界定政府责任，必须首先对责任进行语义分析。

(一) 责任的语义分析

责任渗透社会关系的每一个角落，与权利一起共同构成了国家赖以生存的基础。所以，与责任相关的词语很早就出现了。在古汉语中，“责”“任”

① 萨托利. 民主新论[M]. 冯克利，阎克文，译. 上海：上海人民出版社，2008.
② 张成福. 责任政府论[J]. 中国人民大学学报，2000，14(2)：75-82.

一般是分开使用的。关于“责”，主要有索求、要求、责备、责任、负责、债等含义；关于“任”主要有“负荷、担子、担任、能力、职责”等含义。从对两者的解释来看，都有着“负责、担负”之意。① 在现代汉语中，“责”“任”一般是连在一起作为一个词使用的。责任如同自由、平等、民主、人权、环保、创新、人才等词语一样，被时代赋予新的含义并被广泛用于各个领域，例如政府责任、责任政府、社会责任、经济责任、制度责任、生态责任等。②

在西方语义中，与责任相对应的是 responsibility 和 accountability 两个单词。Responsibility 一般译为职责，最常用于道义和法律意义，指人们应该对自己的行为负责。③ Accountability 一般译为责任，多数情况下具有负面的含义，意为对行为的解释并对其后果负责，是指对行为失误、对权力或资源的误用和滥用而受到的惩罚和制裁。④ 总体来看，早期，西方学者一般用 responsibility 表示责任。20 世纪 70 年代末，公共管理学者越来越倾向于使用 accountability 这一概念，也说明更强调责任与义务，更强调透明度、回应性与外在控制。⑤

关于责任的含义，《布莱克维尔政治学百科全书》认为，在政治活动和公共管理中，责任最通常、最直接的含义是指与某个特定的职位或机构相连的职责，这种责任意味着公职人员由于自己所担任的职务而必须开展一定的工作和履行一定的职能。⑥《现代汉语词典》认为，责任一是指分内应做的事；二是指没有做好分内应做的事，因而应当承担的过失。⑦ 综上所述，本书认为，责任至少应该包括两个层面的含义：一是义务，即分内应做之事；二是没有履行义务，即没有完成分内之事所应承担的谴责或是处罚。

（二）政府责任的内涵

政府责任是责任一词的延伸，是将责任的内涵细化于政府之上。要准确理解政府责任，首先要能够准确把握政府这一责任主体。

---

① 杨楠. 试论政府责任及其实现途径[J]. 兰州学刊，2011(5)：195-197.

② 陈建先，王春利. “政府责任”的语义辨析[J]. 探索，2007(4)：76-79.

③ 米勒，波格丹诺. 布莱克维尔政治学百科全书[M]. 邓正来，译. 修订本. 北京：中国政法大学出版社，2002：91-216.

④ 孙彩红. 中国责任政府建构与国际比较[M]. 北京：中国传媒大学出版社，2008：27.

⑤ 李军鹏. 当代西方责任政府理论研究述评[J]. 公共管理高层论坛，2008(1)：122-137.

⑥ 同③652.

⑦ 中国社会科学院语言研究所词典编辑室. 现代汉语词典[M]. 7 版. 北京：商务印书馆，2016：1637.

1. 对政府的理解

对政府的理解有广义与狭义之分。在广义上，政府与一个社会的统治机构或上层建筑具有相同的含义，英文中一般使用 government 来表述；而在比较狭窄的意义上，政府仅为一个社会统治机构的一个组成部分或分支，是与立法分支和司法分支并立的社会统治机构之一，英文中一般使用 administration 来表述。① 从国家机构的意义上来看，狭义的政府是指中央和地方行政机关；②广义的政府泛指依法行使国家权力的机关，包括国家立法机关、行政机关、司法机关等国家机关。③

可见，无论从何种角度去理解政府，学者们都认为政府是一个行使权力的国家机关，学者们的认识不同之处在于政府所应行使的权力及其范围的大小。《中华人民共和国宪法》第八十五条规定："中华人民共和国国务院，即中央人民政府，是最高国家权力机关的执行机关，是最高国家行政机关。"第一百零五条规定："地方各级人民政府是地方各级国家权力机关的执行机关，是地方各级国家行政机关。"可见，我国政府是指各级国家行政机关，即各级人民政府，不包括国家立法机关和司法机关。基于此，本书主要从"行使权力的国家机关"这个角度来理解政府这一概念。

2. 对政府责任的认识

许多学者对政府责任的相关概念进行了探讨。霍布斯认为，自然状态是人与人的战争状态，政府应该像"利维坦"一样具有威慑个体的权力。④ 洛克认为，自然状态是一种完备无缺的自由状态，唯一的不足是充满着恐惧和经常危险的状况，政府的责任就在于保护私有财产。⑤ 斯密认为，政府首先要保护社会不受其他独立社会的侵犯；其次要尽可能保护社会所有成员不受其他成员的欺侮或压迫；最后要建立和维持某些对于一个社会比较有利的公共机构和公共工程。⑥ 通过梳理可以发现，政府责任主要包括两层含义：一是主观责任，即政府内心认为它应该承担的责任，其往往是基于某种价值或理念，这主要是在政府发展变化的过程中逐步形成的；二是客观责

① 张千帆. 宪法学讲义[M]. 北京：北京大学出版社，2011：175.

② 赵宝煦. 政治学概念[M]. 北京：北京大学出版社，1982：103.

③ 高民政. 中国政府与政治[M]. 济南：黄河出版社，1993：3.

④ 霍布斯. 利维坦[M]. 黎思复，黎廷弼，译. 北京：商务印书馆，1985：94-95.

⑤ 洛克. 政府论：下篇[M]. 瞿菊农，叶启芳，译. 北京：商务印书馆，1982：78.

⑥ 斯密. 国富论[M]. 唐日松，等译. 北京：华夏出版社，2005：497-516.

任，它是伴随着“职位”的产生而产生的。

在我国，有学者从政府与政府责任的关系角度来分析政府责任，例如政府责任是政府属性的本质，没有政府责任，行政权的运行就没有制约，公民权就没有保障，违法行为就不可能受到追究，依法行政就难以持续。① 政府责任之所以具有相异于其他责任的本质，就是因为其公权力——政府属性。② 也有学者从政府作用的角度探讨政府责任的内涵，例如政府责任是保障人民的权利和增进人民的福利。③ 另有学者从广义与狭义的角度对政府责任进行阐释。例如，从广义上看，政府责任是指政府能够积极地对公众的需求作出回应，并采取积极的措施，公正、有效率地实现公众的需求和利益；从狭义上看，政府责任意味着政府机关及其工作人员违反法律规定的义务，违法行使职权时所承担的否定性的法律后果。④

结合上文对责任的界定以及中外学界在政府责任问题上的一般观点，本书将政府责任概括为政府所应当承担或被赋予的各项职责和义务，并且在失责时接受相应的处罚。也就是说，政府应当主动承担服务社会的任务，积极探求公众需求，并且在行使政府权力中通过各种政策、法律的制定和实施来满足公众的需求。当政府没有及时履行责任和义务时，应当承担相应的否定性后果。

二、责任与问责：一体两面

（一）问责的含义

从对问责的词源分析来看，在英文中，问责主要指主体在处于特定职位时应该接受公众的批评，其负有对公众进行与其职位相关的事情进行解释的责任。⑤《现代汉语词典》将“问责”解释为“追究责任”。随着现代社会和政府的发展，问责已成为公共以及私人部门善治的一个重要构成内容。

对问责概念的理解主要集中于方法说、制度说、关系说等三大类不同的观点上。首先，方法说将问责视为一种履行义务与职责的方法，认为问责主

---

① 吕景城.论政府责任及其实现控制机制[J].东南学术，2005(3)：37-41.

② 涂春元.治理理论视角下“责任·责任意识·责任理念”辨析[J].行政论坛，2006，13(6)：8-10.

③ 李景鹏.政府的责任和责任政府[J].国家行政学院学报，2003(5)：16-19.

④ 张成福.责任政府论[J].中国人民大学学报，2000，14(2)：75-82.

⑤ 英国麦克米伦出版有限公司.麦克米伦高阶美语词典：英语版[M].北京：外语教学与研究出版社，2003：1199.

要指政府官员或公共机构履行其义务或者职责的方法和在事务处理过程中应该对其行为负责。① 其次，制度说认为，问责等同于问责制，是由具有管辖权或者任免权的部门或相关人员对管辖或所属的公务员未履行法定职责而影响工作效率或秩序或对相对人合法权益进行损害造成不良后果，依据相关规定或法规予以责任追究的一种制度。② 最后，关系说认为，问责是指问责主体与问责对象之间的相互关系。关系说将问责定义为一种关系属性，指出问责是一种代理方与委托方的关系，具体表现为获得授权的代理方对委托方就所涉及的工作绩效进行回答的责任。从广义上看，问责在社会环境与关系中表现为一种普遍的社会关系形式；从狭义上看，问责往往更多与公共行政结合在一起形成一种行政治理方式。③ 上述三种观点从不同的侧面对问责内涵进行了阐述，综合来看，问责必然表现为一种过程，在这个过程中要界定问责主体与问责对象之间的关系，并且在这个过程中要将问责视为一种能产生一定后果的方法。所以对问责内涵的理解应该从多个方面和角度去进行分析和把握。

（二）问责过程及其要素

无论对问责持何种观点，具体到问责的过程中，都应该包括问责主体、问责对象、问责方式、问责内容等众多要素。问责对象要就其决策、行为、行为结果向问责主体进行说明、解释、辩护，并据此接受问责主体给予的奖励和惩罚。从问责过程看，问责通常包含以下三个阶段。第一阶段，问责对象必须感到有义务向问责主体报告其行为，提供有关任务履行、结果以及程序的各种信息。通常，如果涉及失败和不良影响的话，还要提供辩护以证明其行为是正当的。问责对象感觉到的义务，可以是正式的，也可以是非正式的。其次，问责主体会发起对问责对象的质询，包括报告信息是否充分、行为是否合法等。第二阶段为辩论阶段，该阶段意味着问责与回应性存在着语义上的联系。第三阶段，问责主体会形成对问责对象行为的评判，评判可以是正面的也可以是负面的。当形成负面评判时，问责主体通常会对问责对象采取一些制裁措施。这些制裁措施可以是高度正式化的，例如罚金、纪

---

① 周湘林．从政府问责到社会问责：中国高校问责制的内涵、类型与变革[J]．高等教育研究，2010，31(1)：34-40．

② 渝纪法．关于问责制有关问题的思考[J]．探索，2005(4)：82-84．

③ 宋涛．行政问责概念及内涵辨析[J]．深圳大学学报(人文社会科学版)，2005，22(2)：42-46．

律处分、刑事制裁等；也可以是隐蔽的和非正式的，例如曝光，或通过公开的批评损害问责对象的形象。①

（三）问责与责任的落实

责任的落实追究是问责的核心与实质，因为问责的原始含义是基于责任对质询的回应过程。在对问责的界定过程中不能忽视问责的其他要素，过程、方法、制度、关系等要素均应该被赋予在完整意义上的问责内涵之中。实质上，问责是在一定的关系状态下对责任主体的责任进行追究，使其接受和承担处罚、谴责等消极后果的过程，其目的是回应外部需求并完成自身工作，在这个过程中应该具有透明性、制裁性、强制性和回应性等特点。

对于推进政府责任的有效落实来说，一定要依靠具体的问责制度，例如若没有具体的对政府责任的追究，那么政府责任的落实就会大打折扣或者无从实现。此外，要对政府进行问责就要有明确的问责主体，问责主体是整个问责过程的关键。当前，我国对政府的问责主体主要局限于政府内部，一般是政府内部上级对下级的问责，这种单一的问责主体不能有效实现责任政府，不利于责任政府的长期建设。只有形成多元的问责主体才能真正起到问责的作用，政府责任才能最终有效落实。从理论上看，多元的问责主体主要包括权力机关、司法机关、公民、社会公共组织、新闻媒体等。在我国，各级人民代表大会是国家权力机关，各级人民政府是国家行政机关，政府应当对人大负责，人大对政府的问责具有正当性。司法机关由于具备司法审查等职能，对政府违法违规行为的责任追究具有天然性。我国是人民民主专政的社会主义国家，政府的一切权力源自人民、属于人民，政府的行为应当对人民负责。伴随社会的发展，各种政府组织、非营利组织、志愿服务组织等社会公共组织日益壮大，其可以弥补单个公民无法起到的问责作用。各种新闻媒体，尤其是网络媒体也正在问责实践中发挥着越来越重要的作用。

三、政府的责任矩阵

（一）客观责任与主观责任

客观责任是指法律规章以及上级政府交付给下级政府客观上应尽的义

---

① 严强.公共行政学[M].北京：高等教育出版社，2009：405.

务。对政府而言,客观责任来自法律、组织与社会的需要,而不来自政府及其工作人员个人的驱动。客观责任具体表现为职责和应尽的义务。其中,义务更为根本的责任是确保职责在等级制度结构中得以履行。职责包含着上下级关系以及自上而下地行使权威以确保实现既定目标两层意思。客观责任对政府及所有接受行政管理职位的人提出了总的义务,正是通过外在的总的义务,政府行为被赋予了特定的角色内容。主观责任是指政府及其工作人员的伦理自主性。主观责任是政府及其工作人员本身对责任的感受,强调的是之所以去做某事,乃是源于内在动力。主观责任作为对组织价值取向、目标愿景,个人信仰、职业价值观以及性格特征的一种表达,是一种道德的反映,强调政府及其工作人员对责任的感受和依赖。

有学者认为,将职责感,即有效的责任与法律责任相区分是十分必要的。职责感或责任感意味着一个行政官员能够主动理解自身的义务,这是责任的主观形态,相对应于一个人对其行为承担的法律责任。前者是对治理者内在的制约,后者是对行政行为的外在约束。有学者认为,行政功能的责任行为并不能强制实现。在现代大型的、复杂的政府体系中,通过外在的约束,并没有畅通客观责任实现的有效途径,而且有证据表明大多数行政官员在大多数时间里,事实上遵循着主观的责任道德。通过这种分析,一部分学者事实上是把政府责任分为了主观责任和客观责任两个部分。也有学者认为,政府责任实际上是由客观上的责任行为和公务员个人伦理自主性两个方面构成。

(二) 政府组织责任与行政人员个体责任

政府组织责任是指每一个政府机构在行政管理过程中作为整体所承担的责任。行政人员个体责任是指公务员个人依据公职身份所应履行的义务以及没有履行义务所应受到的处罚。政府责任在主观化的过程中向行政人员个体的道德责任转化,在客观化的过程中以目标的形式存在,当组织目标被分解和落实到组织的不同层级和部门中时,实际上就是组织整体上责任的分解和配置过程。在民主的社会中,政府的权力来自社会,故政府需要对社会负责,从这个意义上说,民主政治是民意政治、法治政治,更是责任政治。从某种程度上讲,民主制度的根本就是责任。

行政人员个体虽然承担客观的法律责任,但更为常见的是承担行政责任和道德责任。在公共行政实践中,责任问题是非常复杂的,确定行政人员个体的责任是比较困难的。行政人员个体责任可分为外在责任和内在责任两部分，外在责任是指法律责任和行政责任，内在责任是指道德责任。因为内在责任是无法确定的，所以人们通常所说的确定责任主要是指确定行政人员的外在责任。政府的组织责任与行政人员个体责任之间是密切相关、不可分割的。通常情况下，前者决定后者，并且通过后者的具体行为体现出来。政府的组织责任与行政人员个体责任都决定着政府责任履行的情况，在探讨政府责任时，切不可只看到一个方面。

（三）积极责任与消极责任

积极责任是指政府及其行政人员因其行使公权力和具有公职身份对整个社会所负有的义务和职责。积极责任强调政府应对社会公民的需求作出积极回应，并采取积极的措施公正、有效率地满足这种需求。消极责任是指政府及其行政人员违反法律和行政法规规定的义务、违法行使职权时所承担的否定性法律后果。对于消极责任的界定体现出在法律健全的条件下，行政机关及其工作人员的责任主要由法律法规来具体规定，以法律为基础，由法律保障落实，甚至行政的道义责任也越来越倾向于通过制定行为规范和职业道德规范等来保障。但是应该指出，完全依靠法律和规章来落实的政府责任，只能是消极意义上的政府责任，法律调节的范围终归是有限的，不可能涵盖方方面面。法律仅仅是对责任的一种最低限度的保证。积极责任体现了政府责任的积极方面，意味着行政主体不仅应该正确地做事，即不去做法律所禁止的事，而且应该做正确的事，即努力去做使社会更加美好的事，而不去做损害社会的事。从这个角度来看，政府组织在行政过程中所要遵循的不仅仅是法律法规，更重要的还有社会的道义价值。在现代社会中，政府的积极责任与消极责任共同构筑了政府的责任机制，保证了政府责任的履行。

第二节　政府的责任体系及其内在关系

一、政府的责任体系

政府作为公共权力的行使者，它的一举一动关系到社会生活的方方面面，这就使得政府责任体现出多种内容。政府的责任体系是一个复杂多元的“责任集合体”，主要有政治责任、法律责任、行政责任和道德责任。

(一) 政治责任

政治责任是政府责任体系的核心内容。政治责任是行使公权力者因违反政治义务而承担的政治上的否定性后果。这种政治上的否定性后果意味着社会中的个人或组织已丧失了行使政治权力的资格。① 政治责任的逻辑起点是政府的公共权力来自人民，人民与政府的关系是公共权力所有者与行使者的关系。作为公共权力的政治责任主体，政府的政治责任是对人民负责。一般认为，政治责任至少应包括两个方面的内容。一是政府的行为必须以促进人民的权利为宗旨，其有关公共事务的决策必须体现人民的意志和利益，对全体人民负责。二是如果政府决策失误或行为有损公共利益，虽不受法律追究，却要承担相应的政治责任。换句话说，政府的政治责任包括两方面的内容：履行好职责的责任和没有履行好职责所应承担的责任，即政府的积极政治责任和消极政治责任。

实现政府的政治责任需要以下两个条件。第一，对权力的制约是实现政治责任的根本条件。对公共权力进行制约和监督，才能保证公共权力正常运行。第二，权力运行要公开化。只有在公共权力运行的起点做到决策的科学化、民主化、法治化，才能在源头上少出错；只有对权力运行过程及其后果进行及时监督，精准问责，才能追究政治责任主体的过错。

(二) 法律责任

法律责任是指政府及其工作人员的行为要在法律管制的范围内进行，即政府应守法。法治社会与非法治社会的区别在于在非法治社会中，公民必须守法，政府可以不守法；在法治社会中，公民必须守法，政府更必须守法。公民要守法是一切法治社会的共同特征。在法治社会，政府与公民均必须守法。所以，政府守法是衡量法治社会的一个重要试金石。政府的法律责任包括宪法责任、行政法律责任等。政府及其工作人员在公共行为中不论是违反了宪法、行政法还是其他法律，都应该被依法追究责任。承担政府法律责任的主体既包括政府，也包括政府工作人员。当政府及其工作人员对其违法行为承担法律后果时，政府责任便得到最低限度的保证。当行政机关违法时，其违法行政行为必须被撤销、变更、整改等；当政府工作人员

① 王成栋. 政府责任论[M]. 北京：中国政法大学出版社，1999：80.

违法失职、滥用职权、贪污腐败时,其违法行为必须依法受到惩处。对政府法律责任进行追责的主体很多,但是从制度和程序正义的角度讲,对政府的责任追究应坚持在党的领导下,加强人大、法院和检察院对政府进行监督和问责。

(三) 行政责任

行政责任是指政府在实行有效内部控制的基础上,积极地行使公共权力,履行责任,服务公众。行政责任往往是与公共行政的科层制联系在一起的。一般来说,行政责任主要存在于公共行政主体之中,即存在于公共行政主体内部各层级之间、机构之间、部门之间、领导与部属之间。在公共行政的实际活动中,机构的、部门的责任理应经常性由其主要负责人承担,所以政府责任会落实到具体的公共行政人员身上。①

政府的行政责任要求各级政府部门及经法定程序进入政府体系的工作人员应当遵守相关规则,在法定的权限内行使职权,不越权行事。在公共管理活动中,除司法人员依法审查的诉讼案不受外界的干涉外,一切政府工作人员对上级的命令、指示均有自觉"服从命令听指挥"的义务和职责。这里所言的是一种基于理性的自觉服从,有德性的政府工作人员对待权威与制度的基本态度是合理服从,而非盲目服从。与其他行为一样,服从行为也必须接受道德的追问。② 对于明显有错误或有严重道德问题的命令、指示以及存在重大隐患的决策,下级工作人员在察觉后有义务及时向主管领导反映,这是政府工作人员更应履行的行政责任。此外,政府工作人员在科层制中的客观责任不仅仅是从上级接受指令,或只是给下级下达指令,也包括系统地向上传递信息从而能更加准确地表述问题,并且经常地给下级提供清楚的、可接受的行为准则。

(四) 道德责任

道德责任是指行政主体在行使行政职权时所应承担的道德义务及违反道德义务应承担的否定性后果。③ 道德责任的特点是客观责任和主观责任的统一,是积极责任和消极责任的统一,也是规范伦理与德性伦理的统一。客观责任和主观责任的统一,是指客观责任源于法律、组织机构、社会对行

① 陶学荣.公共行政管理学导论[M].北京:清华大学出版社,2005:201.
② 李春成.行政人的德性与实践[M].上海:复旦大学出版社,2003:120.
③ 高晓红.政府伦理研究[M].北京:中国社会科学出版社,2008:131.

政人员的角色期待，而主观责任却根植于个体对忠诚、良知、认同的信仰。[①]积极责任和消极责任是指政府道德责任的具体指向和作用方式问题。

道德责任之所以如此重要是因为，首先，政府处于社会的中心位置，政府的任何行为都可能对公众产生深刻的影响。在一定程度上，政府的道德状况甚至决定着整个社会的道德风尚，正是这种独特的身份和社会角色要求政府必须率先垂范、发挥楷模作用。其次，政府的道德品质直接影响着政府政治行为的正当性。倘若政府的政治行为违背了社会伦常，扰乱了社会秩序，其统治的合理性、正当性便会丧失。最后，对于政府活动来说，道德责任是社会成本最低的一种责任模式，因为行政的、法律的责任都需要转化为道德责任。公共管理者对道德责任的承担，是其政治运行低成本、高效率以及获得普遍信任的基础。[②] 在政府的道德责任建设过程中，越来越要求法规化和制度化，并且已成为一种趋势。但需要特别指出的是，较之于其他几类责任，道德责任的实现更为困难，这是因为道德责任本质上是一个“看不见摸不着”的内在约束机制，而非外在的强制机制。道德责任需要通过政府自我约束的形式来体现其对公共行政理念的价值追求，并形成一种自我需要的内驱力，进而激励和推动行政人员的精神上升到更高的境界。

二、政府责任的内在关系

政府责任体系的四个构成要素，即政治责任、法律责任、行政责任和道德责任，相互影响，相互渗透。

(一) 政治责任和行政责任的关系

相对于其他三种责任，政府的政治责任处于核心地位，政治责任强调政府的行政导向，直接体现在政府公共政策的制定方面。政府对社会和经济进行管理的基本手段是制定和实施公共政策。行政责任强调的是政府的行政效能，体现政府的行政管理能力。公共政策的制定和执行是一个连续的制定—执行—再制定—再执行的过程，政治责任偏重于制定公共政策，行政责任倾向于执行公共政策，二者在行政价值和行政实践中相互依赖，相互补充。

---

① 库珀.行政伦理学：实现行政责任的途径[M].张秀琴，译.5版.北京：中国人民大学出版社，2010：74.

② 张康之.论公共管理中的责任和义务[J].社会科学研究，2003(2)：17-22.

（二）法律责任与道德责任、政治责任的关系

与道德责任相比，法律是道德的底线，法律责任的践行是对道德责任的被动维护。与法律责任相比，责任主体被追究政治责任时，不是因为责任主体的行为违法，而是因为责任主体对公共政策的制定和执行不当，责任主体施行的公共行政行为违背了民意，有损国家和人民的根本利益。责任主体虽然不必接受法律制裁，但是需要进行政治问责，追究政治责任。当然，如果在对责任主体实行政治问责的过程中发现责任主体在公共行政行为中还违反了国家法律，那么除了追究责任主体的政治责任之外，还要追究其法律责任。只要责任主体涉嫌违反国家法律，不论违反了具体何种法律，都要依法对其进行制裁，追究法律责任。

（三）道德责任与政治责任、行政责任和法律责任的关系

在现实政治实践过程中，政治责任、行政责任和法律责任都有具体的规章制度加以强化，对政府的绩效评估和对政府工作人员的考核基本上都有具体的指标，但是对政府及其工作人员道德责任的考量则较为困难。政治责任、行政责任和法律责任均与道德责任紧密联系在一起，道德责任贯穿整个责任体系之中。如果政府工作人员，不论是领导干部还是普通工作人员，他们的价值观念、信仰和良知一旦升华，内化为积极动力和自我约束力，那么政府的道德责任就会成为整个政府责任体系里一种不可或缺的重要构成因素。

总之，政府责任体系里的政治责任、法律责任、行政责任和道德责任之间的关系是相辅相成的，四者缺一不可。

■ 第三节　政府的道德责任

卢梭曾说：对于道德风尚进行的历史研究使他开阔了眼界，使他看出了一切问题在根本上都取决于政治，而且任何民族永远都不外乎是它的政府的性质使它成为的那个样子。①

① 罗尔斯.正义论[M].何怀宏，何包钢，廖申白，译.北京：中国社会科学出版社，2009：22.

一、政府道德责任的内涵

(一)道德责任的界定

道德责任是伦理学中一个重要的理论问题。道德责任一般包含两个方面的内容,首先是人们对自己行为的过失及行为过失产生的不良后果在道义上所承担的责任;其次是在一定道德意识支配下,人们对社会、集体和他人的兴衰、存亡、利害所自觉承担的责任。前者主要是指对过失应负的道德责任,后者则是对过失应尽的道德义务。

道德责任具有两个显著的特点。其一,它是自觉自愿承担和履行的。其他责任的承担虽然也有不同程度的自觉自愿,但主要还是依靠一定的强制手段,例如政治的、法律的、经济的、行政的等来保证履行的。道德责任的承担虽然有某种强制性,但主要依靠个人的思想自觉和行动自觉。其二,从量上来看,道德责任的承担范围更广泛。一般来说,其他责任都有特定的或明确规定的范围。例如,法律责任是指违法者应承担的具有强制性的法律上的责任。道德责任不限于某一特定领域,它贯穿其他各个领域的责任之中。

道德责任是一个历史范畴,其内涵是不断发展的,在不同的时期和国家地区中的内容和限度是不同的。从一般意义上讲,只有能够称为“应当”的责任才是道德责任。

首先,道德责任是应该做的事情和应该选择的行为。一是指本职工作和分内之事,本职工作即责任之所在,对于职责范围内应该做的事情,认真做且做好了即尽了道德责任,而没有做或没有做好,则应负有道德责任。此外,对于失职而造成其他严重后果的还要追究其他责任。二是指符合社会要求的道德规范和行为。个人行为符合道德规范和要求的,则是尽了道德责任的。换句话说,不符合道德规范要求的行为,则应该承担一定的道德责任。

其次,道德行为在客观上具有行为选择的能力和实现选择的可能性。社会历史条件和客观环境使人们有可能选择某一行为或某一件事,对于客观上根本不可能选择的行为,则不能要求人们承担道德责任。

最后,道德行为在主观上具有行为选择的能力和实现选择的可能性。从一般意义上讲,凡是具有正常行为能力的个人,对于自己选择的行为应该负有道德责任。只有不具备行为能力的人进行的行为选择，才可以不负道德责任。个人如果因客观原因不具备选择或不具备实现某种应该选择的行为能力，在此情形下就不能对该行为负道德责任，至少是不负完全道德责任。相反，具有这种能力而不作出符合道德规范要求的行为，就要承担道德责任。比如，有人不慎落水，在场的盲人因为自身不具备救人的能力而未施救，不负有道德责任，而其他在场的具备救人能力的人如果没有设法救援的话，就要承担一定的道德责任。

总之，个人的道德责任也是有限度的。因而，在判断个人是否承担或者承担何种道德责任的时候，就要综合分析。需要强调的是，道德责任的界限并不是固定不变的。道德责任一方面将随着时代和社会的发展而变化，随着个人行为自由选择领域的扩大而扩大；另一方面也将随着社会实践和科学技术的进步而被赋予新的内容和要求。例如，人工智能技术的研究和运用，使道德责任既能用于工业生产提高工作效率进而服务于社会发展，也可能颠覆现有的社会组织架构形态，在很多场景下代替人类。这些问题给人类自身特别是科技工作者带来了巨大的道德责任。科技工作者应努力促使人工智能技术服务和造福人类。

（二）政府道德责任的辨析

从对道德责任的分析出发，可以更加清楚地认识政府道德责任。政府是国家权力的执行机关，政府道德责任是指政府负有的道德义务以及违反道德义务所应承担的否定性后果。[①] 也就是说，政府道德责任是政府在行使国家权力的活动中，以一定的道德意识和规范为指导，作出具有道德意义、能进行善恶评价的行为，以及为这些行为应当承担的道德责任。政府道德责任的实质是政府在自身的行为中所体现出的道德内涵以及违背这些道德内涵所应承担的道义上的责任。因此，政府的道德责任是指行政主体在行政活动中所承担的涉及国家、政府以及人民利益关系因而具有善恶价值的责任。[②] 在这种意义上，政府道德责任是指政府在处理涉及公共利益问题时所应追求的善的价值目标。

道德是社会意识形态之一，是指依靠社会舆论、人们的内心信念和传统习惯调节人与人（包括个人与个人、个人与社会集体、社会集体与社会集

① 高晓红.政府伦理研究[M].北京：中国社会科学出版社，2008：131.
② 李建华，等.公共治理与公共伦理[M].长沙：湖南大学出版社，2008：324.

体)、人与自然、人与自身之间伦理关系的行为原则、规范的总和。① 因此,政府道德责任主要产生于社会道德规范对政府机构及其工作人员的要求,并通过社会舆论、信念原则、传统习惯等影响政府机构及其工作人员的行为,通过政府工作人员的道德良心、职业忠诚等产生引导作用,进而调节在政府活动中所涉及的各种关系。换句话说,政府机构及其工作人员在处理社会事务时必然要作出价值判断和选择,这些价值判断和选择不仅影响着公共利益的实现和个人权利的保障,而且会对社会的道德氛围、价值观念等产生影响。因此,政府是社会道德生活中的一个重要主体,必须对远远超出法律规定范围的社会价值负责。②

(三)政府道德责任的特征

1. 主动性

政府道德责任具有主动性,是行为主体的自觉行动。政府的职责是为社会提供公共产品与公共服务,其道德状况直接关乎国家与社会公众的利益。这要求政府及其工作人员具备更高层次的道德品格,具有较强的良知、强烈的责任感、敬业奉献的精神和高尚的职业道德,且政府道德义务应接受国家法律和社会公众的监督。政府道德责任具有自觉性和主动性,表现为政府对责任的自觉认识和行为上的自愿选择。③

2. 层次性和时代性

政府道德责任具有层次性和时代性。一般来说,政府道德责任主要包含客观责任和主观责任。客观责任包括维护法律、对自身所处组织的上级和下级负责、遵守规章制度、服务公众、维护公共利益等;政府的主观责任由政府行为主体的忠诚、良知、信仰等所产生,贯穿在所有政府责任之中。④ 这就使政府的道德责任具有一定的层次性。政府的客观道德责任是出于公众对政府的普遍性要求而必须履行的责任,体现为政府及其工作人员的职责。政府的主观道德责任是政府及其工作人员自觉的道德意识,能够使政府及

---

① 郭广银.伦理学原理[M].南京:南京大学出版社,1995:3.

② 西蒙.管理行为:管理组织决策过程的研究[M].杨砾,韩春立,徐立,译.北京:北京经济学院出版社,1988:57.

③ 高晓红.政府伦理研究[M].北京:中国社会科学出版社,2008:131.

④ 库珀.行政伦理学:实现行政责任的途径[M].张秀琴,译.5版.北京:中国人民大学出版社,2010:63-79.

其工作人员不断成为自觉自为、富有责任感、高尚的人。同时，随着时代的发展，社会会产生各种新问题、新情况，政府的道德责任也要随着社会和时代的变化而作出调整，这就使政府的道德责任具有鲜明的时代特征。

3. 主观性

政府道德责任以主观性为根本。政府道德责任是政府行为主体道德品质的反映，包含客观性和主观性的双重内容，且以主观性为根本。社会施加于政府的客观道德责任最终要作用于政府行为主体，通过政府行为主体价值观、态度、信念等内心的主观力量起作用才能实现。政府行为主体的这些主观力量来源于主观道德责任，并对于政府道德责任的实现具有根本性作用。库珀曾指出，既可以从实践角度也可以从伦理角度理解职责。负责任的行政人员必须准备从这两个角度为自己的行为负责，但伦理职责必须是最终占优势的。① 这表明在政府责任中，既有客观实践来源，也有主观伦理来源，但主观性的伦理原则是其首要依据。

二、政府承担道德责任的原因

（一）政府职能与作用发挥的必然要求

对政府职能与作用的界定直接关系着政府是否需要承担道德责任。马克思认为，"政府的监督劳动和全面干涉包括两方面：既包括执行由一切社会的性质产生的各种公共事务，又包括由政府同人民大众相对立而产生的各种特殊职能。"②恩格斯认为，"政治统治到处都是以执行某种社会职能为基础，而且政治统治只有在它执行了它的这种社会职能时才能持续下去。"③可见，政府职能不仅是政府得以存在的必要条件，更是维持正常社会生活秩序的需要。随着经济的快速发展，面对社会结构不断变化，利益主体日益多元化，人们的价值观念和利益诉求也更加复杂化，政府必须统筹考虑社会各方的合理诉求，并通过各种方式维护社会生活秩序。政府之所以能够扮演这样的角色，首先是因为政府是公权力的执行机构，政府行为能够约束人们

① 库珀. 行政伦理学：实现行政责任的途径[M]. 张秀琴，译. 5 版. 北京：中国人民大学出版社，2010：65-66.

② 中共中央马克思恩格斯列宁斯大林著作编译局. 马克思恩格斯选集：第二卷[M]. 2 版. 北京：人民出版社，1995：510.

③ 中共中央马克思恩格斯列宁斯大林著作编译局. 马克思恩格斯文集：第九卷[M]. 北京：人民出版社，2009：187.

的行为;其次是因为政府是以公正和正义为判断准则进行仲裁的,具有道义上的优先性。因此,政府要扮演好调节社会矛盾的角色,就必须自觉承担道德责任。

(二) 实现政府公共性的题中之义

一方面,政府作为公共性的代表,所关注的是公共利益,所维护的社会秩序的目的是实现公共利益。市场经济条件下,不同利益主体的不同诉求必然要求政府作为公共利益的平衡器在各方利益诉求之间取得平衡,以此维护社会秩序并体现出公平和正义的价值。政府不是公共利益冲突的一方,而是所有利益冲突的调节者。如果政府不作为公共利益的代表,就会像私人领域的一切利益追求者一样,把追求利益最大化作为目标,从而必将导致政府对维护社会秩序这一公共职责的忽视和放弃。另一方面,政府是行使公共权力以管理公共事务、实现公共利益的组织,也是调整公共生活、对社会进行引导和控制以维持社会秩序并促进社会经济发展的主体。由于政府行为是一种行使公共权力的行为,其行为结果涉及社会所有人的利益,因而人们对政府行为较为关注。这就要求政府不仅要在自身行为中遵守道德原则规范,而且要根据时代的变化主动调整应该履行的职责。

(三) 拥有和行使行政自由裁量权的重要依据

行政自由裁量权是国家赋予行政机关在法律法规规定的范围内所享有的有一定选择余地的处置权力。进入现代社会,面对纷繁复杂的社会事务,为了实施有效的管理,行政自由裁量权在各国政府管理活动中得以不断扩张。同时,社会关系的复杂化使得法律在客观上不可能规范社会生活的方方面面,因此必须赋予政府及其工作人员一定的行政自由裁量权。但由于行政自由裁量权具有人为因素较大、主观性较强等特点,在实际运用中容易造成权力滥用的现象。行政自由裁量权的滥用,既不利于社会秩序的稳定,也容易助长特权思想,导致不良思想的出现,更容易滋生腐败。因此,行政自由裁量权的正确合理行使,需要政府及其工作人员较高的道德素养来提供保证。如果说法律给予了政府及其工作人员以行政自由裁量权,那道德责任则对行使行政自由裁量权的合理范围进行了规定。库珀认为,承担行政角色的人不仅要为自己使用公共财富而承担责任,而且也要为如何让别人最充分最有效地使用这些财富而担负责任。[①] 因此,政府承担道德责任有助于其行为不违背自由裁量权的精神。

三、政府道德责任的内在序列

政府道德责任的内在序列是指政府所应承担的道德责任及其优先次序排列。基于政府道德责任的具体指向和作用方式可将政府道德责任分为政府消极道德责任、弱意义上的政府积极道德责任和强意义上的政府积极道德责任。

(一)政府消极道德责任

政府消极道德责任,是指通过完善法律制度,规范政府权力的行使,加强对政府权力行使的制约和监督,避免因政府权力的滥用和不当行使进而破坏社会道德秩序和道德规范。之所以说这类道德责任是消极的,主要是因为它不指向社会及个人,仅指向政府及其工作人员行为自身,是政府必须承担的底线性的道德责任。

1. 预防和惩治腐败

在现实政治生活中,如何对政府权力进行监督和制约是一个重要问题。官员腐败的背后,大多是对权力的滥用。一旦一个社会失去了道德的约束,人们往往无所顾忌,无不敢为,法律制度就会变得徒有形式,犯法违纪就会成为社会中最为经常的行为,体现在社会秩序方面就是严重失序的先兆。[②] 只要存在着腐败,就会严重影响政府承担的社会责任和义务,就会破坏他们维护社会公正和秩序的形象,进而人们就会丧失对政府的信任。政府只有摆脱了腐败的困扰,才能真正维护法律原则和制度规范,才能带动整个社会的道德提升,充分实现社会秩序的道德整合。[③]

2. 避免政府行为的道德风险

政府作为公共权力的行使主体,其行为必然具有很强的支配性和控制力,直接影响着人们的价值取向和道德行为。政府及其工作人员对于公共权力或强制性手段的行使,并不意味着他们就可以随心所欲地使用公共权

---

① 库珀.行政伦理学:实现行政责任的途径[M].张秀琴,译.5版.北京:中国人民大学出版社,2010:47.

② 张康之.寻找公共行政的伦理视角[M].2版.北京:中国人民大学出版社,2012:340.

③ 同②364.

力。因为任何不当或失误的政府行为都可能会对社会道德秩序产生或带来巨大的道德风险。因此,政府在实施政府行为时,既要保护和支持所有通过正当合法手段获取个人或团体利益的行为,又要提倡和奖励多为他人和社会奉献以及道德高尚的行为。政府行为不仅要满足政治、法律、经济和社会事业的发展需要,而且要体现社会精神文明和公民道德建设的要求,从而防止和避免因政府行为不当或失误给社会带来巨大道德风险和道德代价。

3. 提高政府工作人员的道德素质

政府工作人员是一个特殊的群体,掌握和行使着公共权力,这就要求其必须正确运用公共权力,并有效发挥公共权力的作用。如果政府工作人员不能使权力发挥应有的作用,甚至滥用权力或腐败的话,就会给整个社会道德秩序带来灾难性的后果。因此,提高政府工作人员的道德素质,增强其道德责任心和道德使命感显得尤为必要。对于政府工作人员来说,不仅需要有作为社会成员的一般道德价值取向,而且必须具有作为政府官员的特定道德价值取向,即维护和促进社会公共利益。一个社会的领导人,必须要对整个社会成员有普遍的关怀,即要有利他主义和献身精神。在社会充满危机的历史时刻,不具备相应道德品质的领导者,对社会不可能有号召力。①

(二)弱意义上的政府积极道德责任

弱意义上的政府积极道德责任,是指政府发挥公共管理和公共服务职能,维护社会公平和正义;同时维护社会良好的道德秩序,加强公民道德建设,为社会个人道德行为选择提供激励和保障,并降低个人道德行为选择的成本和代价。之所以称之为"积极道德责任",是政府对政治"善"的承载,是政府不可推卸的道德责任;之所以说它是"弱意义上的",是因为政府在此层面道德责任的承担不是基于政府自身道德规范而是直接作用于社会良好道德风尚的形成和个人德性的养成上,并为其提供支持和保障。

1. 提供公共服务,维护公平正义

公平正义作为道德范畴的概念,它的实现所依靠的最直接力量是政府。建立在公平原则上的公共行政能够通过制度化和规范化把人们引向秩序化状态。对于当代政府来说,捍卫公平正义并在公共行政实践中严格恪守这一原则是衡量政府公共程度的一个重要标准。同时,如果把社会正义寄托

① 王焱.宪政主义与现代国家[M].北京:生活·读书·新知三联书店,2003:278.

在全体社会成员中的每一个人的正义自觉上显然是不可能的，这种正义必须由社会的权威机构来加以提供，这个机构就是政府，而政府和提供正义的活动就被看作公正。公正是指社会中的权威机构来为社会主持和提供正义的活动及其结果，具体地说，就是政府及其公共行政针对个体的公正，是一种保障和促进社会成员之间权利、机会平等的公共行为。[①] 在任何时候，在任何国家地区，都是直接通过政府来维护和实现社会公平正义的。

2. 维护社会良好的道德秩序

维护社会良好的道德秩序是指政府对社会自身形成的秩序进行维护，以区别于政府基于自己的道德理想来改进社会道德秩序。政府要维护良好的社会道德秩序，应做到两点。一是惩治和抑制邪恶，取缔和打击各种恶势力。政府应对严重危害他人利益和公共利益的行为进行严厉制裁。如果没有严加制裁，违规者就会不择手段，不法者就会变本加厉，社会生活将一片混乱，遵守规矩者就会受侵害。所以政府应该采取一切合法的、正当的手段对所有危害社会秩序、危害他人利益和公共利益的行为予以及时且严厉的制裁。二是加强法治建设，避免社会失范。克服社会道德危机，是政府道德责任中的一个重要内容，需要政府通过法律制度建设，运用多种手段进行干预。

3. 加强公民道德建设

在现代社会，除用法律维系社会利益关系上的公平、正义之外，良好的公民道德对于公民之间利益关系的调节发挥着重要作用。良好的公民道德是现代市场经济和民主政治发展对公民的基本道德要求，也是公民应该树立和培养的基本道德意识。公民道德建设是加强社会精神文明建设、构建和谐社会的重要组成部分。提升公民道德素质，可进一步形成全社会共同的理想信念和道德规范，这也是政府道德责任的重要责任之一。

（三）强意义上的政府积极道德责任

强意义上的政府积极道德责任，是指政府在多元道德价值互相竞争中注入和展示自身的道德理想和价值追求，并以此吸引社会公众，进而营造良好的社会道德风尚。之所以被称为强意义上的政府积极道德责任，一是因为它直接作用于改进社会道德秩序和提升个人道德德性；二是因为它是政府基于自身的道德理想和价值追求而承担的社会道德责任。

---

① 张康之.寻找公共行政的伦理视角[M].2版.北京：中国人民大学出版社，2012：294.

1. 营造良好的道德共同体,改进社会道德秩序

改进社会道德秩序是与政府自身的道德理想和价值追求直接相关的。政府会基于自身对良好道德共同体的理解去改进社会道德秩序,进而使之符合自身的道德理想和价值追求。建立一个道德共同体,改进社会道德秩序,历来都与政府的努力有关。有学者认为,政府履行着道德的职能,是道德秩序的监护者。在现代社会,存在着一条政府主动构建新型社会秩序的道路,那就是政府要从管理的角色转变到服务的角色上来。政府角色定位在服务上,意味着政府必须通过自身的道德化去主动实现社会秩序的供给,在政府的道德化中构建一种新型的伦理秩序,即一种体现了伦理精神的社会秩序。[①]

国家是人们生活在一起以实现可能达到的最美好生活的共同体。这个共同体的生活是多样的,有物质生活也有精神生活,生活的所有方面都从属于整个共同体道德的提升,追求道德最高形式的善。如果政府不主动推动这一点的实现,那么所谓的共同体赖以生存的善就会远离这个共同体,进而社会就会陷入普遍的社会冲突之中,冲突的最终结果就是所有社会冲突都指向政府。[②] 营造良好的道德共同体,改进社会道德秩序,需要建立一个更加完善的道德制度。在这种制度之下,道德生活的秩序能够得到保障,生活在其中的公民能够实现自己对自由而健康的生活的要求,特别期望自己能对国家和社会有所贡献,并且还能使自己从适应历史进化本身得到好处。理想的道德关系,是和睦、相互谅解、友好、合作和有真挚情谊的。在这种关系支持下的公共幸福和公共秩序,是国家的最高目标。[③]

2. 培养个人德性,提升公民道德素质

在现代社会的巨大复杂系统中,存在着太多、太复杂的任务、问题和关系,如果公民之间不加强沟通、理解、合作和团结,整个社会系统就难以正常地、有效地运转,就会陷入内乱、内耗的漩涡中。在现代社会培养个人德性,提升公民道德素质显得极为重要。正如米尔恩所认为的,哪里有社会生活,哪里就必定有道德的存在。在一个共同体中,存在着其成员有义务加以培养和实践的各种美德,存在着他们有义务据此行事的各种原则,存在着他们

① 张康之.寻找公共行政的伦理视角[M].2版.北京:中国人民大学出版社,2012:42.

② 同①357-358.

③ 丁大同.国家与道德[M].济南:山东人民出版社,2007:12-13.

有义务遵守的各种规则。从这个意义上讲，道德是普遍的。① 公民道德素质的提升，不能完全寄希望于公民个体的道德责任和德性修养，需要政府在全社会建立起满足并保护公民权益和利益需求机制的前提下，对公民进行道德教育并提升公民道德素质。政府应该鼓励公民个人的主体性弘扬、对自我责任的承担以及对崇高道德的追求，并为其创造条件。这也成了衡量政府优劣的一条重要标准，正如密尔所认为的，任何政府形式所能具有的重要优点就是促进公民本身的美德和智慧。② 政府要实现自己的道德理想和价值追求，并进而实现公民个人的德性提升，就需要不断改变政府实践方式：不是依靠政治权力的强制性灌输、功利性奖惩和利益诱惑，而是展示政府自身价值追求和道德理想的内在力量，增强意义解释的合理性与吸引力、说服力；增强自身道德行为的感召力、感染力和感化力，进而提升公民个人的德行品质并促进社会良好道德风尚的形成等。

思考题

1. 在推进国家治理体系和治理能力现代化进程中，政府是否需要承担相应的责任？
2. 政府责任体系具体包含哪些方面的内容？
3. 政府承担道德责任的方法、方式和途径有哪些？

推荐书目

1. 丁大同. 国家与道德[M]. 济南：山东人民出版社，2007.
2. 张康之. 寻找公共行政的伦理视角[M]. 2 版. 北京：中国人民大学出版社，2012.
3. 钱东平. 政府德性论[M]. 南京：江苏人民出版社，2005.
4. 王锋. 走向服务型政府的行政精神[M]. 北京：商务印书馆，2018.
5. 弗雷德里克森. 公共行政的精神[M]. 张成福，刘霞，张璋，等译. 北京：中国人民大学出版社，2012.

---

① 米尔恩. 人的权利与人的多样性：人权哲学[M]. 夏勇，张志铭，译. 北京：中国大百科全书出版社，1995：56-57.

② 密尔. 代议制政府[M]. 汪瑄，译. 北京：商务印书馆，2009：26.

5

第五章

公共政策伦理

学习目标

1. 了解伦理学和公共政策的关系。

2. 梳理公共政策中“价值中立”理论渊源，熟悉公共政策价值取向的特点，并在此基础上对现代公共政策价值取向的伦理建构进行阐释。

3. 掌握公共政策伦理环境的含义、特点和本质。

4. 探求公共政策伦理评价的意蕴、标准及维度。

政策科学被誉为当代西方社会科学发展中的一次“科学革命”。政策科学创始于 20 世纪中叶，正值科学方法取代价值研究的时期，追求“科学化、技术化”道路，进而影响了公共政策制定，忽视了公共政策的价值追求。20 世纪 80 年代，西方国家官员不道德行为和政府失灵现象致使政府公信力下降，诸多问题引起公共政策学家的关注，逐渐推动公共政策过程的伦理反思，愈发重视对公共政策与伦理关系的研究。故可说，公共政策是一个必须给予伦理审视的问题。

■ 第一节　公共政策伦理概述

一、公共政策伦理的概念与内涵

（一）公共政策

公共政策是国家或政府、执政党及其他政治团体在特定时期内为实现一定的社会政治、经济和文化目标所采取的政治行动或所规定的行为准则。公共政策强调以下四点内涵：一是，公共政策由特定主体制定和执行；二是，公共政策具有特定的价值取向；三是，公共政策是管理社会公共事务的基本手段或工具；四是，公共政策是一种政治行动或行为准则。

公共政策以社会伦理价值为基础，体现和反映了社会伦理价值。公共政策的制定与实施过程本质上是对社会资源与利益进行公平分配的过程，是公共政策制定者依据社会利益需求对复杂的利益关系进行调整的过程。一项公共政策的出台，难以成为让全社会都满意的最优选择。公共政策制定者应始终以社会公认的伦理价值为标准，坚持正确的价值取向。因此，公共政策内含着维护社会公平、让最大多数人过上幸福生活的伦理精神。同时，公共政策承担着调整人与自然、人与社会关系以及促进人与自然、人与社会和谐发展的价值功能。

（二）公共政策伦理

政策科学创立之初，基于公共政策学科的特殊性，诸多学者便普遍强调公共政策研究必须坚持科学研究与规范研究相结合，强调在公共政策分析过程中要引入价值取向、价值标准和价值判断等。20 世纪 70 年代，公共政策伦理研究的论著广泛问世，《正义论》便是代表作品之一。《正义论》在否定功利主义的基础上，在公共政策研究中引入公平正义理论，试图将公共政策领域的伦理价值研究置于一个理性的命题中。20 世纪 80 年代，以政府组织的伦理问题为切入点，关注公共责任研究，强调政府道德对公共政策伦理的重要性，公共政策领域的价值研究、伦理研究逐渐突出。20 世纪 90 年代后，从公共政策制定的原则和方法来探讨公共政策伦理问题，同时在诸如社会福利、国家安全、生态环境等社会问题研究中涉及政策伦理。此后，公共政策领域愈发强调伦理与价值因素，愈发积极倡导公共政策的伦理精神和价值理念。

公共政策伦理并不是指一种特殊的公共政策，而是指要在公共政策制定及执行过程中充分考虑到伦理道德因素和伦理价值取向。伦理价值取向是公共政策制定及执行过程中广受关注的问题，是无法回避的重要领域。换句话说，公共政策伦理不仅仅要研究公共政策中的伦理问题，还要从伦理的视角去审视和评价公共政策价值取向、公共政策制定及执行过程以及公共政策目标等。公共政策伦理研究首先是从伦理视角出发去看待、评价、处理公共政策的各个问题；其次是进一步探讨公共政策制定及执行过程应该遵循的伦理原则，如何将伦理原则和伦理规范应用于公共政策并规范决策行为；最后是促进及确保公共政策伦理目标实现的程序方法和保障机制，以便使公共政策无法偏离公共政策需实现的最终价值目标。

公共政策伦理环境对公共政策主体的道德发展有很大影响，直接关系到公共政策主体的道德认知、道德习惯和道德评价的生成。公共政策伦理环境内的各项因素均直接或间接地影响着行政伦理建设的进展和效果。此外，对公共政策的评价应遵循某种特定的伦理规范。任何一项公共政策的出台，都必然包含了政府依据特定的伦理标准来进行的价值选择。事实分析与价值分析的有机结合是公共政策伦理评价标准的基本内容。

二、公共政策的价值论争:价值中立与价值涉入

(一)价值论争的本质和解释

公共政策价值论争一直伴随着公共政策学科发展和科学研究。价值取向是公共政策最本质的规定。公共政策的价值取向直接影响公共政策的内容和结果,有什么样的价值取向就有什么样的公共政策。研究公共政策价值取向的最终目的是坚持正确的价值导向。在公共政策制定过程中,既包括事实判断,亦包括价值判断,确定一种或几种公共政策方案的过程属于前者,比较方案的优劣、选择何种方案则属于后者。公共政策的制定必然依据一定的伦理标准和原则,而公共政策方案的设计与选择是否恰当,则取决于公共政策制定者对公共政策客体利益需求的认识以及价值判断的正确与否。

公共政策价值需要解决的是在整个公共政策过程中公共政策究竟是围绕着何种意图来开展的,公共部门在制定和实施某项公共政策时是出于何种目的将一定的人力、物力和财力资源进行配置,个体和群体、整个社会、民族和国家在公共政策实施中能获得什么。在公共政策实施中会包含若干阶段和环节,但无论在哪个阶段和环节,人们都会围绕上述问题反复地展开论争和思考,不断地寻求更加合理的答案。公共政策的价值并不是一目了然、一望而知的,而是必须经过公共政策行动主体之间的论争才可以被逐渐揭示出来,并不断通过协商、商讨才可以被政策相关者接受。公共政策的价值论争重点在于"论",即论述、阐述,除此之外还有讨论、争论,这便是"争"。

18 世纪英国哲学家休谟首次提出事实领域与价值领域的问题。按照休谟的理解,科学研究所涉及的"实然"问题即"是"与"不是"和道德判断所涉及的"应然"问题即"应该"与"不应该"是两个不同的领域,前者来源于客观事实,后者来源于主观感受。自此,休谟的事实与价值分离问题陷入理论困境。德国哲学家康德将世界划分为属于事实领域的现象世界与属于价值领域的本体世界,其认为科学本身不能使人为善,道德的根源与科学无关,否定了事实与价值之间的关联性和一致性。康德的观点并未能对事实与价值分离进行调和,而是对科学思维与价值思维进行了更为严格的区分。至此,关于价值的论争在公共行政学的研究中悄然兴起。

（二）价值论争的阶段划分

1. 价值中立阶段

19 世纪末期至 20 世纪初期为传统公共行政学时期。这一时期公共政策研究者倡导价值中立，公共政策价值研究主要体现在对行政决策的价值研究上。20 世纪初期，受工业革命和经济社会发展状况的影响，公共政策追求的是效率至上的价值目标。在此背景下诞生的以威尔逊、古德诺为代表的政治与行政二分法成了这一价值目标的理论前提。韦伯官僚制理论和泰勒科学管理理论为这一价值目标提供了思想基础。随着行政决策向专业化、技术化和职业化的方向发展，建构在古典经济学基础上的理性决策模式受到广泛关注和推崇，将效率看作公共政策唯一的价值准则和价值目标。此后，政策科学过于注重效率，强调价值中立，重视实证、量化、技术等方法在公共政策研究中的主导作用，认为制定公共政策的活动是纯技术性的，一切个人的主观判断和价值因素都被排除在外。

20 世纪上半期，众多学者不承认政策研究存在价值问题。怀特、韦伯和拉斯韦尔等学者贬斥价值，倡导价值中立和理性实证主义。怀特主张行政管理十分重要，可以并应该维持价值中立。韦伯以价值无涉或价值中立为特征的社会科学方法论为这种倾向提供了强有力的方法论基础，并强力主张在学术环境中公开阐述伦理价值问题是一种冒险。公共政策学的奠基人拉斯韦尔也认为政策科学的哲学基础建立在理性实证主义之上，政策分析要坚持科学的方法论。20 世纪五六十年代，运筹学、经济学、系统分析学等实证科学的研究方法被引入政策科学研究中，价值中立或价值无涉的主张愈发强烈，将公共政策分析看作一种技术，道德性的伦理主张或价值分析被排除在外。

2. 价值涉入阶段

传统公共行政后期，决策价值研究开始渐渐由隐性状态向显性状态转变。沃尔多、拉斯韦尔、伊斯顿、林德布洛姆等是公共政策价值研究的先锋。德洛尔、哈贝马斯、达尔和泰勒等在各自的研究中对早期排除价值考量的研究方法表示怀疑，强调在公共政策过程中难免会考虑到价值因素。20 世纪 60 年代末 70 年代初，德洛尔认为政策科学打破了当代科学与伦理学、价值哲学的传统界限，并将建立一种操作的价值理论作为政策科学的一部分。20 世纪 70 年代，一系列社会问题的出现，尤其是水门事件的发生，越来越多的学者开始对行政伦理进行思考，并将价值分析引入政策过程。从 20 世纪 60 年代末起，传统公共政策分析技术化的发展路径受到挑战，公共政策的价值分析成为新趋势和新热点，公共政策研究由强调价值中立走向强调价值涉入，逐渐重视起价值判断。

20 世纪中叶，西方社会由分配不公平而引发的社会矛盾凸显。诸多学者通过提出公共政策需要确立一种新的价值取向来替代效率至上的伦理价值取向。20 世纪 60 年代末 70 年代初，沃尔多、弗雷德里克森等学者对效率至上的伦理价值取向进行了批判，提出了新公共行政学理论。新公共行政学理论是一种以公共行政规范理论为研究重心的理论，将关注焦点由传统公共行政的效率、技术与科学转向了公平、民主的目标，主张政治与行政、事实与价值相关联。弗雷德里克森首次引入了公平的概念，并较系统地阐述了公平的价值理念。此外，弗雷德里克森在强调公平的价值取向的同时，并不排斥效率的价值取向。新公共行政学时期的学者将公平看作公共行政的核心价值目标，并认为效率与公平可以共存，试图构建公平与效率相协调统一的公共政策价值新规范。

3. 价值多元阶段

从根本上讲，对公共资源、社会利益进行分配的标准和方式是由公共政策主体的价值观和价值取向决定的。价值取向是公共政策不可回避的一个重要问题。首先，公共政策是公共政策主体为了解决社会问题、实现公共目标而制定并选择的方案，其过程为公共政策主体的价值选择活动。其次，价值取向规定着公共政策的合法性程度。公共政策的合法性来源于公众对公共政策的接受和支持。再次，价值取向规定着公共政策目标的确立。公共政策制定者需要在多层次、复杂化的目标中做好协调与平衡，其自身拥有何种公共政策价值取向或价值判断，便会确立何种公共政策价值目标。最后，价值取向规定着公共政策的评价标准。公共政策的评价标准是由价值取向决定的，应当体现出合理正当的价值取向。

多元化的社会存在着多元的主体，从而产生多元的利益要求和价值诉求，公共政策便是要满足不同的利益要求和价值诉求。一项政策活动在不同层面上会有诸多价值诉求，会形成公共政策多元价值取向的体系网络。公共政策的价值是一种系统性的存在。首先，任何一项公共政策的制定与实施，都是公共政策主体依据一定的伦理标准进行的价值选择。因而，公共政策主体的多元化使公共政策价值取向呈现出多元化的特征，公共政策的价值取向会受到公共政策主体自身好恶与利益需求的影响。其次，生产力发展、社会环境改变与社会事务增加使政府职能逐渐多样化以便解决更加复杂繁多的公共政策问题。政府通过制定公共政策这一手段来解决公共政策问题并履行自身职能。政府职能的多样化决定了公共政策目标的多元化，进而决定了公共政策价值取向的多元化。公共政策与一般政策间最大的区别是公共性，公共政策伦理依据使得公平正义成为公共政策最主要的价值取向。同时，公共政策还存在着效率、秩序、以人为本、可持续发展等多元的公共政策价值取向。最后，公共政策客体的利益需求是多样化、多层次的，因此公共政策作为有效分配资源、调节利益关系的手段，其价值取向也必然呈现多元化的形态。

三、公共政策的价值取向

在公共政策实施过程中，科学与价值的结合是现代公共管理发展的必然要求。不同的价值主体对价值的理解有所不同。政策主体选择什么样的价值取向就会产生什么样的公共政策。在公共政策制定过程中，探讨并研究公共政策的价值取向是为了坚持正确的价值导向，制定出符合公共利益的公共政策，切实解决公共问题和满足公共需求，由此得到社会公众对公共政策的认可、支持和遵循。

公共政策的价值取向是指对政策系统行为的选择，是对社会资源的提取和分配以及对行为管制的选择，直接影响着公共政策问题的内容构建与公共政策的制定、执行和评估。公共政策的价值取向往往受公共政策对象的需求、公共政策制定者的价值判断和公共政策环境的影响。现代社会是利益多元化的社会，公共政策对象会产生多元化的利益要求和价值诉求，公共政策应满足不同的利益要求和价值诉求。因而，在利益多元化的时代，公共政策的价值取向便呈现出多元化的特征。在当今公共政策的多元价值取向体系构成上，公共政策的价值取向已取得基本共识，应当包含公平、效率、平等、民主、秩序、发展、公共性等价值要素。公共政策价值取向影响着公共政策的整个过程，在公共政策不同环节中关注公共政策价值取向，应有所不同和侧重。

（一）公共政策问题构建的价值取向

公共政策问题构建是公共政策活动的首要环节，基于客观现实确立公共政策目标，价值取向在其中发挥着重要作用。正确的公共政策问题构建，要以公共性作为基本价值取向。事实上，公共政策制定的各个关键节点均体现着公共性。公共政策是用来解决公共问题或实现公共目标的工具，其始终围绕着公共性运行，公共性是公共政策的本质属性与逻辑起点。公共性必然体现公平与正义，意味着从差异中寻求共同的善，亦存在于公民权利的具体化中，也强调公民与公民之间、公民与政府之间形成横向互动的平等关系。

公共性作为公共政策问题构建的价值取向，具有以下几点内涵。第一，公共政策主体为公共权力机构，其权力由公众赋予，公共政策解决的是涉及公众利益的社会问题，而不是涉及个体或某个集体利益的单个问题，因而当公共政策问题构建有关社会诉求和公众需要时，要求公众参与政策问题构建的过程。第二，公共政策具有明确的公共利益取向，即分配、调节以及实现公共利益，政策效益具有共享性，影响的是整个社会，其并不属于个人或某个集体，因此公共政策问题的构建应综合考虑各方利益，以实现公共利益为宗旨，协调好相关者利益。第三，建立并畅通公共政策信息沟通渠道，一方面公众需求可以进入政策系统，实现公众参与，能够及时调整政策方向，另一方面公众也能快速接收到政策问题与进展反馈，以确保公共政策的正当性以及对民意的有效回应性，进而有效实现社会资源的公平分配。

（二）公共政策制定过程的价值取向

公共政策制定过程是指针对某个公共政策问题，收集信息并运用科学的工具而提出一系列解决方案或计划，最终作出决策以确定最优方案，并使其合法化为公共政策的过程。公共政策制定过程的每一阶段均涉及价值判断与价值选择过程，在这个过程中要把握好正确的价值取向，以效率为起点，以公平为目标，以科学化和民主化为路径，秉持以人为本的原则，坚持以公共利益为导向。应对公共政策价值取向进行合理定位和多元整合，制定出合理合法、切实解决问题、受公众认可的公共政策。

效率是公共政策的基本价值取向。该价值取向要求行政主体在公共政策行为过程中应当使用经济有效的方式，用最小的成本获取尽可能多的效用。效率作为公共政策的基本价值取向，实质上是要实现政策资源的有效配置和合理利用。第一，政策资源的有效配置和合理利用可以理解为政策目标实现效率、政策投入产出效率和政策社会整体效率。第二，对效率的追求需要建立在公平公正的基础上，过度追求效率会妨碍社会公平的实现。公共政策的公平价值取向可以理解为通过合理的制度设计和安排，调整和规范人与人、人与社会以及人与自然之间的关系，实现并维护以上关系之间的均衡与有序和谐发展。第三，政策制定要遵循科学化和民主化，一方面要明确政策环境，运用现代化的决策方法和技术，制定符合客观规律的公共政策；另一方面要充分落实民主，决策者和公众均要树立民主意识，使民主化成为反映民意的渠道。第四，公共政策的制定要以人为本，以公共利益为导向，要求公共政策从人民的根本利益出发，尊重人民群众的意愿，实现人民群众的利益、维护人民群众的权利。在公共政策中体现以人为本的价值取向，要确保和落实公共政策权威性分配方案的公平，提高公共政策执行的透明度。

（三）公共政策执行过程的价值取向

公共政策执行过程的关键环节，是实现政策目标、检验政策效果的必要环节。在公共政策执行过程中，价值取向的影响不仅体现在同政策执行主体执行活动中的价值冲突，也体现在政策调控对象与决策者价值取向的冲突中；不仅反映在目标群体规避政策的行为选择上，还体现在政策主体执行政策的具体手段与方式中。因此，在公共政策执行过程中，要坚持以法律为基础、以人为本的价值取向，在公共政策价值取向落实时注重解决政策执行过程中可能存在的价值冲突问题。

以法律为基础的价值取向要求在公共政策执行过程中坚持原则，按照公共政策的规定推行，保证公共政策的统一性、严肃性、权威性。只有保证公共政策的原则性，才能保证社会各方面持续、稳定、协调、有序发展。考虑到实际情况可能具有一定的复杂性，公共政策执行者在不违背公共政策原则和保持公共政策方向的前提下，可采取灵活处理的方式方法，保证公共政策目标的实现。此外，以法律为基础还需注重道德约束，由于公共政策执行者本身道德素质存在差异，可能导致执行手段不当，对公共政策对象造成伤害或损失，因此需要用道德准绳来约束和规范公共政策执行者的行为。

以人为本的价值取向是公共政策的核心价值取向，贯穿公共政策的全过程。以人为本强调对人的关怀和关注，要求在公共政策执行过程中注重维护公民的尊严和权利，要根据不同对象的具体情况制订并实施执行计划，执法方式要突出人性化特点。同时，在影响公共政策执行的因素中，公共政策执行者的影响是至关重要的。在公共政策执行过程中要对公共政策进行广泛宣传并组织学习，培养公共政策对象“以人为本”的价值观。这里所讲的“人”还包括“他人”，让公共政策对象认识到公共政策的执行是有利于公共利益的，从而减少公共政策执行过程中的阻碍。

（四）公共政策评估过程的价值取向

公共政策评估是检验公共政策效果、效益和效率的基本途径，关于公共政策的继续、调整、终结均要建立在科学、系统、全面的公共政策评估基础上。公共政策评估是公共决策科学化、民主化的必由之路，经由公共政策评估得出的结论体现了公共政策的科学性，同时为下一步的民主决策奠定了坚实的基础。公共政策评估阶段公共政策的价值取向必须旗帜鲜明地主张公平公正标准，只有将公平公正作为首要标准去确立评价公共政策的价值取向体系，才能使关注的重点更多地放在一项公共政策实施后在满足特定群体需求过程中社会资源的公平分配程度上，才能符合当今和谐社会建设中的发展主流，才能反映时代进步的要求。

传统上，人们对于效率标准优先的坚持使得公共政策评价体系中效率对公共政策评价结果影响的权重较高，而公平公正的考量权重较低；评价结果的好坏同样注重公共政策在促进经济发展和经济效益方面的作用，而对公共政策本身是否有利于促进社会公平公正的实现则考量较少。当将公平公正作为评价公共政策的重要标准时，必须考虑公民及公民团体在公共政策执行中的参与权是否得到了落实，关注的是在公共政策的实施中，公民享受公共政策利益的权利是否受到了尊重并得到了落实；公共政策是否实现了最广大人民群众的根本利益。只有在强调公平公正标准的基础上，才能进一步构建政策评估的标准体系，以达到政策评估科学性的要求，从而保证政策评估结论的正确。

从本质上来说，公共政策的价值取向不是多种价值的简单排列组合，而是各种价值之间建立起的网络体系，在不同时期，凸显出不同的主要价值取向。公共政策的价值取向关键是要保证公共政策能够良好地处理社会矛盾，能够协调各种社会利益关系，在维护公共利益的同时能够妥善保护个人、集体利益。

专栏 5-1　韦伯的价值中立和价值关联原则

韦伯认为，价值中立和价值关联是社会科学的核心方法论原则，两者既对立又统一。价值中立是指不做价值评判，也称为价值无涉，强调在科学研究中划清描述事实与提出规范性建议的界限。韦伯在强调价值中立的同时，还提出了价值关联的概念。价值关联可被称为价值涉入原则，即研究者必定依据一定的价值（“应然”）与一定的实在（“实然”）发生联系，强调的是社会文化价值对科学研究者的制约作用和科学与社会价值体系的某种统一性。在韦伯看来，学者在选取研究对象时不可避免地受到价值观念的影响。社会科学既是一个具有独立价值系统的活动领域，又是一个具有社会价值系统和文化取向的领域。社会科学研究既要涉及事实描述，即“是什么”，还要涉及规范分析，即“怎么做”。

（资料来源　孙晶晶：《价值关联与价值中立：马克斯·韦伯价值思想探析》，载《理论界》2014 年第 1 期，第 108～110 页。收入本书时有改动）

■ 第二节　公共政策伦理的内容维度

一、政策问题的识别与界定

（一）公共政策问题的含义

传统的政策分析研究很少将注意力放在公共政策问题的本质及分析上。从 20 世纪 80 年代起，公共政策研究者开始将目光转向关注公共政策问题的界定方式与政策分析各个环节的关系上。

对于社会而言，问题通常分为私人问题和社会问题。社会问题一般指超出私人范围，个人无力解决的问题，实质是社会实际状态与社会期望之间的差距，是由社会内部矛盾所导致的妨碍社会全体或部分成员的正常生活、影响社会的全面进步、为社会上多数人所共识并需依靠社会力量加以解决的社会现象。并非所有的社会问题都能转变成公共问题。如果某个问题只涉及少数人的利益，难以得到社会的普遍关注进而形成社会焦点，那么这一问题往往不能成为公共问题。公共问题与社会问题最本质的区别在于公共性。公共问题是社会上绝大多数人或者相当一部分人所遇到的共同问题，它使社会上绝大多数人或者相当一部分人的共同期望无法转化为现实。在众多公共问题中,有许多问题可以通过社会自治、社会组织的力量来加以解决,但由于政府资源的有限性等因素,只有一部分公共问题能够进入政策议程,成为公共政策问题。

公共政策问题是基于特定的公共问题而产生的。当公共政策主体意识到公共问题已经妨碍社会发展,对社会上多数人的利益、生存、发展和价值规范等产生不良影响,且社会上多数人感受到现实中的某些问题与所期望的目标之间差距甚大,公共政策主体也体会到公众的公共意识趋同于公共诉求,那么此问题将会被纳入政策议程,公共政策主体通过公共活动加以干预和解决。因此,公共政策问题的识别与界定遵循着“问题—社会问题—公共问题—公共政策问题”的逻辑转换关系。

(二)政策识别与界定的阶段

公共政策问题的识别与界定是公共政策过程的逻辑起点,具有基础性、导向性作用,对公共政策后续过程具有重要影响。公共政策问题的界定并不仅仅是描述客观现实状况,而是随着社会环境的变化而变化的动态过程。如前所述,并不是所有的公共问题都可以成为公共政策问题,公共政策问题识别与界定的过程便是对公共问题进行权衡和取舍的过程。在这个权衡与取舍的过程中,必然有公共政策主体伦理价值取向的存在。作为公共政策过程的首要环节,公共政策问题的识别与界定一般经历问题感知、问题分析、问题确认等阶段。

第一阶段,公共政策问题感知阶段。公共政策问题既是一种客观存在的状况或事实,也是一种主观感知和认识的产物。公共政策问题会受到大多数社会成员的普遍感知,是社会成员在价值观的作用下感受到差异与不满的产物,与社会需求、公共利益和价值取向相联系。不同的人对问题的认识和感知是不同的,这不仅取决于客观因素,还受主观因素的影响。人们会以各自的价值观去认识和理解社会公共问题,公共政策制定者也有相应的价值判断。因此,公共政策的制定与执行过程是各种政治价值和政策伦理交叉协商的结果。

第二阶段,公共政策问题分析阶段。这一阶段是公共政策问题识别与界定的重要过程,也是整个公共政策过程的首要环节。在公共政策问题分析阶段,需要分析问题产生的原因、思考问题发生后产生的一系列影响等。

每一个社会问题出现的背后都有着诸多复杂的原因。面对复杂的政策诉求和价值标准,分析者根据一定的价值理念和应用一定的分析方法进行比较和预测,以此作为公共政策选择和决策的基础。公共政策问题的分析界定既会受到决策者个人价值观的影响,也会受到决策者所在组织价值观的影响。这一阶段的问题分析主体会依据伦理价值取向对公共问题的重要程度和紧急程度进行分析判断,进而界定公共政策问题。

第三阶段,公共政策问题确认阶段。在对公共政策问题进行感知和分析的基础上,经由公共政策主体确认列入政策议程的公共问题,才会成为公共政策问题。在确认公共政策问题的过程中,存在各种利益群体之间的利益调整和综合,归根结底要符合公共利益的需求。当一项公共问题未引起决策者的足够重视,那么这个问题很难进入政策议程。那些被决策者选中或决策者感到必须对之采取行动的要求构成了政策议程。[①] 确认公共政策问题需要明确公共政策客体的需求,基于公共政策客体的需求,公共政策制定者在确认公共政策问题的过程中要体现个人的伦理价值取向,但个人的伦理价值取向应受到社会公共价值的约束,公共政策问题的确定需要满足社会普遍认可的伦理道德标准。

二、政策伦理目标的合理确定

在明确公共政策问题之后、公共政策伦理方案设计和拟定之前,必须首先要明确公共政策伦理目标。公共政策伦理目标的合理确定是要使公共政策的目标和实际效果符合特定时期、特定政策领域内的伦理规范。公共政策伦理目标与公共政策目标具有一定的价值关联,前者应该从后者的蕴意中寻找存在和发展的合理性。公共政策伦理目标并不是单一的,而是在若干伦理目标相互作用下构成的伦理目标系统。为实现公共政策的理想伦理道德状态,需要遵循事实准则、价值准则和协调准则。

(一)事实准则

事实准则是公共政策伦理目标确立的基本准则。公共政策伦理目标的确立应以公共政策问题为起点,在充分分析公共政策问题及达成公共政策目标的客观性限制条件的基础上,按照现实情况来确定公共政策问题和公

① 安德森.公共政策制定[M].谢明,等译.5版.北京:中国人民大学出版社,2009:69.

共政策目标，既不能凭借主观感受随意想象，也不能超脱现实和太过理想化。在不同的历史时期和不同的发展阶段，各个国家和政府面临的政治环境、经济环境、文化环境、生态环境等社会环境有所不同，社会成员的公共需求表达也会有所不同，所以公共政策的伦理价值目标也会有所差异。因此，必须以尊重事实为前提，明晰公共政策制定过程中所受到的各种约束性条件，结合公共政策问题的实际状况和社会现实环境，依据特定的社会公共伦理价值规范去追求理想化的公共政策伦理目标。

（二）价值准则

价值准则是指公共政策伦理目标的设置要以特定的伦理价值判断为先决条件。公共政策伦理目标的确立关键取决于公共政策制定者的伦理价值取向，且应体现出公共政策主体依据特定的伦理价值标准进行选择的行为。公共政策目标是由众多目标交织构成的，即是由纵横交错的多层次和多方面目标构成的复杂系统，故这些目标之间也会产生矛盾和冲突。这就需要公共政策主体在其中担当协调者的角色，发挥平衡各目标的作用，进一步选择适宜恰当的公共政策伦理目标。公共政策制定者的个人价值选择会受到组织价值观、政策价值观、社会公共价值观等的影响和约束。政策制定者的价值判断在很大程度上会决定选择和确定什么样的公共政策伦理目标，其选择行为必须服从社会普遍认可的价值准则。只有符合社会公认价值观的公共政策伦理目标，才能得到社会成员或社会大众的接受和支持，才能积极促进公共政策目标的实现。

（三）协调准则

协调准则是对公共政策伦理目标进行协调，以避免多元伦理目标之间产生冲突或扩大冲突。由于利益群体的不断分化，不同利益群体往往有着不同的利益需求和伦理价值取向，这就造成公共政策伦理目标的多元化，甚至会导致目标间的矛盾和冲突。在政策目标系统中，主要目标和次要目标、长期目标和短期目标、经济目标和社会目标等错综复杂地交织在一起，它们之间不可避免地会产生冲突和矛盾，应如何取舍、如何分清并确定目标的主次轻重，则需要对各个目标进行协调。公共政策所追求的伦理目标包括效率、公平、社会秩序、可持续发展以及以人为本等。一项公共政策若要最大限度地满足某一伦理目标的要求，则可能会对其他伦理目标的实现造成一定的损害。因此，在公共政策目标确立的过程中，应协调好各目标间的关系，使公共政策伦理目标定位准确，避免冲突。

三、政策利益的合理分配

公共政策的实质是反映并调节各种利益关系，如果没有利益的存在，公共政策也就失去了价值。公共政策对利益的分配是动态过程，包括利益选择、利益综合、利益分配和利益落实。公共政策方案的设计与选择是以调节利益关系、缓解利益矛盾与利益冲突为目的的。政府通过公共政策的调节功能来协调不同群体之间的利益关系，使原有的利益关系、利益结构发生变化，以期形成一种新平衡状态的利益格局。因此，面对公共政策制定及执行过程中普遍存在的利益关系，需要进行系统的利益分析。

（一）建立公开透明的利益分配机制

公共政策的本质是政策利益的分配，即更好地满足各利益主体的合理利益需求，并最终实现公共政策目标。但实际中由于利益主体的多元化以及相互间的利益冲突，使得一方主体利益的增进可能会损害其他主体的利益。因而，绝对公平的利益分配难以实现，必须结合公共政策制定和执行的现实条件，追求公共政策利益的相对公平。第一，政策制定者应该保持公开透明，让公众能够了解公共政策的制定过程和依据；加强对公共政策的宣传，让公众了解公共政策的背景、目的和实施方式，推动公共政策制定的公开化、透明化，以提升公共政策的合法性。第二，推动公众参与，公共政策制定者需要鼓励公众参与公共政策的制定和评估，了解公众的需求，以体现民意，使公共政策反映人民群众的利益和愿望。第三，从保障基本合法利益、维护核心公共利益、补偿受损合理利益、促进主体利益契合的基本原则出发，积极听取各方意见，充分考虑各方利益，实现相对公平的公共政策利益分配，争取做到对社会资源的公平分配。

（二）推进公平公正的利益协商对话

制定公共政策的过程是对社会利益重新分配的过程，利益分配既能使部分人获得利益，也可使部分人失去利益，这种矛盾和冲突不可避免。因此，如果要很好地进行公共政策制定过程中的利益分配与整合，需要推进公平公正的利益协商对话，完善利益协调机制。这样公共政策制定主体在对公共利益进行总体把握的基础上，才能对各种利益进行综合考量，对直接利益与间接利益、现实利益与未来利益、长远利益与短期利益有一个全面整体的认识和把握，协调各种矛盾，从而保证公共政策的有效制定，保证公共利益的实现。

协商对话强调民主参与主体的广泛性和平等性，给公众提供了自由表达利益和建议的机会。公共政策的制定需要多元利益表达，形成良好的双向互动，有助于制定科学的公共政策。当前各种社会利益错综复杂、盘根错节，种种新矛盾新问题层出不穷，利益冲突日渐突出。推进公平公正的利益协商对话，可以有效协调利益矛盾，维持社会秩序，同时可以传达有关政策信息，促进广泛参与、公开讨论和平等对话，有助于形成公共政策决策结果的最优化。

（三）健全公共政策的损益补偿机制

在利益多元化的今天，每项公共政策都难以囊括所有人的利益诉求。公共政策的实施在惠及大多数人利益的同时可能会使一小部分人利益受损，公共政策损益补偿机制就是为弥补这部分利益受损主体而进行的制度设计。公共政策损益补偿是指当一项致力于公共利益的公共政策实施导致了一部分人的正当利益受损，为平衡协调利益关系，通过其他政策或措施给这部分人以合理的补偿。

第一，应健全公共政策损益补偿的法律法规。合理补偿指的是在坚持公平和正义的前提下，结合当地经济发展水平，对利益受损主体受到的直接、间接经济损失给予补偿，使其生活至少不低于原有水平并有不断提高的一种潜能性补偿。第二，应明确补偿的主客体及其权利义务，加大补偿程序对补偿活动的约束力。第三，应明确政策主体职能，规范政策主体行为。政策主体是最大范围内公共利益的代表，在损益补偿中，不仅要考虑广大潜在受益者，还要考虑眼前的实际利益受损者，尽量给实际利益受损者以公正合理的补偿，当好“裁判员”。

（四）完善公共政策监督与反馈机制

当政府行为逾越本身的职能界限、利益界限时，就会侵害到国家、社会、人民的利益，因此政府的作用必须限定在一定范围内，而且公共政策的制定也要放在法律的框架内。公共政策的制定要充分发挥立法机构、司法机构、行政机构内部、公民个人、大众媒体的监督制约作用，以保证公共政策的制定符合公共利益。每一项公共政策都有一定的弹性空间。弹性空间的存在为政策主体的偏差行为提供了现实的可能性。

第一，建立健全相应的法律法规体系，制定公共政策执行监督的法律法规，从法律上具体规范和明确各监督主体间的职责、权力与责任，监督的范围、程序、方式与方法，监督主体之间以及监督主体与公共政策执行客体之间的权利义务关系，形成全方位、多层次的公共政策执行监督网络。第二，强化监督主体的独立性和权威性，及时采取有效措施完善领导体制，从制度上确保监督机构的独立性并增强监督机构的权威性。同时给予专门监督机构独立的人事任免权以及财政预算权。第三，加强政策执行的责任追究，在授予公共政策执行主体公共权力的同时，必须充分明确其职责范围，设定“以责任制约权力”的制约机制，加强对公共政策执行主体的责任追究，确保公共政策执行主体职、权、责相一致。

专栏 5-2 上海市交通管理部门“钓鱼执法”事件

上海市交通管理部门“钓鱼执法”事件发生初期，在网络平台上迅速汇集了众多网民对“钓鱼执法”的强烈谴责情绪，引发热烈讨论，随后在公众和大众传媒的扩散下，“钓鱼执法”从网络事件逐渐演变为公共问题，扩散至现实社会，网络民意、传统媒体、专家学者纷纷对此提出看法与建议。在问题识别与界定阶段，该事件引发了公众对行政执法人员在行政执法过程中的取证是否合法以及如何改正执法行为的思考。由此，分析得出政府部门执法不当与客观社会问题并存是“钓鱼执法”现象产生的原因。政府部门对“钓鱼执法”现象的重点关注，逐渐推动政府针对规范执法人员执法行为这一问题进入政府议程，并促使上海市政府发布了《上海市人民政府关于进一步规范和加强行政执法工作的意见》及《上海市行政执法人员执法行为规范》，相关公共政策以规范文件的形式得以出台。

（资料来源　高青霞，罗怡懈：《论网络舆论监督作用的发挥：以上海“钓鱼执法”事件为例》，载《新闻世界》2011 年第 1 期，第 87～88 页。收入本书时有改动）

■ 第三节　公共政策的伦理环境

一、政策伦理环境的含义与本质

（一）环境与政策伦理环境

环境是相对于中心事物而言的，与某一中心事物有关的周围空间和事物就是该中心事物的环境。在环境科学中，环境一般指围绕人群的空间以及其中可以直接、间接影响人类生活和发展的各种自然因素的总和。在人文社会科学中，环境不仅指各种自然因素的总和，还包括各种观念、关系、制度等社会性的非物质因素的总和。总体而言，环境是与人的生产、交往和生活相关的自然因素、地理空间和社会空间，以及空间中的物理事实、社会事实和精神事实。政策伦理环境是指围绕某一中心事物而存在的，并对这一中心事物产生影响的伦理观念、伦理关系、伦理制度等各类伦理因素的总和。①

公共政策与环境密不可分。公共政策总是根据特定的环境制定并随着特定环境的变化而进行相应调整，以适应变化发展的环境要求。环境对公共政策的影响主要体现在经济、政治、文化、社会等方面。政策环境要素不仅会影响政策制定和政策系统，而且会影响政策执行效果。环境是公共政策赖以存在的前提和基础，公共政策必须适应环境，环境的变化是公共政策变革的压力和动力；反过来，公共政策会影响环境，对环境起着能动的反作用。从系统论的角度出发，环境对公共政策制定系统及其产物发生或多或少、或直接或间接、或强烈或一般、或明显或隐晦的影响，并从根本上决定了公共政策制定系统的组织特性和功能。②

公共政策环境是指围绕公共政策这一中心事物并影响公共政策的所有外部因素的总和。伦理环境是公共政策环境的组成部分。公共政策伦理环境是指围绕公共政策存在，并对公共政策产生影响的伦理观念、伦理制度、伦理关系等的总和。公共政策伦理环境可以分为传统伦理环境和现代伦理环境。

---

① 许淑萍．公共政策伦理［M］．北京：社会科学文献出版社，2018：110.

② 张国庆．公共政策分析［M］．上海：复旦大学出版社，2010：39.

（二）公共政策的伦理环境分类

以公共政策伦理环境影响的范围为标准，公共政策的伦理环境可分为社会伦理环境、组织伦理环境、政府伦理环境和个体伦理环境。

1. 社会伦理环境

公共政策的社会伦理环境是指由社会伦理构成的公共政策运行环境，是公共政策问题界定、公共政策方案设计及选择、公共政策执行监督及评估的约束性条件。社会伦理是社会中存在并倡导的伦理价值，是社会对某一特定中心事物的善恶评价以及所形成的伦理行为规范。社会伦理价值可以分为主流社会伦理价值和非主流社会伦理价值，前者在社会中处于主导地位，受到绝大多数社会成员的认可和赞同，能得到国家政权机关的支持；后者则为少数人认同，处于非主导地位的伦理价值。绝大多数社会成员所形成的主流伦理价值，往往是社会成员集体无意识的结果，即绝大多数社会成员对于正义与非正义、善与恶的判断无意识中形成了共同的评价。公共政策必须遵循社会主流伦理价值，否则公众对公共政策的接受度不足，将损害公共政策的合法性。

公共政策的社会伦理环境一般通过两种方式对公共政策产生作用，一是舆论评议，即公众以社会伦理观念为标准对公共政策行为进行评议，政府接收到公众关于公共政策的评议后，为提升公众认可度，便会对公共政策行为作出必要调整。二是内化为公共政策主体的价值观念，即各级各类公共政策主体认可、理解、接受社会伦理观念并内化为内心的道德自觉，由此绝大多数社会成员认可的伦理标准便成了公共政策行为的基本价值判断，从而得到公众的认可。注重社会伦理环境则应关注公众对公共政策的评价，政府塑造社会伦理环境也要基于公众的伦理价值。

2. 组织伦理环境

公共政策的组织伦理环境是指社会上相关组织围绕公共政策伦理价值所形成的公共政策执行中的约束性条件。公共政策的组织伦理环境通过以下方式对公共政策产生影响。一是组织的伦理价值会影响甚至控制组织成员的工作态度，进而影响组织成员在公共政策执行、评估等行为中的态度。二是组织通过伦理价值影响进而控制组织成员的工作行为，尤其是公共政策行为。正式组织会对组织成员的公共政策行为进行正式的伦理评价并通过奖惩制度来强化组织成员行为，非正式组织会通过小组织控制手段来影响公共政策行为。关注公共政策的组织伦理环境应重点关注正式组织伦理及非正式组织伦理与公共政策目标的一致程度。

3. 政府伦理环境

公共政策的政府伦理环境是指政府所持有的伦理价值观念构成了公共政策运行的约束性规则和条件。政府伦理是关于政府应该做什么、不应该做什么、什么样的政府是善的和正义的等问题的价值判断，是评价政府公共政策行为的根本价值标准。公共政策是政府行为之一，应符合政府行为的伦理原则。公共政策受政府伦理直接制约。

公共政策的政府伦理环境一般通过两种方式来影响公共政策行为。一是通过政府伦理决定政府的职能范围，从而决定公共政策发挥作用的边界。二是限制公共权力的作用领域和作用方式，即政府伦理价值通过评价公共权力的作用范围与作用方式来引导公共权力行为的方向和行为的力度，从而助推公共权力走向正义。政府伦理环境对公共政策起直接约束的作用，可以说是公共政策的次宏观伦理环境。政府伦理环境直接影响公共政策问题界定以及方案设计、执行、评估等环节。

4. 个体伦理环境

公共政策的个体伦理环境是指个体伦理中具有特殊性的部分围绕公共政策发挥作用，并影响公共政策过程，在事实上构成了公共政策运行的潜在约束性规则。个体伦理是指社会中的个体对于善恶、应该与不应该做什么所形成的一种价值判断。个体伦理的形成与社会风俗习惯、法律、教育、个人经历等相关。

公共政策的个体伦理环境主要通过三种方式对公共政策产生影响。一是个体将自身的价值判断、伦理意识社会化，从而使个体伦理转化为组织伦理、政府伦理、社会伦理，通过其他伦理形式对公共政策发挥作用。二是个体以自身的价值判断、伦理意识直接影响公共政策主体，由此对公共政策产生影响。三是个体是公共政策的主体之一，自身的价值判断、伦理意识对公共政策运行过程产生影响。公共政策运行过程是一个多主体参与的过程，作为公共政策主体之一的个体本身是一个理性且有独立意识的人，因此公共政策主体在做决策时难以避免自身价值判断的涉入。

（三）政策伦理环境的本质

从系统论出发，任何系统想要生存必须与所在环境发生正能量的交换。

也就是说，系统要与环境相适应。公共政策作为一个开放系统，会受到公共政策伦理环境的制约。从公共问题进入政策议程成为公共政策问题到公共政策主体及社会成员认可解决该问题是对正义的追求，再到公共政策制定过程中选择公共政策方案，进而到公共政策执行过程中对执行方案的认可程度，最后到在公共政策评估过程中选择评估立场及评价，都与公共政策伦理环境中的伦理价值有着密切的关系。只有与公共政策伦理环境中的价值观念相一致的公共政策才能从环境系统中获取正能量，才能推动公共政策的执行落实。

新制度主义认为，伦理道德是约束社会成员行为选择的非正式制度，公共政策是约束社会成员行为选择的正式制度。正式约束只有在与非正式约束相容的前提下，才可以发挥作用。也就是说，公共政策伦理环境本质上是公共政策运行过程中所受到的潜在约束性条件。公共政策伦理环境的本质是公共政策伦理环境的根本性质，是公共政策与伦理环境两者之间的内在联系。

从利益论角度出发，公共政策和利益相关，公共政策行为实质上是分配和增进利益的过程，公共政策与公共利益密不可分。伦理观念是处理个人利益与社会整体利益的评价标准。公共政策伦理环境中充满着各种伦理观念，是人们关于利益分配评价观念的集合，这些观念围绕公共政策发挥作用，对公共政策制定、执行等过程产生影响。因此，公共政策伦理环境是公共政策主体在公共利益分配过程中所受到的约束条件。

二、政策伦理环境的影响与作用

公共政策伦理环境是围绕公共政策而产生的伦理环境。公共政策伦理环境围绕着整个公共政策过程，包括公共政策的制定、执行、评估、调整、终止等整个公共政策生命周期内的各个环节。公共政策伦理环境中的伦理观念、伦理制度、伦理关系等对公共政策产生的影响是全方位、全过程、持续而深远的。

（一）公共政策伦理环境约束公共政策运行的有效性

围绕公共政策这一中心事物而存在并发挥作用的伦理准则是存在并作用于公众内心的，体现了公共政策伦理环境的主观性。同时，公共政策伦理环境是客观存在的，是公众对公共政策的一种评价，同时也是对公共政策制定、执行、评估、调整以及终止的一种客观约束。如果按照特定的价值观，公众对公共政策的评价是负面的，那么就会失去公众的认可和支持，该公共政策也就失去了合法性基础，进而可能扩大对公共政策主体合法性的影响。因此，公共政策伦理环境约束公共政策运行的有效性。公共政策受公共政策伦理环境的客观制约。只有符合公共政策伦理环境中的伦理观念的公共政策才可以生存并执行下去。如果与公共政策伦理环境中的伦理观念相违背，那么公共政策将难以为继，会被公众抛弃。公共政策的运行只有符合公众对正义、公平、善的理解和评价，才能继续生存和发展，才能获得公众的接受和支持，由此，公共政策才具备合法性基础。

（二）公共政策伦理环境稳定调整公共政策活动

公共政策伦理环境是随着一定的社会经济的关系变化而变化的，具有历史的变动性。在人类社会的发展进程中，伦理道德以及由伦理道德构成的伦理环境是不断变化的。因此，公共政策伦理环境是动态调整的。同时，在一定的时间和地域内，社会中占主导地位的伦理道德规范是稳定的，因而由社会伦理所构成的公共政策伦理环境也是相对稳定的。伦理道德的发展是一个继承和发展相统一的过程。因而，公共政策伦理环境动态且稳定地影响着公共政策。在既具有动态性，又具有稳定性的公共政策伦理环境的作用下，公共政策活动应顺应公共政策伦理环境的变化作出适当调整，这样既能够避免公共政策活动随意变动调整，又能够避免在选择并确定公共政策方案后出现绝对稳定和一成不变的现象。

（三）公共政策伦理环境影响公共利益分配

公共政策伦理环境是多个方面的复合体，呈现出多元化的态势。不同社会阶层因其所拥有的资源和地位的不同，伦理道德观念会有所区别，对公共政策的具体看法和评价也会有所差异。公共政策伦理环境具有影响范围的多层次性和伦理的多层次性。从影响范围的多层次性上来看，公共政策的伦理环境包括社会伦理环境、政府伦理环境、组织伦理环境、个体伦理环境。从伦理的层次性上来看，在公共政策伦理环境系统中，自上而下依次是公共政策的伦理理想、伦理制度、伦理规则、操作性的伦理要求。复杂的公共政策伦理环境内含多元、多层次的伦理观念，影响公共利益分配。这种对公共利益分配的影响要求政府在对公共政策行为进行选择时以及在公共政策运行过程中，必须按照公众普遍认可的主流伦理价值观念来进行，只有这样，才能使运行的公共政策得到人们的认可与支持。

（四）公共政策伦理环境提供政策伦理成长空间

伦理观念的隐性部分主要表现为习俗、习惯以及人们的常识，其通过人们潜意识的行为和无意识的行为作用于公共政策，构成公共政策的隐性伦理环境。伦理观念的显性部分以文本形式表现，例如法律对公务员行为规范的规定，构成了公共政策的显性伦理环境。显性的公共政策伦理环境通过法定程序以文本的形式呈现在人们面前，成为约束公共政策行为的一个重要显性边界，使违背公共政策伦理环境的公共政策行为明确且肯定地被止步在边界之外。公共政策伦理环境的隐性部分和显性部分都对公共政策行为产生较大影响，对公共政策的制定、执行、评估、调整、终止具有约束性，能够使公共政策主体在整个公共政策过程中全面遵循社会伦理道德的要求，增加公共政策的公众认可度和合法度。总的来说，公共政策伦理环境为公共政策伦理的发展提供了成长空间，公共政策伦理环境的优劣好坏对公共政策的质量具有较强的引导和规范作用。

三、政策伦理环境冲突

公共政策伦理环境是公共政策环境的一个子系统，包括个体、组织、政府以及社会等层级从传统到现代的各种伦理观念。当不同的公共政策伦理环境共同作用于同一项公共政策时会产生公共政策伦理环境冲突。公共政策伦理环境冲突会减弱公共政策的有效性。

（一）个体伦理环境与政府伦理环境之间的冲突

个体伦理环境与政府伦理环境之间的冲突是指当个体伦理与政府伦理同时作用于公共政策出现不一致的情况时所产生的冲突，具体有两种表现形式。一是个体坚持自身的伦理价值取向而反对或反抗公共政策的行为，例如无直接利益冲突的群体性事件。二是依据公共政策主体的伦理价值取向而制定损害他人利益的公共政策，导致个体反对行为的发生。解决个体伦理环境与政府伦理环境之间的冲突，首先要注意冲突性质，避免出现因政府伦理失范和个人伦理扭曲而出现冲突；其次是控制两者的冲突规模，使两者的冲突在可控范围内。

(二) 个体伦理环境与组织伦理环境之间的冲突

个体伦理环境与组织伦理环境之间的冲突是指当个体伦理与组织伦理同时作用于公共政策出现不一致的情况时所产生的冲突。无论是在正式组织内还是非正式组织内,组织成员之间个体伦理价值观均会有所不同。个体伦理环境与组织伦理环境之间的冲突有两种表现形式。一是个体伦理主动与组织伦理发生冲突,这是因为社会中的个体感知到组织的伦理价值观已无法适应当前公共政策的需要,或者感受到组织在公共政策行为过程中出现伦理失范的情况。二是组织伦理主动与个体伦理发生冲突。当组织感知到某个成员或社会其他个体所拥有的伦理观念对组织信念、目标、行为等产生消极影响时,组织伦理环境就会与个体伦理环境产生冲突。面对冲突,双方要在维护社会正义的前提下共同成长与发展。

(三) 个体伦理环境与社会伦理环境之间的冲突

个体伦理环境与社会伦理环境之间的冲突是指个体伦理和社会伦理同时作用于公共政策出现不一致的情况时所产生的冲突,本质上是社会主流伦理价值观与非主流伦理价值观之间的冲突。事实上,主流伦理价值观是社会上大多数人所持有的伦理价值观,表现为社会伦理;非主流伦理价值观是少数个体所持有的伦理价值观,表现为个体伦理。两者之间冲突的产生主要源于个体是具有强烈自我意识的,存在反对主流的心态。调解个体伦理环境与社会伦理环境之间的冲突需要将冲突控制在适当范围内,避免失控。

(四) 政府伦理环境与组织伦理环境之间的冲突

政府伦理要求政府行为要站在公众的立场上,组织伦理则要求组织成员更多为自身利益考虑。政府利益要符合公共性,而组织利益并不总与整体利益相符合。政府伦理环境与组织伦理环境之间的冲突表现在三个方面。一是目标与手段的背离。政府伦理要求政府的公共政策行为以维护公共利益为首要目标,体现公共性,而组织伦理要求政府在执行公共政策的过程中要维护自身权力,严格按照行政程序执行。二是地方保护主义与部门本位主义的存在。地方保护主义和部门本位主义造成地方政府和政府部门在制定、执行公共政策过程中不顾国家的要求,作出有利于地方政府或政府部门的选择,背离人民群众的利益。三是非正式组织的非法公共政策行为。非法公共政策行为主要表现为腐败，腐败分子通过非法行为为团体和个人谋取非法利益。解决两者之间的冲突应侧重于规范组织伦理。

（五）政府伦理环境与社会伦理环境之间的冲突

政府伦理本质上来说维护的是政府利益，社会伦理则反映的是社会利益。政府伦理与社会伦理之间的冲突根源在于伦理立场的不一致，冲突的本质在于利益冲突。政府伦理环境与社会伦理环境之间的冲突主要表现在两个方面。一是在某些时候，政府与社会之间的对立。如果政府运用强制性权力来压制社会性力量，将政府利益凌驾于社会利益之上，那么公共政策成为依赖于政府强制力并为政府利益服务的工具。二是有的地方政府忽略社会舆论、社会习俗，导致公共政策在现实中难以执行下去。解决社会伦理与政府伦理在公共政策过程中的冲突需要政府始终站在广大人民群众的立场上，使政府利益与绝大多数人民群众的利益保持一致。化解社会伦理与政府伦理两者之间的冲突，最重要的是应始终站在公共利益的角度，维护并增进公共利益。

（六）组织伦理环境与社会伦理环境之间的冲突

组织伦理环境与社会伦理环境之间的冲突是指组织伦理与社会伦理之间同时作用于公共政策时出现了不一致的情况。组织伦理对社会发展来说是不可缺少的，组织伦理环境与社会伦理环境之间的冲突有两种表现形式。一是组织伦理主动与社会伦理发生冲突，二是社会伦理主动与组织伦理发生冲突。当组织察觉到社会伦理在公共政策过程中威胁到本组织的利益时，便会主动对社会伦理发生冲突，对其进行干扰、抨击等。当社会感知到某些组织的存在及其行为会对自身伦理价值产生威胁时，就会加大对社会伦理的宣传，对组织伦理进行规范或抨击。解决组织伦理环境和社会伦理环境之间的冲突，需要对公共政策过程中非法组织的伦理观进行批判，对公共政策过程中的合法组织及其伦理价值观采取平等包容的态度，同时应注重强化社会主义核心价值观。

■ 第四节　公共政策伦理评价

一、公共政策伦理评价的内涵与作用

现代意义上的公共政策评价，兴起于20世纪初以美国为代表的西方发达国家。第一次世界大战之前，一些研究者便运用统计学、社会学等方法对特定领域内的公共政策进行分析评价。20世纪30年代，诸多研究者运用社会研究方法对政策行为及其效果进行评价，但这一阶段侧重的是对政策效率结果的评价，忽视了伦理价值。20世纪六七十年代，西方国家开始强调价值判断在公共政策评价中的重要作用，价值分析在系统分析和政策科学中是至关重要的①，伦理评价进入研究者的视野。20世纪90年代，对公共政策的评价逐渐向公共政策的伦理评价转变，公共政策伦理评价的标准逐渐丰富。

（一）公共政策伦理评价的内涵

公共政策伦理评价是指依据一定的伦理道德标准，按照一定程序，对公共政策内容、过程以及效果进行是非善恶的判断和评价。公共政策伦理评价的目的要求公共政策主体在公共政策过程中，始终坚持正确的价值导向，保证公共政策具备较高的伦理水平，助推实现社会公平。

第一，公共政策伦理评价贯穿公共政策全过程。从政策过程来看，伦理道德观念、价值观等渗透公共政策的每一个环节，即公共政策全过程都涉及伦理问题，包括公共政策问题界定、公共政策方案设计及选择、公共政策制定执行评估及终止。因此，在对公共政策进行伦理评价的过程中，依据正确的伦理评价标准是科学评价公共政策的重要前提条件。

第二，公共政策伦理评价是评价公共政策的伦理化程度。公共政策在对公共政策方案进行价值判断和伦理选择时，由于一项公共政策常常涉及多层次、多方面、不同程度的复杂伦理问题，难以将对公共政策方案的评价简单归为善或是恶，因而选择符合伦理要求的公共政策方案只能是符合一定的伦理水平和一定程度上的伦理要求。公共政策主体是在不同伦理水平

① 克朗.系统分析和政策科学[M].陈东威，译.北京：商务印书馆，1985：34.

的政策方案中选择更高伦理要求的一项公共政策方案。

第三，公共政策伦理评价的尺度是社会伦理原则。一般来说，公共政策伦理评价的尺度是在社会管理实践中形成并得到社会公众普遍认可的伦理道德原则和规范。

第四，公共政策伦理评价是组织和社会公众普遍参与的活动。公共政策伦理评价的评价主体是多元的，包括专业的伦理评价组织、政党组织、立法机关、司法机关、行政机关、社会组织、社会公众、大众媒介等。多元评价主体的伦理价值观、伦理素质、评价能力直接影响到公共政策伦理评价的效果。

（二）公共政策伦理评价的作用

第一，公共政策伦理评价为公共政策调整提供了重要依据。公共政策伦理评价主体运用既定道德规范，对公共政策过程是否符合伦理道德规范以及公共政策是否达成预期目标和效果进行评价，由此得出的评价结果可以作为调整公共政策的重要依据，使公共政策的运行保持在合理且符合伦理道德规范的范围内。

第二，公共政策伦理评价有利于选择合理的公共政策价值取向。现代社会，人们有着多元化的利益需求。以往的公共政策对伦理价值目标的重视程度不够，公共政策作为分配和调整公共利益的重要手段，对解决和满足公众需求的重要性较为突出。这就需要通过对公共政策的效率、公平、可持续发展等伦理价值进行全面评价来界定公共政策过程中存在的伦理问题，进而选择更为合理的公共政策价值取向。

第三，公共政策伦理评价有利于引导社会道德。公共政策的规范功能，能够引导社会成员的行为、观念、价值取向和价值选择。公共政策伦理评价不仅对公共政策行为具有示范和伦理规制作用，而且影响着社会整体伦理道德的发展方向，能够引导社会道德建设朝积极的方向发展，为优化社会道德风尚塑造发展环境。

第四，公共政策伦理评价是实现公平正义的重要手段。公共政策重要的伦理价值目标是实现公平正义，这关系到公共政策的合法性问题也关系到公众利益和社会稳定。为实现公平正义，公共政策要妥善协调好各种利益关系。公共政策伦理评价可以帮助公共政策合理配置资源并满足公众需求，确保公共政策的公平正义能得到具体落实。

二、公共政策伦理评价的标准

公共政策伦理评价的标准是评价主体对公共政策过程及其结果作出价值判断的基本依据和着眼点。公共政策伦理评价应遵循特定的伦理规范要求,即在社会管理实践中形成并得到社会公认的伦理原则和道德规范。伦理原则和道德规范是一个历史范畴,其内涵和外延是不断发展的。伦理原则和道德规范是同特定时代的政治经济文化、社会结构紧密联系在一起的。因而,公共政策伦理评价的标准是随着历史的发展、时代的进步不断变化的。

(一)西方国家公共政策伦理评价标准

1. 功利主义的最大多数人的最大幸福标准

功利主义注重决策的后果或最终结果,行为的善恶完全取决于行为产生的结果,如果结果是好的,行为就是善的,反之,则是恶的。善的行为是指比任何其他可供选择的行为产生、将要产生或意欲产生至少一样有益的行为。英国哲学家密尔认为,功利主义者以幸福为标准确定行为的正当性时,并非是指行为者自己的幸福,而是指一切相关的人们的幸福。功利主义评价一项政策效果的关键,就在于政策是否为最多的人带来可以计算的最大幸福。

2. 康德的责任义务标准

康德认为,评价公共政策的基本依据不在于它所预期的效果,也不在于以这种效果为动机的任何行为原则,而是看它是否出于责任。康德认为,责任或义务是一切行为的道德价值来源和标准,一切行为只有出于责任或义务,才具有道德价值。康德认为,必须把人当作道德的主体,把人类作为目的,而不要把人只是当作实现目的的手段。

3. 罗尔斯的分配正义标准

罗尔斯将正义作为判断政治、法律、社会制度以及各种思想理论的是非、善恶的标准。罗尔斯的正义论标准,有两项重要原则。第一,平等自由原则。每个人在“原始状态”中都是“自由而平等的道德人”,他们都拥有最大限度的基本自由。第二,机会的公正平等原则和差别原则的结合。政府应当坚持将多种职务向所有人平等地开放,社会经济利益的分配应当在保证机会均等的条件下,对那些在合作体系中最不利者给予一定的补偿。其中，第一原则优于第二原则，第二原则中的机会公正平等原则又优先于差别原则。公民最基本的权利应当被平等地分配，而不能受制于任何政治交易，同时还要尽可能平等地分配社会合作所产生的利益和负担。

（二）当代社会的公共政策伦理评价标准

1. 公共利益标准

公共利益标准是公共政策的核心价值标准，对一项公共政策进行评价需要判断这一公共政策是否将实现公共利益作为核心价值目标，是否始终坚持以公共利益为出发点。公共利益是公共政策公共性的表现，公共政策是对公共问题的回应，是公共意志的表现，是公共政策应当体现出的伦理精神。无论是按照公共利益的要求还是按照公共政策合法性的要求，公共政策获得合法性的途径都是符合并满足公共利益，回应公众需求，表达公众意愿，按照法定程序运行，这样才能得到公众的认可和支持。公共利益是社会不同利益主体之间利益的融合，公共政策的本质是对公共利益的集中反映，公共政策过程是对各种利益关系进行调整融合的过程。

2. 公平公正标准

公平公正标准作为社会的一种基本价值观念和原则，与一定的社会制度相连接，并以此为基础规定着社会成员的基本权利和义务，规定着资源和利益在公众之间进行适当合理的安排和分配。公共政策主体应具备维护社会公平的责任理念，保证公共政策的公正合理，提高自身的伦理判断和伦理选择能力。公共政策目标应体现社会公平，应始终将社会公平作为公共政策的伦理目标和首要价值。公共政策的公平性还需要程序的公开性予以保障，公众参与公共政策过程可以有效防止公共政策对个人利益与集体利益的偏袒。通过公共政策的制定和实施，有效调节社会利益关系，保持社会稳定发展。

3. 效率标准

在公共政策伦理评价标准中，效率与公平正义是相伴相生、互不可缺的。公共政策是以公共利益的最大化为目标，追求公平正义是公共政策重要的伦理原则和价值取向，但最终是在坚持公平正义原则的前提下有效率地促进公平正义目标的实现。只有当经济效率与社会发展的基本宗旨相吻合的时候，效率才具有正向意义。效率是实现公平正义的必要条件，公平正义有助于实现行政效率最大化。效率反映公共政策资源配置的有效性，公平正义则反映社会价值分配的合理性，效率与公平正义共同构成了公共政策的双重价值取向。因此，要在保证公共政策公平正义原则的前提下获得效率，再以此效率促进社会全面稳健发展，实现公平正义和效率双赢。

4. 人的全面发展标准

人的全面发展标准要求评价主体在对公共政策进行伦理评价时，应重点考虑公共政策是否尊重了人的社会价值、个体价值、能力差别、独立人格、自我追求，是否解放了人的潜能，公共政策是否帮助人们去发挥潜能，是否促进了人与自然、社会的和谐相处，是否实现了物质与精神的协调追求，是否实现了人的自由全面发展。

三、公共政策伦理评价的影响因素

（一）多元化的公共政策目标

随着社会的不断发展，社会事务日趋增加，政府的职能范围愈发广泛，政府职能呈现出多样性和多层次性的特征，由此催生出公共政策目标的多元化。

从公共政策涉及的领域出发，公共政策目标可以分为社会目标、经济目标、政治目标、文化目标和生态目标等；从公共政策层次来看，公共政策目标可以分为元目标、基本目标、具体目标；从公共政策的作用时间来看，公共政策目标可以分为长期目标、中期目标、短期目标；从公共政策作用的地域范围来看，公共政策目标可以分为全国性目标和地方性目标；从公共政策的地位来看，公共政策目标可以分为主要目标和次要目标。

多元化的公共政策目标决定了公共政策伦理评价的标准也是多元的。此外，需要公共政策来调整和解决的公共问题往往是由多个问题构成的且涉及诸多方面。因此，在对公共政策进行伦理评价时需要采用多元化的伦理标准对同一公共政策进行评价活动。然而，多元化的公共政策伦理评价标准之间也会存在矛盾和冲突。例如，经济快速发展的同时造成了资源的过度消耗，经济发展迅速所付出的环境成本亦不可忽视。因此，多元化的公共政策目标造成了公共政策伦理评价主体难以判断以何种标准进行评价。

（二）公共政策伦理评价主体的价值取向

价值取向反映的是拥有自身价值观的某一主体在处理各种关系、矛盾和冲突时所持有的基本立场、基本态度和基本价值倾向。价值取向具有一定的引导能力，公共政策伦理评价无法离开价值取向的引导，其引导能力表现在价值取向可以通过内化的方式转化为公共政策伦理评价主体的行为准则，进而引导公共政策伦理评价主体的评价行为。

价值取向贯穿公共政策伦理评价的全过程，反映出公共政策伦理评价主体在评价活动中的倾向。在公共政策伦理评价过程中，公共政策伦理评价主体以自身某种特定的价值取向为引导，对公共政策过程、结果以及公共政策主体的行为进行伦理评价。公共政策伦理评价主体选择不同的价值取向和价值判断标准，就会产生不同的评价结果。由于公共政策伦理评价主体的某些自身因素（例如社会经历、知识水平、社会地位等），会使公共政策主体在对公共政策进行是非善恶、公正与否的主观评价时，往往坚持自身的价值取向和价值判断标准，而不是依照社会公认的价值取向和价值判断标准，这就会导致某些公共政策伦理评价主体对公共政策的伦理评价有失公允，这样的公共政策伦理评价带有极强的主观性。另外，不同的公共政策伦理评价主体的评价结论就会有所不同。

（三）公共政策伦理评价主体的伦理水平

公共政策伦理评价主体的伦理水平体现在以下三个方面。一是公共政策伦理评价主体在公共政策伦理评价过程中选择运用的伦理道德规范。选择伦理道德规范的具体内容是基于公共政策伦理评价主体个人的道德情感和道德认识，取决于公共政策伦理评价主体个人对伦理规范的感知和理解。二是公共政策伦理评价主体在评价过程中对某种伦理道德规范和道德要求的坚持程度。是否能够一以贯之地贯彻这一伦理道德规范和道德要求，体现了公共政策伦理评价主体自身的道德意志和道德信念。三是公共政策伦理评价主体的价值观。价值观由公共政策伦理评价主体的伦理道德素质决定。不同的价值观会影响公共政策伦理评价主体对公共政策行为是非善恶的判断和选择。

总之，公共政策伦理评价主体进行评价活动时，采用的评价标准受其伦理水平的影响。伦理水平较高的公共政策伦理评价主体对公共政策进行伦理评价时会选择较高的伦理道德标准，进行一个系统且全面的评价分析。

相反，如果公共政策伦理评价主体自身伦理道德素质比较低，其对伦理道德的标准也会降低，严重的话，可能会造成错用或扭曲其他的公共政策伦理评价标准。

（四）利益相关者需求的满足程度

公共政策实质上是对利益的权威性分配。公共政策在调整利益群体的各种利益诉求和利益关系时，在满足绝大部分利益相关者利益需求的同时，可能会压制、削弱另外一部分利益相关者的利益需求。公共政策应提供一种普遍遵循的行为规则，以此进一步约束人们追求利益时的行为，然而公共政策资源的有限性与人们对利益追求的无限性之间的矛盾可能会造成不同利益群体之间的矛盾，由此改变原有利益格局并形成新的利益格局。尽管如此，公共政策的本质仍然是维护绝大多数人的长远利益。公共政策伦理评价主体往往会依据自身的利益得失情况对公共政策过程进行伦理评价，这时公共政策伦理评价主体的需要就成为公共政策有无价值的衡量标准。公共政策难以满足所有人提出的利益需求，当个别利益主体提出不切实际、不尽合理的利益需求而得不到满足或利益受到损害时，常常会对公共政策过程作出不客观、不公正的评价。

（五）公共政策效果的复杂程度

公共政策在实施过程中产生的效果往往是多重的，既有直接效果，也有间接效果；既有显性效果，也有隐性效果；既有积极效果，也有消极效果。某些公共政策会对公共政策客体产生明显的、直接的影响，故容易被公共政策伦理评价主体感受到。然而，有些公共政策在短期内没有明显地表现出效果，难以被评价主体察觉，可能在未来相当长的一段时间后才能显现出政策效果，这样的公共政策对于公共政策伦理评价而言存在一定的困难。公共政策效果的不确定性与不易测定性，会给公共政策伦理评价带来困难。另外，在进行公共政策伦理评价时，要考虑到多项公共政策同时作用于公共事务的情况，要考虑到公共政策与公共政策之间的关系。在公共政策实践中，有些公共政策效果可能是多项公共政策共同作用的结果，因此，要对不同公共政策的效果进行分类评价，这明显增加了公共政策伦理评价的困难程度。

（六）不同的社会背景

公共政策依附于特定的社会背景，是针对特定的公共问题而形成的。

因此，公共政策伦理评价主体在进行伦理评价时也应考虑到社会背景，比如不能用今天的评价标准评价以往特定社会背景、特定历史条件下的公共政策。例如，改革开放之初，由于生产力水平低下，为解决人民日益增长的物质文化需要同落后的社会生产之间的矛盾，国家提出并实行"以经济建设为中心"的公共政策，以提高经济效率为标准。在当时的社会背景下，这一政策为我国的经济建设提供了强大动力，使我国的生产力水平得到快速提高，人民的生活得到极大程度的改善。追求效率的公共政策在当时有存在的合理性。但结合现如今的社会背景，片面追求经济效率，加剧了效率与公平公正之间的矛盾，社会贫富差距增大，这一公共政策已不再完全适应于当今时代，需要对公共政策伦理价值取向进行重新思考、重新定位。因此，在对公共政策进行伦理评价时，需要结合当时的社会背景具体分析。

专栏 5-3 专业伦理组织的评价作用

作为专业的伦理组织，可以对公共政策在伦理道德方面进行专门的监督和评价。20 世纪后期，许多国家建立了伦理组织。例如，1978 年美国联邦政府依据《政府伦理法》设立政府伦理办公室，1994 年英国成立英国公共生活准则委员会，加拿大、新西兰等国也建立了政府伦理管理机构，以便通过伦理道德标准和原则来规范政府人员的相关行为。专业伦理组织既可以在政府内部设立，亦可以在政府外部形成，例如生命伦理委员会、科学伦理委员会以及某些国际性组织，均发挥着重要的伦理评价功能，但由于政府系统外的专业伦理评价机构难以获得必要的相关详细政策信息，故其评价反馈与结果难以受到公共政策主体的重视。

（资料来源 王乐：《行政伦理委员会：国家治理的重要力量》，载盐城市纪委监委网 2016 年 7 月 29 日，http://www.jsycjw.gov.cn/a/fLUjQJmUR0。收入本书时有改动）

思考题

1. 简述公共政策的伦理观念。

2. 公共政策伦理分析有哪些特征?

3. 剖析公共政策“价值中立”理论的缺陷,并对由此而带来的公共政策理论价值的缺失进行分析。

4. 当代社会公共政策伦理的评价标准有哪些?各标准之间的联系是什么?

5. 在公共政策的执行和运行中,有时候会陷入伦理困境。陷入伦理困境的因素有哪些?应如何去应对?

推荐书目

1. 罗尔斯. 正义论[M]. 何怀宏,何包钢,廖申白,译. 北京:中国社会科学出版社,2009.

2. 陈振明. 公共政策分析导论[M]. 北京:中国人民大学出版社,2015.

3. 朱仁显. 中国传统行政思想[M]. 福州:福建人民出版社,2000.

6

第六章

行政执法伦理

学习目标

1. 充分理解行政执法自由裁量权的概念、特征及合理性。
2. 认识刚性执法与柔性执法的对应特征及差异。
3. 尝试理解行政执法伦理的建构要点。

行政执法伦理是行政执法人员在行政执法过程中的价值呈现。行政执法具有两方面的现实意义,一方面是实现制度规范目标的过程;另一方面是充分体现价值性伦理的过程。在面对复杂多变的现实治理情境时,法律规范的有限性与滞后性对行政执法提出了自由裁量的客观需求。这一需求的恰当满足依赖于适宜的行政执法方式作为规约和支撑。行政执法过程需要行政执法主体审慎运用自由裁量权,并在这一过程中重塑执法的伦理精神。

■ 第一节　自由裁量权:行政执法伦理的核心

一、行政执法自由裁量权的概念

(一) 行政执法的概念

行政执法通常有以下三种层次划分。其一,阐释现代行政的属性与作用。这一使用场合旨在强调:① 行政执法的重点在于对法律的贯彻而非缔造,因而较之法律制度其处于从属地位;② 强调对于法律制度的遵从而非对于行政领导权力的服从,即依法行事;③ 行政执法需要具有制度规范支撑,它是由法定权力和责任来行使的行为,且该行为的作出会对相对人产生一定的具有法律效果的影响。这意味着,该行为不能任意对相对人指手画脚,如果没有法律根据,就对相对人作出行政行为即是违法。其二,区别行政的差异性内容。一般而言,行政的内容可以分为两类。第一类是因制定规范而作出的行为。在这一语境下,行政机关制定规范的行为和立法机关的立法行为在本质上是不同的,前者实质上仍属于行政的范畴而非立法;第二类是直接执行法律、行政规范的行为。在两种类型的行为中,前者被称作行政执法,后者则被称作行政司法,从这个意义上讲,行政执法是行政行为中的一种。其三,作为一种行政行为类别。行政行为的方式具有多样性,涵盖许可、审批、征收、给付等多种类型。在具体的行政实践领域,一般习惯于将涉及监督检查、实施行政处罚和采取行政强制措施等行为方式称为行政执法。

无论对行政执法进行何种层次上的划分和理解，均是以行政作为最上层概念。以此为基础依照特定的标准和操作上的需要将行政进行区分，明确行政执法的定义，行政执法从等同于行政一直到作为行政的一部分在不同层次上被理解。由于本章旨在对行政执法进行伦理分析，因此将最广泛意义上的所有具有伦理性的行政执法行为都纳入考虑范围应当是最为理想的，这样可以在最大限度和更广角度上分析行政执法的伦理性。

依照上述关于行政执法的层次划分，从不同层次审视行政执法得出的结论往往有所差异。从第三个层次审视行政执法，惯常将监督检查、实施行政处罚和采取行政强制措施这一类行为称为行政执法，并对此赋予较高的伦理道德要求。从第二个层次上讲，除行政执法外，无论行政立法所体现的道德规范的强制性上升，还是行政司法所要求的裁决公正，都传达出了强烈的伦理道德内涵。无论从框架分析工具的角度，还是从法律概念分层界定的角度，第一个层次上的最广义的行政执法概念最切合本书伦理分析的要求。因此本书将在第一个层次上使用行政执法的概念。

（二）自由裁量权的界定

针对自由裁量权的定义，现阶段学界与实务界之间仍存有一定的争议。自由裁量权的概念最早起源于国外，国外学者将自由裁量权定义为行政机关对于作出何种决定有一定的自由，可以在各种可能采取的行动中进行选择，并根据行政机关的判断采取某种行动或不采取某种行动。对此，国内诸多学者亦从不同角度尝试对自由裁量权进行定义，对自由裁量权内涵的侧重有着两种倾向。第一种倾向认为，基于相关行政法规对行政权的具体范围、内容以及行为方式等规约较为模糊，行政主体可以在法定范畴内，结合具体情境进行分析形成价值认识和主观判断，进而作出具体行政行为。第二种倾向认为，当相关的法律法规对于待处理的行政事项没有创设明确的规约时，作为行政主体的行动者基于法律原则、立法目的和立法精神，在消解定向的案件时经审度和权衡采取恰当、妥帖的行动路径。上述两种观点，前者侧重于基于行政情境采取分析所形成的主观判断；后者侧重于体现采取行动时应当考虑法律设定行政自由裁量权的法律精神。

（三）行政执法自由裁量权的概念

行政执法自由裁量权是指行政执法主体按照国家法律法规、规章所规定的范围和幅度，依照法律法规、规章的立法目的和公平合理的原则，在具体的行政执法过程中，依据具体情形，自主决策并作出处理的权力。通常而言，行政执法自由裁量权的构成要素主要涉及选择、标准与理性三个方面。

首先，选择是人类的本能。选择是通过以往人们在同外部复杂生存环境的互动与改造中孕育而生的一种规避风险迎接机遇的内化天性。裁量存在羁束和自由两种位于天平两端的状态，两者状态的划分主要取决于内嵌于执法行为中行动者主观意志的体现与否。行政执法自由裁量权之所以能够存在，归因于法律规范为执法者留存了选择的余地，处在这个区间的执法者可以在权衡周遭环境的基础上，基于自身的合理判断调整执法行为尺度。由于行政执法自由裁量权的规范尺度比较模糊，因此，不同的理解下执法者自我意志体现的过程产生了选择权。

其次，行政执法自由裁量权的行使有赖于相应的标准。不管自由裁量以何种方式呈现，必然会存在预设前提，即在何种情境下方可行使执法自由裁量权。对于该预设的考量既关乎执法单位作出执法行为的条件，亦是对执法单位执法行为尺度的限定。只有预设的情境发生，行政执法自由裁量权才可以启动，这是行政执法自由裁量权的外部约束，同时行政执法自由裁量权还需要受到法律目的等裁量规范的内部约束。对于结果确定的追求作为人类的自然本能之一，为行政执法自由裁量权提供了内化的天性支撑。如果缺乏裁量的尺度及约束等限制，执法者在无所依凭的情况下极易作出有违法治精神的行为。

最后，理性是构成行政执法自由裁量权的关键。个体的理性因自身和外部环境等各种因素共同作用而天然缺乏确定性，因而在漫长的人类文明史中，人们采取了各种手段和程序来试图优化个体的理性，避免其陷入失控的境地。因为，一旦作出具体的行政自由裁量的执法行为，无论执法者处于何种状态都会对相对方的现实利益造成客观影响。合理执法行为是相对的，个人心中的合理是其各种经历和认知共同建构的产物，个人认为的合理很可能是他人眼中的偏执。对于执法自由裁量尺度的权衡，需要通过集体理性的不断修正最终达到相对理性的结果。

二、行政执法自由裁量权的特征

（一）权力的有限性

行政执法自由裁量权并不意味着执法人员在执法过程中享有无限自

由，而是受到内外两方面的规制。一方面，“自由”依旧要在规范的架构中运作，要满足合法性原则，包括执法主体的身份被法律所认可，进行自由裁量的尺度需要在法律规约的范围内运行，与此同时自由裁量权的行使亦要符合相应的要件。行政执法主体行使的自由裁量权寓存于相应的职权之中，该职权由法律设定并依法授予。所以，行政职权的存在是自由裁量权能够存在的先决条件，只有满足合法性属性的行政职权才能形成合法的执法自由裁量权的基础。另一方面，行政执法自由裁量权要求实质合理性，其内涵涉及公平正义等价值层面的要求，需要结合立法初衷、行为后果等关联因素综合判断。如果说对于行政执法自由裁量权的外部要求的满足更多是涉及形式上的合法性，那么对行政执法自由裁量权内部约束的遵守则是对其实质合法性的认同。尽管执法主体拥有行政执法自由裁量权，但该权力需要在规范限定的框架内实施，任何逾越规范尺度的特权都不被允许。

（二）实施的裁量性

行政执法自由裁量权的可操作性要求其不仅应当在形式上符合逻辑要求，同时在价值层面上也应当具有可判断性。行政执法自由裁量权是国家赋予行政在法律法规规定的幅度、范围内有一定选择余地的处置权力。所以，行政执法自由裁量权在实际运用时所具有的主观性较强。执法主体在执法过程中，当遇到和法律相抵触的情况时，会根据合理的判断从实践经验中发现和提炼出一些应对规则。与此同时，法律作为一种具有相对普遍规约效用的行为规范，并非以具体的事件作类似的调整，因而需要摒弃相对具象化的社会关系特征。复杂的社会治理情境会导致一些特殊情况出现。当这些特殊情况出现时，赋予执法主体以自由裁量的权力，是为了更好地去消解一些抽象的模糊规定与具体现实治理情境间的矛盾。相当一部分的行政执法自由裁量权，其意义在于将执法活动中所涉及的多方面现实反馈快速地应用到法律实施中，从而完善法律对于特定时代的实效性。

（三）效力的特定性

行政执法自由裁量权应是执法主体作出执法行为时依法行使的权力，其效力仅适用于个案的处理上不具有普遍的约束力。这代表当特定的主体进行裁量时，其所作出的执法行为效力是有限的。自由裁量行为的作用半径更多是受到约束的，即需要把范围规约到具体的个案上。这就意味着，行政执法自由裁量权不可以对庞杂的行政案件普遍产生作用。考虑到现实生活中法律关系的复杂性，在对特定的案件进行处理的过程中，执法者所要面对的是差异化的情况和裁量事项。因此，执法主体在行使行政执法自由裁量权的过程中，更多是针对具体个案情形，采取具有针对性的处置方式。随着社会的发展，政府职能的下沉，加之个体认知的局限性，人们日益感到要想对执法活动及过程的所有环节加以详细规范是不可能的。社会治理情境的复杂性对执法行动提出了更为灵活的要求，使执法主体对部分事项的自由裁量具有了切实必然性。但执法者在行使行政执法自由裁量权时若具有扩大适用范围的倾向，则会造成不良后果，将会对执法工作造成隐患。在认可行政执法自由裁量权合理性的基础上，也应当规定行政执法自由裁量权的效力仅在特定范围内有效。

（四）价值的伦理性

行政执法过程必然会涉及对于执法行为所具有的价值判断，而该种判断所涵盖的自由意志等概念属于伦理学的范畴，因而可以将行政执法自由裁量权视为一种实践过程中伦理裁量权的延展。强调行政执法行为的伦理性是为了对官僚化惯性下的工具理性执法行为进行价值层面的修正，从而避免执法行为陷入一种机械的、唯形式理性轻价值理性的窠臼。具体执法行为的作出需要符合善的价值理念，即需要具备诸如实质性公平正义、合乎情理以及程序等伦理性要求。行政执法自由裁量权的伦理性价值在于它给了执法机关更大的灵活性和更大的空间，可以根据不同案件的实际情况，综合考虑多方因素，实施有效的执法行为。行政执法自由裁量权可以在一定程度上提升行政执法的灵活性，使行政执法更贴近实际，更有效地解决案件。此外，行政执法自由裁量权为法律的执行提供了一定的空间，可以更好地保护公民权利，更好地推进社会发展。行政执法自由裁量权的价值伦理性要求执法者在运用行政执法自由裁量权时必须遵循公平、公正、公开的原则，不能滥用职权，不能有任何形式的腐败和贪污。要坚持以职责为依据，以客观原则为准绳，以权力责任制为支撑，以公众利益为最终准则，以确保公正公开为最大原则，以确保公平正义为最高目标，实现行政执法自由裁量权的有效运用。

三、行政执法自由裁量权的合理性

(一)基于法理视角的合理性

行政执法自由裁量权是一种对于滞后性的弥补,尤其是在当前复杂化、不确定化的后工业时代,滞后性的弊端更为凸显。这就要求立法机关立法的时候,必须给执法行为留有可供应对现实纷繁情况的回旋余地,但同时又需要充分考虑法律所应具有的稳定性。法律作为公民日常生活的导引尺度,其存在本身便代表着一种威严,用以规范社会秩序。现实社会生活纷繁的治理情境以一种加速化的进程不断变化,致使明晰固化的法律条文无法完全充当唯一的秩序尺度和标准。

成文法本身具有局限性,行政执法自由裁量权的存在很大程度上是为了弥补这一局限性。成文法是指法律以文字等书面形式表达的规范性规定,按照这种形式,法律依据固定的法律程序,以书面的形式发布,以此作为行政机关、司法机关工作的准则。但是,成文法的局限性也是显而易见的。首先,成文法的内容是固定的,无法随着时代发展及时改变,也不能够较好适应社会环境的变化;其次,成文法虽然能够提供一定的规范性,但是不能够完全避免滥用权力等违法行为的发生;最后,成文法的内容可能过于抽象,无法详细地指导司法机关的实际行为。不同于司法机关,执法机关不仅仅是对法律的执行,更是要促进一定社会目标和政策的实现。因为法律一般只能实现最低程度的正义,难以提升到善的层次。行政执法者作为公共利益的代表者和促进者,应将法律无法实现或难以促进的目标政策化。由此,行政执法自由裁量权才能既落实了法律的基本规定,又促进了行政政策的实现,不仅能实现最基本的制度正义,还能提升制度正义的品格。

制度正义需要通过个案的正义来得到具象化的呈现。处于案件现场的行政执法机关最能了解案件本身的情形,最可能对利害关系作出适当的调整。行政执法机关既要按照法定目的和权限进行考虑,又要考虑具体案件中的特殊情况,还要考虑到自己执行公共政策的需要。在这诸多的考量因素中,需要执法机关找到一个合法的和合理的解决办法,非有行政执法自由裁量权不可。在以系统为考量的诸多体制化结构中,最有可能促成个案公正的,是那些必须更多依靠自由裁量而非规则和原则作出决定的部分。

（二）基于实践视角的合理性

行政执法自由裁量权作为一种自治型的行政规范，在制度上同时存在着来自其固有的作为“规则之治”与作为“行政自治”两个方面的局限性，需要执法者在实践过程中寻求合理的平衡点。行政执法自由裁量权是执法者根据具体案情，在法律规定的范围内，给予当事人合理判定的一种权力。它有利于提高司法机关实践的效率，推动司法机关依法行政，更好地满足社会需求。任何法律法规的制定都是为了满足一定的社会需要或达到某种社会目的。行政执法者运用执法自由裁量权进行行政行为时，必须符合法律创设时的精神，这是对现实需求的一种回应。行政机关在对行政行为进行自由裁量时，需要建立在正当的考虑基础上。法律是最终的准则，行政机关在采取执法行为时，必须遵守法律法规，尊重当事人的合法权利，合理使用行政执法自由裁量权，为社会提供公平公正的司法服务。相应的制度规范在赋予权力主体自由裁量权时，其意义是使权力主体在作出决定时，能够基于规范授权的目的，结合具体情境采取合适的行动方案，以实现最佳效果。

首先，评价的唯一性。行政机关作为权力主体对其行政执法行为是否合理的判断，看似具有一定的空间，但在运用专业知识对不同情况作出判断以后将产生唯一的、相对合理的决定，故必须从法律角度去衡量行政执法行为是否合法合理。其次，方式的适宜性。行政机关在行政执法行为中，应该尽可能采用更加温和、更加合理、更加有效的行政手段，以减少当事人的不便和损失，充分尊重当事人的合法权利，公平公正地进行行政执法。再次，行动的必要性。在行政执法行为中，行政机关必须根据行政事务的实际情况，准确判断行政执法行为是否具有存在的正当必要性，判断其所采取的行政执法行为是否必要，是否实现了行政目的。行政机关不能违反行政执法行为的正当必要性，不能过度行使行政权力或者滥用行政权力。最后，重要性程度具有比例性。行政机关在行政执法行为中，必须依据行政执法行为的重要性，选择合法的行政程序，以确保行政执法行为的正确性、公平性、合理性，不能违反法律法规的规定过度行使行政权力，或者滥用行政权力。

四、行政执法自由裁量权的表现

任何国家和地方的法律法规不论如何严谨细致，都无法对所有行政行为的要素作出规定。不同于司法行为的被动性，作为行政行为主体的政府部门具有较强的能动性，能够随时消解日常生活中产生的新问题，以保障政府部门具有适应新情况的能力。由此，法律也需要赋予政府部门在行使职权时拥有一定的行政执法自由裁量权。行政执法自由裁量权既可以保护行政机关行为的正当性，又能保护当事人的合法权益。因此，在行政执法行为中，必须慎重考虑行政机关的执法自由裁量权，合理运用执法自由裁量权以保障行政行为的合法性。

（一）裁量基准

裁量基准是指行政执法者在行政法律规范没有提供要件-效果规定，或者虽然提供了要件-效果规定但据此不足以获得处理具体行政案件所需的完整判断标准时，按照立法者意图、在行政法律规范所预定的范围内、以要件-效果规定的形式设定的判断标准。① 换言之，行政执法自由裁量权的基准是法律规定的行政职权范围内的行为。行政执法自由裁量权是行政机关在法律规定的行政职权范围内，根据行政机关在执行行政职能时所获得的信息，利用自身的专业知识和经验，有权采取适当的措施，以切实保护国家利益，维护社会公众利益。

总体而言，裁量基准的表现形态大体可以分为两类。一类是法定裁量基准，是指法律法规或其他文件中规定的具体行政行为标准。行政裁量基准是行政机关在行使行政职能时，必须遵守的具体标准，用以确保行政机关有权采取行政行为，维护公众利益和国家利益。另一类是非法定裁量基准，是指非法律法规、习惯或其他文件中所规定的行政行为标准。行政裁量基准不明确具体形式，既可以是政府官员的行为准则，也可以是政府官员提出的建议和指导方针，用以确保行政机关有权采取行政行为，维护公众利益和国家利益。此表现形态常常被忽视，正是因为忽视了这种形态的基准，理论上很容易将行政裁量基准误认为是一种行政规则或准行政立法。两种形态的行政裁量基准应相辅相成：法定裁量基准规定了行政机关在行政行为中应贯彻的法律规定，但不能应对所有情况；非法定裁量基准更能根据实际情况的变化，应对随时出现的情况；二者应相辅相成，共同推动行政机关采取行政行为，维护公众利益和国家利益。

---

① 王天华. 裁量标准基本理论问题刍议[J]. 浙江学刊，2006(6)：124-132.

在实践过程中，存在适用规则与裁量基准的二分，这种区分类似于国外的解释基准与裁量基准的区分。解释基准是指为了防止进行某种处分时作出各不相同的对待，确保行政的统一性，上级行政机关对下级行政机关发布的法令解释的基准。① 解释基准是行政机关在行政行为中解释法律条文，判断行政行为是否符合法律规定的一种依据。解释基准可以是法律文书，也可以是司法裁判文书，还可以是行政法规、行政规范性文件等。解释基准一方面可以帮助行政机关准确地解释法律条文，避免出现不当行政行为；另一方面可以促进行政机关更加公正，维护社会稳定。

裁量基准是指行政机关在行政行为中，根据法律规定的原则，判断行政行为是否符合法律要求的一种依据。裁量基准的作用是帮助行政机关确定行政行为的正当性，以及其结果的合法性，使行政行为的正当性得到保障。举例而言，对于饮酒后驾驶机动车的行为，《湖南省公安行政处罚裁量基准》第一百零一条区分了初次饮酒后驾驶机动车的违法行为情形和处罚基准：① 酒精浓度在 20 毫克/100 毫升以上，不满 40 毫克/100 毫升的，处暂扣 6 个月机动车驾驶证，并处 1 000 元以上 1 500 元以下罚款。② 酒精浓度在 40 毫克/100 毫升以上，不满 60 毫克/100 毫升的，处暂扣 6 个月机动车驾驶证，并处 1 500 元以上 2 000 元以下罚款。③ 酒精浓度在 60 毫克/100 毫升以上，不满 80 毫克/100 毫升的，或造成交通事故尚不构成犯罪的，处暂扣 6 个月机动车驾驶证，并处 2 000 元罚款。该裁量基准首先将 20 毫克/100 毫升～80 毫克/100 毫升的酒精浓度认定为饮酒，再将饮酒程度划分 3 个等级分别进行处罚，进一步具体化法律中的处罚幅度，对饮酒的认定可以更好地理解解释基准。

（二）裁量期限

裁量期限是指行政机关在行使其行政职权时应当遵守的期限，即行政行为必须在法律规定的期限内完成，其中主要涉及行政许可和行政处罚两个方面的裁量期限。

《中华人民共和国行政许可法》对行政许可期限分 5 种情况进行了规定：① 当场许可即时办结；② 一般许可 20 日，最多可延长 10 日；③ 统一办理或者联合办理、集中办理的，办理时间不超过 45 日最多可延长 15 日；

① 盐野宏. 行政法总论[M]. 杨建顺，译. 北京：北京大学出版社，2008：66.

④ 下级审查转报的许可，20 日内审查完毕；⑤ 法律法规另有规定的，依照其规定。行政许可期限对行政行为的有效性有重要影响。它能够确保行政行为在规定的期限内得到有效实施，从而有效地保护政府行为的合法性，确保行政行为的公正性和可控性，并保护社会公众的合法权益。此外，行政许可期限还有助于提高行政效率，改善政府服务水平。裁量期限设立的原因是，政府行政行为受到法律、行政法规和政策规定的制约，裁量期限在政府行政行为中起着约束作用。因此，政府必须在法定期限内实施政府行政行为，以确保政府行政行为的有效性和合法性。同时，行政执法期限也有助于政府行政行为的高效实施，更有利于社会公平正义。

对于行政处罚，可以从法律的位阶层次来分析行政处罚处理期限的规定，作为根本大法的《中华人民共和国宪法》并没有相关的规定。比《中华人民共和国宪法》位阶低的法律，如《中华人民共和国治安管理处罚法》对治安管理处罚行为作出了期限的规定。我国《市场监督管理行政处罚程序暂行规定》第五十七条指出，适用普通程序办理的案件应当自立案之日起 90 日内作出处理决定。因案情复杂或者其他原因，不能在规定期限内作出处理决定的，经市场监督管理部门负责人批准，可以延长 30 日。案情特别复杂或者有其他特殊情况，经延期仍不能作出处理决定的，应当由市场监督管理部门负责人集体讨论决定是否继续延期，决定继续延期的，应当同时确定延期的合理期限。案件处理过程中，中止、听证、公告和检测、检验、检疫、鉴定、权利人辨认或者鉴别、责令退还多收价款等时间不计入前款所指的案件办理期限。行政处罚方面的裁量期限具有重要意义，它可以确保政府行政行为的有效实施，保护政府行政行为的合法性，确保政府行政行为的公正性和可控性，保护社会公众的合法权益，提高行政效率，改善政府的服务水平，使社会公平正义得以实现。

（三）裁量的性质认定

根据现行法律法规的规定，行政自由裁量性质的认定主要涉及对事实性质及情节程度的认定。事实性质认定的自由裁量是指，在事实性认定过程中，政府行政机关根据自己的判断，在法律规定的范围内，对某一具体案件的事实性认定进行裁定。例如，在提供政府补贴的案件中，政府行政机关可以根据自己的判断，在法律规定的范围内，认定申请人是否具备资格获得补贴，以及补贴金额的大小。政府行政机关在进行事实性认定时，可以根据自己的判断，在法律规定的范围内，自由裁量决定其认定的结果。从客体来看事实性质认定一般分为两个层面。一是证据事实认定，是指在对某一事实进行认定时，政府行政机关不仅要依据自由裁量，还要根据客观事实，结合各种材料和证据，客观地判断事实是否存在。例如，申请人的财务报表，政府部门的审核报告等，以此了解申请人是否符合资格以及补助金额的大小。只有根据客观事实，结合各种材料和证据以及客观的判断，才能准确地认定某一事实是否存在，从而作出准确的裁决。二是案件事实认定，是指行政执法人员从正确适用法律的角度，对案件的性质、内容、结构、过程等是否达到客观、完整和一致而进行的总体分析。如果说前者主要是事实问题，后者则在很大程度上是法律问题，因为案件的整体定性、要件事实范围界定以及证明标准的选择等都取决于相关的法律规定。"确凿"是事实证据所需要达到的认定标准，而案件事实的认定标准是"清楚"，亦即是否能够排除合理的怀疑或者达到法定的证据优势。

从证据事实的层面来看，需要从证据材料的审查判断出发，对行政执法机关调取和采信证据材料的证据资格和证明力大小进行审查。前者以合法性、相关性与客观性等方面的证据规则为审查标准，后者则是关于证明力的审查。如果行政机关在证据事实层面出现了不可在事后补救的实质性缺陷，即构成"主要证据不足"，那么从案件事实的层面来看，有关机关需要在案件事实方面对行政机关认定的案件事实范围是否准确、方法是否科学、过程是否规范以及结论是否合理等方面进行审查。如果行政机关在这几个环节上没有实质性的缺陷，那么即构成"案件事实清楚"。反之，如果行政机关在这个层面出现了不能在事后予以补救的实质性缺陷，即构成"认定事实错误"，并进而导致"案件事实不清"。

专栏 6-1　行政执法离不开自由裁量

在城市管理过程中，街头零售业人员占道经营的现象屡见不鲜。一方面，街头零售人员自身的经营需要，决定了街头对他们而言是较为适宜的经营场地。另一方面，对于具有采购生活消费品的部分居民而言，通过此种交易方式，可以买到价格较低的商品并可以节约时间。但客观上，占道经营对城市交通、卫生及安全等方面会造成一定的隐患，因而需要相关的行政执法人员对庞杂的占道经营现象进行规约。在这一行政执法过程中，由于情景不一，且相关行政法规无法对其进行精细化规约，因而需要执法人员在执法过程中对占道经营事项作出判断，并在一定范畴内行使自由裁量权对行政相对方作出适当的行政行为。在这一过程中，既要保证城市管理的目标得以实现，同时又要兼顾社会效果，这就需要执法人员恰当运用自由裁量权进行平衡。

（资料来源 《住建部重点推介，城管"南京经验"走向全国》，载搜狐网 2019 年 11 月 28 日，https://www.sohu.com/a/357078256_135968。收入本书时有改动）

第二节 刚性执法与柔性执法

行政机关在进行行政决定时，需要考虑政策因素、经济因素和社会因素等。各种因素的综合考量，需要行政机关具备完善的制度和规范，以保证其裁决的客观性和公正性。关于人的行为取向，韦伯认为，人是社会中的人，而非纯粹"自然"状态下的人。换言之，人的行为目标是获得某种社会承认。[①] 同样，作为社会人的行政执法者也生活在一个由社会关系交织的网络中，执法行为亦是一种社会行为，且由于行政执法者置身在一个特定的组织系统承载着特定的角色期待，因而其社会行为可能呈现出更多的复杂性。

一、刚性执法

（一）内涵

"刚性"（与"柔性"相对）是指不能改变或通融，具有强制性；刚性执法指不通融的合乎目的执法方式。具体来说，刚性执法是指行政机关严格按照法律法规和规范性文件的规定，坚持依法执法，不管是谁，不管什么情况，执法都必须按照规定行事，不能超越规定，不能有任何选择性，即坚持行政执法的普遍性、公正性。刚性执法体现为一种行政上的制裁，是对违反行政法规定义务的私人的制裁。行政上的制裁或行政制裁包括对私人的行政处罚

① 韦伯. 经济与社会：第一卷[M]. 阎克文，译. 上海：上海人民出版社，2019.

和对行政人员的行政处分两种。制裁性执法是指行政人员在依法行政过程中，根据法律规定，对违法行为的当事人或者其他相关的行为人采取的依法制裁性行政处罚措施，以达到执法力度大、效果好的目的。[①] 制裁有广义和狭义之分。一方面，制裁可理解为将违法者置于比违法行为前更为不利的状态，不包括剥夺通过违法行为所得的利益；另一方面，制裁的目的以违反行政义务为理由，给违法者带来不利后果，以抑制将来的违法行为，因而剥夺通过违法行为所得的利益也包含在制裁中。

刚性执法在实践过程中更多体现在对行政违法行为人进行行政处罚上，其分类包括以下三种。一是行政拘留在内的人身自由处罚；二是主要形式有责令停产停业、吊销许可证、执照等在内的行为处罚；三是罚款、没收财物（没收非法财物和违法所得）在内的财产处罚。具体而言，刚性执法涉及的种类包括：警告、罚款、没收违法所得、责令停产停业、暂扣或者吊销执照、行政拘留等。① 警告是指行政机关对违法行为人在不采取行政处罚的情况下，依法采取的制止性行政行为，目的是让违法行为人知晓违法行为的严重性，纠正错误行为，改正违法行为，从而达到行政监督和社会教育的目的。② 罚款是指行政机关依法对违反行政法规的行为人采取经济上的处罚行为，目的是让违法行为人知晓违法行为的严重性，并从经济上承担一定的责任，从而达到行政监督和社会教育的目的。③ 没收违法所得是指行政机关依法没收违法行为人违法所得的行政行为，目的是破坏违法行为人行使非法权利所获得的不正当利益，从而促进社会公平正义，维护社会公共利益。④ 责令停产停业是指行政机关依法对违反法律、行政法规的企业或者其他组织，在不撤销注册的前提下，停止生产经营活动的行政行为，目的是维护社会公共利益，保护消费者的合法权益，防止违法行为的扩大和恶化，维护正常的市场秩序。⑤ 暂扣或者吊销执照是指行政机关暂时或者永久地撤销行政违法行为人拥有的国家准许其享有某些权利或从事某些活动资格的文件，使其丧失权利和活动资格的制裁方法。⑥ 行政拘留是指由公安机关依照行政拘留的规定，对涉嫌犯有行政罪的人员或其他特定人员，在公安机关指定的地点限制行动自由的一种行政强制措施。

（二）特征

刚性执法的法律支撑是行政执法权。行政执行权作为一种国家权力，

① 佐伯仁志. 制裁论[M]. 丁胜明，译. 北京：北京大学出版社，2018：5-6.

体现了强制性和可执行性。一方面,强制性是所有公共权力的缩影,实质源于法律的授权。行政权力的行使不仅包括客体层面上财产权的实施,还包括主体层面上人身权的实施。行政执行具有强制性,且强制性贯穿法律关系的各个环节,并具有可以无视行政相对人意愿的单方面的意志。从具体的执法结果来看,如果被执法对象不服从,就会对被执法对象产生更多的不利后果。从具体的执法权势平衡来看,行政执法机构背后是国家机器,执法主体的权力微不足道,这种权力悬殊是行政执法强制力最明显的体现。另一方面,可执行性是行政权力的重要属性,指行政权力将使制度层面的法律变为现实法律关系的特征。可执行性体现在行政执法权的运行过程中,因为行政执法权是实现行政权力执行性质的唯一途径。因此,从某种意义上说,行政执行权的可执行性实际上体现了行政法的国家强制内涵。从这个意义上说,由国家法律产生的所有行政决定、命令和处罚都是可执行的。行政权力的可执行性并非没有任何限制,需要符合一定的条件。行政相对人未自觉确定行政决定、命令和处罚义务,且该不作为必须在法定期限届满后执行。一般认为,刚性执法所采用的行政处罚是一种行政行为,具有法律制裁的属性。刚性执法的特征在于执法机关的权力受到严格的法律规范、法律约束和司法监督,以及政府本身对行政行为的控制,保证执法机关在法治轨道上正确行使权力。这意味着,执法机关要以法律规定的手段,严格履行职责,保护公民的合法权益,维护社会的正常秩序,同时如果违反法律规定,应当承担法律责任。法律行为的后果充分寓于授权作出行为的法律规范之中,并通过行为的意思表示来明确,是可以撤销的;事实行为的法律后果则需要结合其他法律规范才能显现,是不可撤销的。

(三)必要性

为了维护社会秩序,保障公民合法权益,刚性执法是必不可少的。政府机关必须尊重法律,严格执行职责,制定有效的法律条款,并坚决执行,才能维护社会秩序,保护公民权益,有效遏制犯罪活动,使社会安定有序。在此基础上,一方面,需要规范法律制度。一个法律制度出台,能够持续得到刚性的严格执行,这个法律制度才能一直保持着有效状态;反之,就处于实际的废弃状态。另一方面,需要通过刚性执法来明确相关法律法规的局限性。刚性执法是调整社会关系和解决社会矛盾不可或缺的重要手段,但并非唯一手段。政府机关要在全面维护社会秩序的同时,改进和更新相关法律法规，以满足社会发展的需要。同时，应加强公民素质的培养，积极引导公民树立正确的价值观念，增强公民的责任意识和法治观念，从而让公民更加尊重法律、遵守法律，有效维护社会秩序。

（四）价值及弊端

刚性执法有利于树立法律权威，树立法律权威有利于执法公正及保护行政行为相对方的合法权利。公正执法是一个体系，在应对部分执法情境时，刚性执法手段的采用不可避免，如果在一些领域不采用严格的刚性执法手段，执法公信力就难以建立起来。因此，政府一方面要推行人性化执法、柔性执法，另一方面，要对违法行为采用严格的刚性执法、依法处理。例如，在餐饮业领域，实施“明厨亮灶”；在环保领域，对环境污染实施零容忍；在食品药品安全领域，多举措加强稽查执法；等等。这些领域都需要采取刚性的执法手段来捍卫法律的权威，保护人民群众的生命健康。

此外，刚性执法也存在着容易激化矛盾的弊端。在刚性执法的执行过程中，极易造成执法者与行政相对人之间的矛盾激化，部分可以规避的矛盾可能会愈演愈烈。任何一项法律都无法覆盖所有可能出现的情况，所以执法者应当具有一定的灵活性，在某些特殊情况下对违法者给予适当的宽大处理，而不是一刀切地采取刚性措施，避免造成不必要的伤害。另外，在执法过程中也应当注意保护当事人，尊重当事人的合法权利，维护当事人的合法权益，以便让当事人能够有信心尊重法律，维护法律权威。

二、柔性执法

（一）内涵

在我国，柔性执法是一个学理概念，而非法律概念，它是人们在对现有执法模式反思的基础上，对行政执法模式的重新设计。柔性执法是指执法者在依法执法的同时，通过灵活地运用法律程序，作出对违法者合理的宽大处理。柔性执法的目的在于：一方面，提高执法效率，减少明显无罪或轻罪行为的强制性处罚；另一方面，调节执法关系，维护当事人的合法权利，推进社会公平和正义。有学者指出，柔性执法，亦称非强制行政，是指行政主体在行政活动中针对相对人所实施的不带命令性或强制性的行为，或者是指由一定的行政主体依其职责权限，主动发起的，不以强制行政相对方服从、接受为特征的行政行为。[①] 柔性执法的手段主要包括行政指导、行政合同、行政奖励、行政调解、行政给付和行政信息服务等非强制权力手段。一般而言，柔性执法是带有普遍适用的执法手段或行为方式，各行政主体皆可在条件适当时采取。柔性执法早期在工商部门较为集中，目前已经扩展到教育、民政、环保、文化等多个部门。传统秩序国家观念下的行政执法大多表现为命令式执法，其显著特征之一是单方意志性执法，执法方式简单，执法手段单一，相对人一方没有意愿表达的自由，抑制了相对人积极性的发挥，降低了行政执法的效率和效果。柔性执法注重把法律约束力和行政实施力与行政管理的灵活性、谅解性和宽容性结合起来，在行政执法中更多地体现"以人为本"的理念。柔性执法突出的原则是尊重当事人的权利，强调灵活性、柔性、公正性和社会效果，注重信任、宽容和协商，重视对当事人的纠正和教育，并坚持对违法行为进行必要的惩戒。

（二）特征

柔性执法是一种全面考虑个案具体情况、社会效益和道德规范的执法方式，不仅关注执法结果，更关注解决问题的根本原因和预防问题发生。柔性执法采用多种手段和方法，例如协商、教育、调解等来解决问题，并尽量避免采取强制性措施。柔性执法注重与公众的沟通和合作，增加公众参与和信任。柔性执法一方面强调法律应该服务于社会，而不是社会应该服务于法律；另一方面强调人文关怀和道德规范，尊重个人权利和尊严，在执法过程中注意遵循道义原则。柔性执法具有以人为本、民主参与、为人民服务等理念。

1. 以人为本的理念

以人为本的执法理念，意味着执法机构应该将公民的需求和权益放在首位而非仅仅依赖于法律条文来决策和执行。这种理念强调执法者应该在进行决策和行动时考虑公民的人权和公平性，并尽量减少对公民的不必要干扰。以人为本执法的目的一是使执法者认识到每个公民都是值得尊重的，并保护他们的权利；二是尊重公民的意志，维护公民的权利；三是建立公正、科学、有效的执法秩序，维护社会治安，促进社会和谐稳定。事实上，一些执法部门倾向于关注结果而不是关注过程和细节。这种做法会导致执法

① 李晓明.非强制行政论[M].长春：吉林人民出版社，2005：14.

者不尊重执法相对方的权利，且不公正，无意中可能会对执法相对方造成不必要的伤害。因此，以人为本的执法理念具有重要意义，它要求执法者在实施执法时要尊重公民的意志，维护公民的权利，并且在行使职权时要有责任心，以确保执法是公正、合理、科学的，并且能够有效地保护公民的权利。以人为本的执法理念要求执法者要综合考虑执法相对方的权利、责任和利益，以便确保行政执法的公正、合理、科学，有效地保护公民的权利。在实施执法时，执法者应该根据执法相对方的不同情况，采用灵活的方式控制，而不是以一种单一的方式行事。

2. 民主参与的理念

民主参与的执法理念强调多元主体以多种方式实现参与，为实现公正、合理的执法提供了有效途径。民主参与要求充分尊重执法相对方的主体地位，执法相对方可以在行政执法活动中行使权利，参与活动并作出合理的判断。民主参与的执法理念要求执法相对方以和平的方式表达自己的立场。在行政执法过程中，各方需要进行平等的磋商和沟通，以便更好地保护执法相对方的权利和责任，同时也要确保行政执法的公正、合理、科学。这一过程要求执法者以谦虚、尊重的态度实施执法，尊重执法相对方的权利，给予执法相对方应有的尊重。

3. 为人民服务的理念

为人民服务的执法理念要求执法者不再是凌驾于公众之上的官僚，而是成为公众服务的“公仆”。为人民服务的执法理念是一种政府行政执法的理念，它要求政府行政机关在行政执法时，以服务公众的需要为核心，注重公正、合理、科学的行政执法，并以提高公众的法律意识和法律素质为目标。

（三）必要性

柔性执法作为一种非权力执法方式，具有现实必要性。柔性执法的实现方式通常涉及两个方面。一是对传统执法方式的改进，即在传统行政执法中加入程序性因素。二是利用司法实现公共目标，其中典型的是合同管理，主要表现为行政合同和行政指导。事实上，政府虽然提出了柔性执法的概念，但其含义尚未明确；并且在使用该概念时，有时会将其等同于行政指导，存在误解。首先，柔性执法更多的是一种执法理念，是一个全新的概念，更加关注案件的社会影响，强调行政执法的灵活性，以服务公众的需要为核心，倡导对企业的教育和引导，而不仅仅是对其进行惩罚。其次，要坚持为人民服务的理念，尊重公民的权利，维护公民的合法权益，严格执法，依法办案，依法惩治，维护社会公平正义和社会稳定，尽可能为公民提供公平公正的服务。在具体执法方式上，柔性执法要求以先进理念为指导，执法方式要灵活多样，调整方式要灵活度适中。最后，加强对为人民服务执法理念的宣传教育，让公民了解执法的重要性，增强公民的法治意识，让更多的人参与到社会治理中来，促进社会公平正义，提高社会治理水平。柔性执法重点在于通过多种方式引导行政相对人行为的正确方向，给予行政相对人一定的灵活性，促使其选择成本最低的行为。柔性执法克服了强制手段的单一性、僵化性和机械性，符合人们需要被他人尊重、肯定和自我实现的心理特征，更体现了法治在民主、协商和沟通中的价值，体现了现代法治中的平等、独立、民主等精神。

（四）价值及弊端

从柔性执法价值层面来看，一方面，柔性执法作为刚性执法的补充，可以进一步保障法治实现。行政治理中的善治目标对执法工作提出了更高的要求，即在维护社会秩序保障公民自由的基础上追求效率的最大化。善治的实现，必须充分发挥执法机构的案件处理和公共服务功能，以法治思维和法治方式来解决社会问题，使社会的发展变得更加规范、健康、有序，从而实现善治的目标。要实现善治的目标，只有通过刚性执法与柔性执法相互补充、共同作用。刚性执法作为一种强制的行为方式，属于行政主体将其意愿施加于行政相对人的取向，侧重于维护公共秩序，侧重于制约，公利导向更明显。柔性执法作为一种非强制的行为方式，主要是行政主体对行政相对人需求的一种回应，侧重于维护行政相对人的自由，关注私利诉求的满足。另一方面，柔性执法可以减少行政纠纷，促进社会和谐。柔性执法的优点是可以在保证公共安全和社会秩序的同时，更好地保护个人自由和权利，更好地解决违法行为，更好地减少对社会和谐和公民信任的影响，从而保持社会的稳定与和谐。

柔性执法存在一些弊端，过度的柔性执法亦会扭曲法治精神。柔性执法有自身的局限性，不能应对所有的违法行为，对于严重危害社会秩序的违法行为，仍需采用传统的强制手段。法律之所以规定一线行政执法人员的自由裁量权，其目的就是让一线行政执法人员根据实际情况作出合理有效的决定。在某种意义上，柔性执法只能作为行政执法机关的内部行政规范，而不能是具有法律效力的执法程序。

专栏 6-2　刚柔并济化解矛盾

上海市在疫情封控期间，正在某社区门口协助封控执勤的周警官突然接到居委会书记电话，称小区内居民因物资问题出现聚集请求支援，作为社区民警，周警官在第一时间赶到了现场。居委会书记说："时至当日，我们小区已经连续封控 20 多天，这个时候一旦因为聚集而产生感染，后果不堪设想。"周警官认为，在这种情况下社区居民是比较着急的，但执法又要讲究实效。他表示，非常理解社区居民的行为，社区居民情绪都是很正常的反应。周警官决定刚柔并济，在现场进行说教式执法及时劝离聚集居民，并在随后将主要的两名组织者带回了派出所再次进行口头教育。在深入沟通交流之后，这两名居民也深受感化，很快认识到了自己行为的不恰当性，更是当场表示要支持基层工作，当天他们就投身到了志愿者的工作中来。

（资料来源　季张颖：《最佳反转！上海民警"教科书式"执法刷屏！聚众者当天成了志愿者》，载光明网 2022 年 4 月 7 日，https://m.gmw.cn/2022-04/07/content_1302887922.htm。收入本书时有改动）

■ 第三节　行政执法伦理建构

一、引导健全的行政执法理念

（一）传统执法理念

在过往的执法过程中，我国在执法理念层面主要存在以下两个不足。第一，过分强调秩序管理的理念。在漫长的历史时期，中国行政基本上以秩序为目标，围绕秩序进行的各种行政活动统称为秩序管理。过分强调秩序管理的理念在一定时期内降低了政府行政执法成本，提高了政府行政执法效率，但也大大降低了交易对方参与决策过程的可能性。过度使用强制行为会降低公众对政府的信任，也可能导致非法行为和腐败问题的产生。因此，应该在法律的基础上采取多种措施实现行政目标，并且应该尽量采用非强制性措施。第二，过分强调政府主体的理念。传统执法模式强调政府主体的理念，这意味着行政机关具有主导地位，履行决策和执行行政职能。这种执法模式会导致行政机关权力过分集中，缺乏公众参与和监督，可能导致行政决策不透明、不公平和无效率。

效率是行政管理工作所追求的目标，为了提高工作效率，行政管理工作应该不断创新。在当前行政改革中，执法理念的创新应该成为重要议题。这包括从传统的政府主导模式转向政民共治模式，提高公众参与和监督执法工作的水平，采用更科学的执法方法，提高执法效能和公信力。执法部门过去的执法理念相对滞后，无法满足新时代复杂情境下执法工作的现实需要。因此，必须改变过去的执法理念，以实现社会的良好治理。

（二）新时代执法理念

1. 以人为本

以人为本的行政执法理念源于对人权的关注和对公平正义的追求。在不断发展的社会和经济条件下，以人为本的执法理念成为行政执法领域中的重要理念。随着社会的发展和人类文明的进步，人权意识的提高和公平正义的追求使得人们加大了对行政执法领域中人权保护和公平正义的关注，以人为本的行政执法理念应运而生。以人为本的行政执法理念不仅要求保护公民的权利，还要求行政执法机关在执法过程中要公正、公平、合理。这种理念在现代社会中越来越受到重视，已经成为行政执法领域中的重要理念。因此，以人为本的行政执法理念的产生是历史发展的必然选择。将人民置于执法者心中最高位置的理念，即将人民的利益和需求放在首位考虑，这种理念产生了对建立以人民为中心的治理方略的需求。这种治理方略的建立不仅为了满足人民的需求和保护人民的权利，还要求政府和公共机构在治理过程中以人民为本，确保人民的参与和公正公平。因此，将人民置于执法者心中最高位置的理念决定了建立以人民为中心的治理方略的现实逻辑。作为一种方法论，以人民为中心的行政执法理念强调行政执法应当依靠人民，征求人民的意见，发挥人民的智慧；应当通过听取人民的意见和建议，更好地了解人民的需求和社会现实，从而更好地保护人民的权利。同时，以人民为中心的行政执法理念也要求执法机关在执法过程中要公正、公平、合理，并且鼓励人民参与执法过程。这种方法论有助于提高执法效率和公信力，更好地服务人民。

2. 依法行政

依法行政的基础是确保法律得到严格执行，这一要求存在多重含义。一是严格依法执法。这意味着执法机关在执法过程中应当严格遵循法律法规，不能随意超越职权或者违反法律规定，应依据法律法规来履行职责。严格依法执法还意味着执法机关应保护公民的权利，确保公正公平。二是严格执行各项执法制度。例如，执法人员持证上岗和资格管理制度、罚缴分离和收支两条线管理制度、执法全过程记录制度、行政执法公示制度、重大执法决定法制审核制度以及行政执法和刑事司法衔接制度等。三是严格责任落实制度。严格责任落实制度是一种管理体系，其目的是确保各级执法者负责任并积极履行职责，以保证工作目标的顺利实现。这种制度通常包括对责任人进行考核和奖惩，并在责任不落实时给予严格处罚。在此基础之上，依法行政对行政人员提出了规范、公正、依法及良法善治等要求。

规范是指在执法过程中，严格遵循法定职权、程序、时限和标准，并对所有执法行动进行监督和评估。这样既可以确保执法机关在执行职责时不会超越自己的权限，也不会在不合适的时间或地点进行执法行动。规范执法可以确保执法活动的公正性和合法性，有助于保护公民的合法权益。

公正涉及执法价值取向，指在执法过程中，要确保所有执法行动是公正的，没有偏袒或歧视任何一方。公正执法包括确保所有当事人都能够平等地享有法律保护，不受财富、地位、种族、性别等因素的影响，还包括对执法行动进行公开和透明，以确保公众对执法机关的工作有充分的了解和信任。这样可以确保执法活动是公平和公正的，有助于维护社会公平和正义。

依法指在执法过程中，执法机关要严格遵循法律法规，在贯彻执法正义的同时确保法律遵从性。这意味着所有执法行动都应该符合法律规定，并且应该依据法律程序进行。依法执法可以确保执法活动是合法的，并且有助于保护公民的合法权益，同时也有助于维护社会秩序和获得公民信任。

良法善治是一个传统的政治理念，强调法律对于维护社会正义和秩序的重要性。良法是代表着正义的法律，能够有效地保护公民的合法权益，维护社会秩序和公平。善治是指通过执行良法来维护社会秩序和公平。这意味着执法机关应该严格遵循法律法规，确保执法公正、公平、合法。良法善治强调在维护社会秩序和社会公平的过程中法律的重要性以及执法机关在遵循良好的法律程序和执法标准上的责任。

3. 服务行政

服务行政是与秩序行政截然不同的行政类型。服务行政不涉及国家公权力的直接运用，而是以服务公众为目的，通过提供各种服务来满足公众的需求。服务行政注重提高服务质量和效率，并且强调政府应该以公众为中心，为公众提供满足其需求的服务。① 在服务行政理念的影响下，政府对社会的治理也开始尝试采取一些相对柔性的方式进行。以行政指导为例，其剔除了原有行政方式的强制性因素，行政机关更多是扮演一个指导者的角色，行政相对人对于其行为可以选择性服从，且两者关系会因此较为融洽。从已有的经验来看，行政指导大都产生了比较好的社会效果，显现出特殊的功效性。在过往的社会管理实践活动里，政府往往秉持秩序维护的行动理念，在具体的行动中侧重于采取"堵而非疏"的方式，进而造成行政管理"越堵越乱"局面的出现。这就对行政部门提出了应从"秩序行政"的执法理念迈向"服务行政"的执法理念的现实要求，意味着行政部门需要从维护秩序的角度转向为提供服务和解决公民问题的角度。由此，需要行政部门重新审视工作方式和执法方式，注重公民需求并满足公民需求，并且采取更加灵活和人性化的手段来解决问题。行政部门在执法过程中要尽可能多采取一些彰显合作、协商、民主等现代因素的柔性执法手段。

二、完善规范的行政执法道德

（一）行政执法道德的重要性

对行政执法进行伦理道德审视具有十分重要的意义。行政执法在遵循法律法规的前提下还应当遵循伦理道德原则。伦理道德的审视有助于确保行政执法过程中的公正性和合法性，建立起公民对政府的信任，从而提高行政效能和公民满意度。重视行政执法道德有利于行政机关根据具体情况和实际需要采取最佳处理方式，但同时也需要在法律和道德的界限内进行控制和监督，以确保行政执法的公正性和合法性。行政执法人员在行政执法过程中具有较高的自主性可以提供更多的选择，其中包括以良心为动因的道德行为选择。这样的自主性有助于行政执法人员在法律和政策规定的范围内根据具体情况和实际需要进行判断和决策，并且能够在执行行政职能

① 张树义，蔡乐渭．回归与重构：服务行政在中国的源起[J]．政法论坛，2007，25(2)：88-98.

时考虑公民权益和社会公平正义。自由或自主并不意味着欲望的放纵和意志的任性,相反它们是建立在自律和自我关注的基础上的。自律是指遵循法律和道德规范的自我约束,自我关注是指在行使自由或自主权时对其责任和影响进行反思和评估。自律和自我关注有助于行政执法人员在行使自由或自主权时确保公正性和合法性,并在保护公民权益和维护社会公平正义的同时进行决策和行动。

行政执法的本质在于权力的运用。行政执法本质上是指政府机关运用其授予的权力来维护社会秩序和保护公民权益。行政执法权力包括:维护社会秩序和保护公民权益的职能,包括执法权、行政处罚权等。行政执法权力是由法律赋予政府机关的,但是这种权力也要在法律和道德的范围内运用,并且需要进行监督和约束,以确保其合法性和公正性。任何权力都是一种实现特定社会目标的工具。在一切工具中,权力这一工具更具有功能的不确定性,即使用者既可使权力运用恰到好处,也可使权力僵化;既可使权力服务于组织目标和公众利益,也可使权力服务于个人的非法目的。行政执法的效果取决于掌权者的个人知识能力和道德素质。当掌权者具有较高的知识能力和道德素质时,能够在法律法规和政策的范围内运用权力,能够在决策时保护公民权益和维护社会公平正义,能够确保行政执法的公正性和合法性,并使其具有高效性。

(二)行政执法道德的基本原则

① 公正性。法律是维护社会公正的重要手段,社会公正是法律必须遵守的重要原则。法律通过规定权利义务、规范行为、保护公民权益等方式维护社会公正。社会公正是指社会上所有公民在权利和义务、机会和责任上都应被平等对待,这是法律应遵循的基本原则。行政执法作为法律的执行行为,直接对相对人的权利义务产生影响,其行为必然包含对这一道德原则的价值判断和选择。② 社会功利性。行政执法必须呈现出广大人民群众的共同利益,体现在具体的行政执法行为中是对国家整体利益的维护,任何行政执法行为都不可避免地包含社会功利性。③ 人道主义。社会主义人道主义是指在社会主义建设过程中,政府机关在保护公民权益和维护社会秩序时,要遵循人道主义原则,尊重公民权利和尊严,保障公民基本生存权和发展权,维护公民合法权益,促进社会公平正义。在行政执法行为中要尽量减少对公民的影响,保护弱势群体,并且在行政执法过程中保证公正、公开和

公平。④ 道德良心。道德良心在个人行为中对行为动机的选择起着重要作用,对行为本身起着监督作用,是保证个人行为符合一定社会道德要求的心理前提。行政执法活动是国家行政管理的主要活动,既是对国家利益的维护,也是对相对人的利益保护。自我觉悟以及在此基础上所形成的道德情感和道德责任感是行政主体必要的道德心理前提,离开这个前提谈行为的科学性和道德性是不可能的。

(三)行政执法道德目标的建构

1. 确立正义的行政执法价值取向

确立正义的行政执法价值取向对于确保行政执法的公正性和合法性非常重要。正义的行政执法价值取向是指在行政执法过程中遵循公正、公平、公开的原则,保护公民权益,维护社会公平正义。这意味着在行政执法过程中要遵循法律法规,保护公民权益,维护社会秩序,并且尊重公民的合法权益,保障公民的权利和自由。正义的行政执法价值取向有助于建立起公民对政府的信任,提高行政效能和公民满意度。现代社会之前,人类理智被当作将伦理与规范意识整合进工具目标考量的一种思维过程。① 效率代表着行政事务处理的"快"与"慢",正义则代表的是行政事务处理的"善"与"恶"。理性只是决策过程中一种逻辑思维工具,道德则考虑的是关于如何尊重和保护人权,以及对公正和公平关系的思考。如果道德考虑被忽视,则可能导致政策和行为的错误导向,侵犯公民权益和社会公平正义,甚至产生不道德和不合法的结果。因此,道德思考是理性思考的重要组成部分,它不仅能帮助行政执法主体在决策过程中更好地考虑到公民权益和社会公平正义,而且能帮助行政执法主体避免道德错位和不道德行为。在行政执法过程中,政府机关需要在运用理性思维的同时,结合道德思考来确保行政执法的公正性和合法性。正如罗尔斯所认为的那样,正义是社会制度的第一美德,正像真理是思想体系的首要价值一样。② 只有在正义的考量下,行政主体才能作出合法并且合理的自由裁量。

2. 树立具有责任感的行政执法意识

树立具有责任感的行政执法意识,意味着行政执法人员应该明确自己

---

① 艾赅博,百里枫. 揭开行政之恶[M]. 白锐,译. 北京:中央编译出版社. 2009:44.

② 罗尔斯. 正义论[M]. 何怀宏,何包钢,廖申白,译. 北京:中国社会科学出版社,2009:1.

的职责和义务，并对其工作所产生的影响负责。这需要行政执法人员具备良好的法律素养和道德品质，并坚持公正、公平、公开的原则进行工作。同时，实施有效的监督和问责制度也是维护责任意识的重要手段。

首先，加强行政执法人员的个人道德修养。行政执法人员应该具备良好的道德品质和法律素养，例如诚实、守信、公正、公平、公开等。一方面可以通过不断的教育和培训来提高行政执法人员的法律知识和道德水平。另一方面可以通过不断学习和实践，使行政执法人员更好地理解和掌握法律法规和执法标准，并在工作中更好地遵循法律和道德准则。此外，教育和培训可以帮助行政执法人员提高沟通和处理纠纷的能力，更好地了解和服务公众，增强执法公信力和公众信任度。

其次，建立健全监督和问责制度。行政执法人员应该对自身工作所产生的影响负责，监督机构应该对行政执法人员的工作进行监督和评估。问责是纠正违法违规行为，维护法律秩序和公共利益的重要手段。问责可以通过多种方式进行，例如纪律处分、行政处罚、组织调整、诫勉教育等。应该根据问责对象的责任程度和违法违规行为的严重程度来进行适当问责。问责不仅可以纠正违法违规行为，还可以防止违法违规行为的发生，提高行政执法人员的职业道德水平和业务水平。问责是行政执法机关和行政执法人员提高责任意识的重要手段。

最后，强化公众监督。公众监督是维护法律秩序和公共利益的重要手段。公众监督可以通过多种方式进行，例如举报、投诉、建议等。公众监督可以发现行政执法机关和行政执法人员的问题和短板，并对其进行纠正和改进。同时，应该对公众的监督反馈进行及时处理，对公众反馈的问题进行全面收集、妥善处理和及时反馈并建立健全公众监督和反馈机制，使公众有效参与行政执法工作的监督。

三、行政执法技艺的培养

（一）加强行政执法队伍建设

行政执法人员的素质对提高行政执法水平具有重要意义。行政执法人员的素质高低直接影响到行政执法的准确性、公正性和效率。高素质的行政执法人员可以更好地遵循法律法规，更好地保护公民和法人的合法权益，更好地维护社会秩序和公共利益。反之，低素质的行政执法人员可能会违反法律法规，侵犯公民和法人的合法权益，破坏社会秩序和公共利益。因此，加强行政执法队伍建设，提高行政执法人员素质，是提高行政执法水平的关键。我国行政执法人员队伍庞大，行政执法人员的业务素质、工作能力和工作水平也往往参差不齐。我国行政执法人员队伍建设存在着困难和问题，应采取有效措施解决。一是需要强化行政执法人员的专业素质培训和继续教育，建立健全执法纪律和职业道德的管理制度，提高行政执法人员的福利待遇，建立和完善执法信息化系统。二是严格行政执法人员选拔程序，确保行政执法人员具有较高的政治素质、专业素质和工作能力。三是完善行政执法人员队伍的准入机制，确保行政执法人员有较高的政治素质和道德品质。可以通过实施资格审查、履职监督等机制来确保行政执法人员的资格和行为符合要求。应提高行政执法人员队伍的素质、专业能力和执法水平，为公众提供更高质量的服务。

（二）细化执法标准

执法水平的提高需要客观的制度条件作为有力支撑，而对执法标准的细化有利于将行政执法人员的自由裁量、执法方式等调至一个合适的位置。行政法律法规对自由裁量权的规定不是特别明确和具体。自由裁量权是行政机关在执行行政职能时，根据具体情况和法律法规的规定，在一定范围内进行判断和决策的权力。模糊的规定可能会给行政执法人员带来困难，使其不确定如何在具体情况下使用自由裁量权，此外还可能导致行政执法人员在执行行政职能时出现随意执法的情况。因此，为了避免行政执法人员出现随意执法的情况，可以通过细化执法标准来明确自由裁量权的具体适用范围和限制，从而可以帮助行政执法人员在具体情况中更好地使用自由裁量权，提高行政执法的公正性和公平性。在这个过程中，要注意遵守合法性原则，要在立法精神、原则和制度规定下进行执法标准细化，并通过发布行政执法规范性文件、建立行政执法标准化管理体系等措施，明确行政执法人员的自由裁量范围和执法标准，同时通过培训和考核等措施来提高行政执法人员的业务素质和技能，提升行政执法水平。

（三）完善执法程序

程序公正是提高行政执法的一个重要前提和重要保障。程序公正是行政执法的基本原则，保证了行政执法的公平性和公正性。行政执法程序公正不仅可以保证行政执法的合法性和正确性，也可以确保行政执法人员所采取的行政行为具有公信力和可信度，提高行政执法的公信力和公信度。程序公正可以有效防止行政执法权的滥用，维护公民的合法权益。因此，程序公正是提高行政执法水平的一个重要前提和重要保障。在行政执法人员进行行政执法时，必须遵循法律规定的各项程序规则。一是表明身份。行政执法人员应当明确执法依据、执法程序、执法范围等具体事项，避免出现"超管超权"或"超职超权"等问题，保证执法过程的公正性和合法性。二是权利义务告知。在具体执法过程中的各个环节，涉及行政相对人依法所享有的各项权利、应承担的各项义务均应被告知。此外，还应当采取有效措施保护行政相对人的合法权益，不得采取过度行政手段或违反法律规定的行为。三是回避。行政执法人员在行政执法过程中，如果发现与正在处理的行政事项有某种利害关系，那么应当进行回避，不得再继续参与对该事项的处理过程。四是不单方接触。具体行政案件中，如果涉及两方或多方行政相对人存在相互排斥或关联的利益关系，那么行政执法人员在处理具体事项的过程中，应在各方都在场的情况下全面听取各方陈述并接收证据，不得单独同其中一方当事人接触，避免偏听偏信、执法不公。五是说明理由。行政执法人员在作出对行政相对人合法权益产生不利影响的行政行为时，应当向行政相对人说明作出此行政行为的事实证据和法律依据，并让行政相对人有机会对证据和依据进行质证和反驳。在这样的情况下，行政执法人员应当尽量保证公平性，避免偏袒某一方。

（四）完善行政执法责任制

通过完善行政执法责任制，可以确保行政执法过程的公正性和透明度，提高行政执法人员的责任意识和职业道德，降低腐败风险，提高行政执法效能和公信力。完善行政执法责任制的核心意义在于，在保证行政权力合法行使的前提下，强调行政执法人员应当遵守的法律法规，尊重和保护行政相对人的合法权益，在行政执法过程中力求公正、公平、公开。同时，强化行政机关内部的监督制约这一自我预防和纠错机制，能够有效地防范和纠正行政失误以及行政滥用职权等问题，提高行政执法效能和公信力，维护社会公平正义。加强和完善行政执法责任制已成为依法行政的重要内容，尤其是内部纠错的行政复议制度，可以有效保证行政机关的公正性和公平性，保护行政相对人的合法权益，提高行政公信力和公众信任度。

思考题

1. 如何理解自由裁量权?

2. 简述刚性执法与柔性执法的差异。

3. 试论如何构建行政执法伦理?

推荐书目

1. 库珀. 行政伦理学手册[M]. 熊节春,译. 北京:中国人民大学出版社,2020.

2. 张康之. 行政伦理学的观念与视野[M]. 北京:中国人民大学出版社,2008.

3. 张康之. 寻找公共行政的伦理视角[M]. 2 版. 北京:中国人民大学出版社,2012.

7

第七章

技术时代的行政伦理

学习目标

1. 正确理解技术对治理带来的积极作用与消极作用。
2. 了解技术嵌入政府治理的内在逻辑。
3. 把握智能时代重塑行政伦理的途径与方法。

技术对生活的方方面面都产生了至关重要的影响,同样也已经渗入公共治理。大数据、云计算、区块链等技术促进了互联网政务蓬勃发展,促进了公平、民主。目前,政府治理表现出对技术的高度依赖,引发了工具理性与价值理性冲突,带来了公平风险、隐私风险、政治风险、技术失灵与数据失真等各种风险,需要重新审视技术治理伦理问题。因此,需要强调技术治理的公平诉求、隐私保护诉求与技术工具性诉求,通过个人主观自觉、保证践约的客观强制力量、技术本身的完善等重塑技术影响下的行政伦理。

■ 第一节　政府治理的技术时代

一、政府治理的技术化

技术已经成为日常生活中必不可少的一部分,任何人都无法想象没有技术的生活该当如何。技术不仅在日常生活中表现出强大的活力,也使政府治理事半功倍。技术嵌入政府治理具有技术、价值和实践逻辑,促进了互联网政务的繁荣,以及社会的公平与民主,带来了浙江省"最多跑一次"改革"广州市政府智能服务机器人云平台项目"以及"上海市利用大数据进行市场监督"等成功案例。

(一) 技术改变生活

现代信息技术的发展改变了人们的日常生活,微博、微信等大大缩短了人与人之间、人与世界之间的距离,使人坐在家中就可以与世界上任何一端的朋友甚至是与素未谋面之人联系交流,在家中就能欣赏世界各处的美景,通信技术将整个世界都搬到了人类的书房中。不管是在日常生活中还是在经济生活、政治生活中,人类行为都表现出了英国社会学家吉登斯所说的"脱域"特征,社会关系从有限的地方性场景中脱离出来,摆脱了地域的限制。技术给生活带来了便利,同时也已经成为人类日常生活中不可或缺的东西。单个个体脱离技术环境后，很容易脱离现实生活，成为现实生活的“局外人”。所以，技术不再是单纯帮助公众生活得更好、更便利的手段，而已成为日常生活无法脱离的环境中的一部分。

为了适应社会生活所发生的变化，政府治理也需要因时而变，政府治理变革势在必行。目前，政府门户网站、政务微博、政务微信，各类App已经成为公众日常生活中习以为常的事物，它们在给公众提供便利的同时也在潜移默化中改变了公众与政府之间的关系。公众可以坐在家中浏览政府相关工作及政务信息，可以通过邮件、电话与政府行政人员沟通业务，可以通过App办理业务，这不仅大大节省了时间和精力，还避免了现场办理业务的拥堵，提高了办事效率。这些新事物是在信息技术不断变革的过程中产生的，政府治理伴随着技术变革的同时也穿上了“技术化的外衣”，并随着技术的不断推进而不断变革。

（二）技术治理

不同学者对技术治理的界定不同。技术治理主要侧重于两个方面，一种是以信息技术为基础的治理，另一种是指规范化、标准化的治理方式，例如项目制、运动式治理等。这里的技术治理主要侧重于第一个方面。陈振明认为，技术治理是人们为解决某一社会问题或达成一定的政府目标而采取的具体手段和方式①。技术是治理的一种手段，互联网、大数据等信息技术的发展为治理提供了具体的手段和方式。解胜利等人认为技术治理的基本内涵是将科学技术运用于社会治理和公共政治中以提高社会运行的效率。技术治理有两大原则：原则一是科学管理，即用科学原理和技术方法来治理社会；原则二是专家政治，即由接受了系统的现代自然科学技术教育的专家来掌握政治权力。② 因此，技术治理是由掌握了现代科学管理方法和技术的专家借助信息技术来具体实施对社会的管理和运行机制的设计，动态监控管理队伍和社会风险以提升社会运行的理性化水平，提高政治及行政活动的专业水准和效率。

技术治理成为必然。新时代倡导国家治理体系和治理能力现代化，技术治理是其中的重要组成部分。以往的统治型政府和管理型政府都是通过

① 陈振明.政策科学：政府政策分析导论[M].3版.北京：北京大学出版社，2012：170.

② 解胜利，吴理财.从“嵌入—吸纳”到“界权—治理”：中国技术治理的逻辑嬗变：以项目制和清单制为例的总体考察[J].电子政务，2019(12)：95-107.

信息垄断来强化政府能力的,而电子化、数字化条件下的政府却无法通过这种方式去强化政府能力,反而会在这个方面削弱政府能力,这就决定了政府必须放弃信息垄断的做法。① 伴随着信息技术的不断发展,政府无法通过垄断信息来保持自己的优势地位,反而应该顺应时代的发展主动公开政府信息和数据。技术化给政府治理提供了更有利的工具,政府可以通过政务论坛、网络问政等形式提高办事效率,提升公民的满意度。同时,技术赋能公民。技术能够有利于公民参与政治生活,例如表达意见与建议、参与投票等,同时还能使公民不断扩展参与到公共安全、志愿服务等领域。另外,技术的发展也有利于公民对技术的有效监督。

技术治理并非万能。技术本身并不蕴含价值,但是技术的发明使用都是人为作用的产物,不可避免地被打上价值的烙印,所以不管是经济领域中的技术利用还是政治领域中的技术利用都无法空谈价值中立。从技术乐观论到技术悲观论的演变凸显出人类对技术价值的思考。人类逐渐认识到技术不仅仅是有利于生活的利器,同时也可能是猛于虎的凶器。张丙宣在《技术治理的两幅面孔》②中指出,技术以生产和赋权为特征的"仁慈面孔"有助于增进社会福利,同时,技术以侵入和约束为特征的"阴暗面孔"使技术治理潜藏着系统的社会风险和政治风险。在实践中,从个人信息泄露、个人隐私权被侵犯到对智能手机、网络的过度依赖再到技术操纵、黑暗算法,技术的威胁体现得淋漓尽致。

实践证明,技术如果不能得到有效规制就会出现技术异化,政府治理领域也是如此,尤其是在政府治理转型时期,技术与治理本身还没有完美契合,政府治理的技术会带来很多先前没有的问题。例如,数字鸿沟所带来的新的社会不平等问题、数据和信息失真可能引发的决策风险问题等。新技术在缩小社会贫富差距、解决社会贫困问题等政府治理方面起到了重要作用,例如大数据在识别最低生活保障对象方面的准确率大大提升,但是不同地区对技术的应用程度不同,因此技术赋能与技术监管的程度也不尽相同。越是经济实力雄厚、教育资源良好的地区越能更好地应用信息技术,经济实力较薄弱、教育资源较落后的地区会因为信息水平、技术发展与应用水平的限制在新一轮政府治理变革中占据劣势地位,这无疑加剧了新的不平等,信

① 张康之.寻找公共行政的伦理视角[M].2 版.北京:中国人民大学出版社,2012:314.

② 此文标题中的"幅"应为"副"。

息与技术的马太效应愈演愈烈。

二、技术嵌入政府治理的内在逻辑

（一）技术逻辑

第一，技术治理方式不断发生变革。政府对政务数据、政务信息的处理经历了不同的阶段，在人类社会发展初期，需要处理的政务数据和政务信息较少，只需要人工就可以得心应手地处理。随着人类面临问题的日益复杂化，政务数据和政务信息日益增多，为了更好地对这些信息和数据进行分析，需要借助于抽样方法等方式来降低数据的复杂程度。到了 21 世纪，数据和信息呈现爆炸式增长，原有的方式已经不适应现代治理方式，云计算、物联网、大数据、人工智能等技术应运而生，成为政府治理的有力工具。

政府治理、行政改革的步伐是伴随着信息技术的不断发展和应用进行的，从“三金工程”到“政府上网工程”和“办公自动化系统建设”再到“互联网＋政务服务”，数字政府建设无不体现出信息技术对政府治理的影响。新时代，“云上贵州”、浙江省“最多跑一次”改革、“无锡市智慧城管系统”等也都是建立在大数据、区块链、云计算、人工智能等高新技术基础之上，构成了国家治理体系和治理能力现代化的重要组成部分。改革开放以来，中国政府的改革实践经历了一个从总体支配到技术治理的深刻转型，技术治理逐渐成为当代国家治理的主导逻辑和显著特征。[①] 技术的更新迭代为政府治理、政府改革提供了强大驱动力量，在未来越来越多的技术手段将会被应用于政府治理中，政府治理的技术化色彩也会越来越浓厚。

第二，技术为政府治理提供基础。大数据、区块链、云计算、人工智能、物联网、5G 等技术的不断更新发展为公众提供了认识世界的新方式，也提供了解决问题的新方法。在这些新技术的帮助下，政府提高了办理业务的效率，也通过技术的使用减少了人为因素的干预，提高了处理事务的理性化程度。技术的发展不仅仅改变了普通公众的日常生活，也给政府治理带来了新的契机。政府治理的技术化正是建立在这些高新技术不断发展的基础上，技术的发展为政府治理变革提供了前提基础和技术支撑。

当前嵌入政府治理的技术有很多，其中一个非常重要的技术就是大数

① 解胜利，吴理财．从“嵌入—吸纳”到“界权—治理”：中国技术治理的逻辑嬗变：以项目制和清单制为例的总体考察[J]．电子政务，2019(12)：95-107．

据。大数据强调的是数据之大，利用海量数据来分析世界。对于大数据的分析，有“3V”“5V”“十字特征”等主要强调大数据的多、快、大等特征。在大数据时代，世界万事万物都可以用数据来表征，事物之间的任何关系也都可以用数据来表示。另外，云计算也是非常重要的。云计算就像是人的大脑一样，有利于提升人类对数据的计算处理能力。计算处理能力是影响人类生产、生活的重要方面，云计算的出现由于改变了社会的工作方式而被称为计算机领域的一次革命。“云”将计算处理能力整合在一起，整合后的计算处理能力已经成为一种可以流动的资源和商品，使用者可以按照需求获取相应的计算处理能力并支付相应费用。如今，云计算的确改变了人类的生活和生产方式，医疗云、教育云、存储云、金融云已走进公众的日常生活，网络搜索引擎与网络邮箱是公众最能直观感受到的云计算应用。

（二）价值逻辑

一方面，社会需求变得越来越多元。公共治理是对社会需求的回应，公共治理方式根据社会需求的变化而变化，同时公共治理又影响着社会的整体状态。农业社会对应的是统治型的社会治理模式，公众多服从于政府的“统治”，工业社会对应的是管理型的社会治理模式，通过专业化分工的官僚制组织向社会提供管理和服务。在农业社会与工业社会早期，政府通过传统的行政方式管理社会，行政效率低下，在工业社会后期逐渐发展起来的技术影响下，社会节奏变快，公众的需求变得越来越多元，对公共服务的时效和质量要求越来越高。传统的公共服务方式不能满足公众多元化的社会需求，需要改变公共服务方式。要想满足多元化的公共服务方式需要技术的支持，通过大数据等技术了解公众的多元需求并提供公共服务。

另一方面，社会需求的个性化变得越来越强。传统的公共服务模式已经无法适应新时代公众的要求，更无法提供个性化的服务，固守传统的行政管理模式会损害政府的权威。随着社会需求变得越来越多元，公众开始追求个性化、针对性的公共服务，希望政府可以根据公众自身需求提供公共服务，而掌握信息则是提供个性化、针对性服务的前提。全国人口情况、土地情况与教育情况等各方面的信息是提供科学决策的前提，也是提供个性化公共服务的保障，而掌握这些情况需要大数据与统计分析系统的支持。社会需求的个性化体现在各个方面，例如现有的业务异地办理需要多部门的协同、数据的统一；一站式服务需要前端与后台的密切配合……所有这些都需要大数据、人工智能、互联网等技术的支持。因此，公众对高效、便捷的个性化公共服务需求暗含了对政府应用高新技术的要求。

（三）实践逻辑

首先，技术嵌入政府治理是国家治理体系和治理能力现代化的要求。2013年11月，党的十八届三中全会提出："全面深化改革的总目标是完善和发展中国特色社会主义制度，推进国家治理体系和治理能力现代化。"进入新时代，公共治理不再是被动地接受和适应，而是积极调节。积极的公共治理需要主动适应社会的发展和公众的需求，提前对需要政府宏观调控的事项做好规划，这是国家治理体系和治理能力现代化的重要体现。国家治理体系和治理能力现代化是中国共产党在对政治社会发展规律深入把握的基础上对改革目标的拓展和延伸，要求国家在行政制度、决策制度、司法制度、预算制度、监督制度等重要领域进行突破性的改革，而在具体治理方式上，注重信息与科技手段的运用就是一个重要的创新。政府利用大数据、云计算、人工智能等现代信息技术的成果武装国家治理，利用技术的帮助来弥补人工的不足，以此提高治理效率、减少治理成本。大数据技术可以通过海量数据的快速收集和挖掘，深度分析当前社会治理的特点，并对大数据时代下的社会治理给出科学的决策。①

其次，技术提高了治理效率。技术的发展为政府治理提供了前提和基础，这是社会发展尤其是信息技术发展给治理变革带来的契机。技术治理不能只是一个被动适应的过程，更需要主动应用。美国经济学家西蒙致力于研究如何使用科学的方法研究人的理性和决策行为，希望使用数学、统计学等学科知识和信息技术提升人的技术理性能力，而这仍然是当前时代的主要任务。我国的技术治理过程是一个随着社会、技术的发展而不断探索的过程，从"三金工程"到"政府上网工程"和"办公自动化系统建设"再到"互联网＋政务服务"，数字政府建设体现了国家对技术治理的追求。另外，在中国的技术治理实践中也涌现出了很多成功的案例，从政府门户网站、12345政务服务便民热线、政务微博、政务微信到"一站式服务大厅""雪亮工程""智慧城管""智慧社区""最多跑一次"改革都体现出了中国智慧，是国家治理体系和治理能力现代化的重要组成部分。技术嵌入政府治理是大势所

① 张克平，陈曙东．大数据与智慧社会：数据驱动变革、构建未来世界[M]．北京：人民邮电出版社，2017：30.

趋，也是未来公共治理的必然之举。

三、技术治理的现实效果

中国技术治理的实践分为三个阶段，第一个阶段是从20世纪90年代至2010年，这一阶段是技术治理的雏形阶段，国家通过机构设置、政策规划和设施建设为技术治理打造基础。第二个阶段是从2011年至2014年，这一阶段是技术治理的萌生阶段，在制度支撑、技术支撑和运作过程上表现为“大数据＋治理”的特征。第三个阶段是2014年以后，这一阶段是技术治理的涌现阶段，信息社会开始迈向人工智能时代，城市基层清晰化构建依托智能化平台。① 从“三金工程”到“政府上网工程”和“互联网＋政务服务”再到“一站式服务大厅”和“最多跑一次”改革都是政府主动应用技术创新服务的典型，均取得了良好的效果，不仅体现了治理手段的创新，也体现了治理理念的与时俱进。

（一）互联网政务蓬勃发展

从政务网站到政务微博、政务微信，再到政务头条号、政务抖音号，这些在日常生活中的常见事物都是政治与技术结合的产物，深刻地改变了公众参与政治的方式。伴随着技术的不断发展，政府管理和服务的工具和形式会继续发生变化。根据中国互联网络信息中心于2022年发布的第50次《中国互联网络发展状况统计报告》数据显示，我国的政务网站、政务微博、政务微信、政务头条号、政务抖音号等都得到了长足发展。

（二）技术治理的价值创造

1. 公平

技术的发展会带来技术的变革。技术治理虽可能带来负面影响，但技术治理具有价值创造的功能。例如，技术治理带来社会公平，突出表现为信息获取的公平性上。虽然信息鸿沟成为很多学者都在诟病的问题，但这更多的是从横向上来看待社会公平的问题，如果从纵向的角度来看，互联网等信息技术给公众所带来的是信息获取方面的便利性。借助于互联网等信息技术的帮助，当前时期比历史上任何一个时期都更容易获得信息，信息的种

① 陈晓运.技术治理：中国城市基层社会治理的新路向[J].国家行政学院学报，2018(6)：123-127，191.

类、数量也更丰富。政治事务不再是精英的事情，而是向公众开放，公众也能更容易地参与到政治生活中。

新技术所具有的去中心化特征也有利于促进社会公平。去中心化是指在一个多节点的系统内部，每个节点都有高度自治的权利，节点与节点之间形成非线性因果关系，每个节点都有可能成为系统的中心，从而形成一种开放、扁平以及平行的社会系统结构。[①] 以往的社会是中心化的，不论是金融服务还是公共服务都需要通过统一的中心来处理和提供，这样的模式不仅风险性高，而且容易带来垄断的种种弊端。现代技术的发展正在逐渐打破这样的中心化格局，社会逐步走向多中心。以区块链技术为例，区块链具有典型的去中心化特征，区块链的“链”上分布有众多数据库节点，各个节点之间是自由连接在一起的，形成了多主线的非线性因果关系，并且每一个都具有高度自治性。将区块链应用于社会治理中，区块链的去中心化克服了官僚制组织层级多、信息传递慢的弊病，有助于建立紧凑、扁平的组织结构，但这也冲击着传统政府的服务职能和管理权威。区块链运用点对点技术和算法构建起参与者之间的新型信任机制，打破传统以政府为中介的信任网络，消解政府在产权登记、公证、知识产权保护等方面的服务职能和管理权威。[②]

2. 民主与政治参与

民主不仅是公众的政治需求，也是政治合法性的重要来源。古往今来，关于民主，人们进行了各种各样的尝试，包括直接民主、间接民主，其中选举、投票等是最常见的形式。在信息通信等技术的支持下，民主具有了新的形式，将原有的关于民主不可能的部分幻想变成了可能，“电子民主”“数字民主”“网络民主”成为流行词。互联网促进了团体认同的形成，增加了互联网用户之间的信任度，为公众提供了新的工具来进行政治参与。大多数互联网用户认为，互联网能够使其有更多的机会来表达政治观点、有更多的机会对政府的行为拥有发言权，能够更好地理解政治，同时互联网也使得政府行政人员能够更好地理解公众的政治主张。

---

① 贾海刚，孙迎联.“区块链+”精准扶贫：创新前景与潜在挑战[J]. 甘肃社会科学，2020(2)：127-135.

② 戚学祥. 区块链技术在政府数据治理中的应用：优势、挑战与对策[J]. 北京理工大学学报(社会科学版)，2018，20(5)：105-111.

不仅仅是依靠互联网，在大数据、信息技术的支持下，更多的人有能力参与到政治生活中，例如公众通过信息技术进行投票，通过政府网站、政务微信、政务微博获取政务信息等，信息技术使公众获取信息的成本大大降低了，这些都为公众参与政治生活提供了便捷的途径。互联网等技术在促进民主方面具有重要作用。第一，互联网等新技术的发展降低了公众参与政治的成本。相比于传统的政治参与模式，新技术支持下的政治参与无须局限于规定时间与规定场所，可以利用空余时间在网上参与政治生活，参与政治讨论，这节省了参与人的时间成本和金钱成本。第二，互联网等新技术的发展降低了公众参与政治的门槛。传统的政治参与模式对个人素质和条件具有一定的要求，那些掌握一定资源的人更容易参与到政治生活中，而公众缺乏相应的资源极容易被排斥在政治参与之外。在网络等新技术的支持下，公众可以随时随地通过互联网参与到政治与公共政策中，这是对政治公平的扩展，也是民主的进步。

3. 信息的双向流通

技术治理其实是双向互动的，政府不是被动接受技术，而是主动将技术应用于社会治理。正是政府的积极主动才促进了技术治理的飞速发展。信息技术的发展增强了公众获取政治信息的能力，有利于参与政治生活，同时信息技术的发展也淡化了政治精英的优越感，政治精英利用信息优势的可能性在减小。在信息技术的支持下，政府的信息垄断地位逐渐丧失，统治型政府和管理型政府都是通过信息垄断来强化政府能力的，而电子化、数字化条件下的政府却无法通过这种方式获得政府能力，反而会在这个方面削弱政府能力，这就决定了政府必须放弃信息垄断的做法。①

技术治理方便了信息的双向流动，不仅有利于公众的信息流向政府，也有利于政府的信息流向公众。一方面，互联网等新技术的发展为公众参与政治提供了信息便利条件。公众对互联网具有较高的信任度，可以在互联网上随时发表自己的意见，也可以在互联网上与腐败或不公平的社会现象作斗争。公众通过财政预算和决算监督政府财务状况、通过网络揭发行政人员的违法乱纪行为等。如果缺乏互联网等技术承担中介作用，公众的信息流向政府会遭遇更多的障碍。另一方面，互联网等新技术的发展也有利

---

① 张康之. 寻找公共行政的伦理视角[M]. 2 版. 北京：中国人民大学出版社，2012：314.

于政务信息公开和数据开放。

专栏 7-1 浙江省“最多跑一次”改革

始发于浙江省的“最多跑一次”改革不仅是浙江省的改革金字牌，也已然成为全国模仿的典范。这是“一窗受理、集成服务、一次办结”的服务模式创新，真正实现了从“用户”角度出发的改革。这样的改革在“方便群众，提高办事效率”方面与其他的改革无异，但是这样的改革绝不仅仅只是服务理念的转变就能促成的，背后有互联网、大数据、云计算等技术的支持。以浙江省为例，首推“数字资源超市”，打通部门间数据信息壁垒；全省首创机关内部“最多跑一次”办事平台建设模式，深化机关内部“一件事”集成改革；迭代升级“城市大脑 · 余杭平台”，开发畅快出行等 16 个特色场景，7 个案例入选浙江省城市大脑应用优秀案例。

（资料来源　吴一静：《余杭“最多跑一次”多项改革成果全省推广》，载杭州市余杭区人民政府网 2021 年 5 月 25 日，http://www.yuhang.gov.cn/art/2021/5/25/art_1532128_58979078.html。收入本书时有改动）

第二节　智能时代的政府治理

一、技术至上：政府治理对技术的依赖

对技术、科技的应用一直是社会的不断追求，不管是在经济领域还是在公共行政领域，都是如此。德国社会学家韦伯认为，科技的发展有利于提升理性、提高效率；美国经济学家西蒙致力于追求用科学的方法研究决策行为，希望通过数字与信息技术来提高人的理性思维能力；美国政治经济学家林德布洛姆在《决策过程》中提出计量、数学与逻辑是决策过程中的通用工具。一直以来，不管是私营部门还是公共部门都认识到了技术对管理和行政的重要作用，并试图通过技术手段来提高效率。进入近现代以来，国家职能不断扩张，公众的需求越来越多样化，传统的服务模式已经无法实现有效的社会治理，技术治理成为必然。近年来，技术的飞速发展和不断突破给技

术治理提供了支持，政府部门应用技术实现对社会的治理和服务变得越来越普遍，但是如果不对技术治理加以规制，就会出现技术异化的现象，甚至现在已有一些部门出现唯技术至上的理念和做法。

（一）社会管理技术化、数字化

现代社会对数字技术的追求日益凸显，不管是经济发展还是政府绩效都倾向于用技术的手段将其表征出来。不可否认，工业社会工具理性的确带来了生产和生活上的便利，例如衡量工厂的产量、国民经济的发展状况、接受义务教育的人口数量、老龄化程度等都可以通过统计的方法用数字的形式直观地呈现出来。目前，统计软件不断推陈出新，统计方法也在不断进步，统计结果更加科学、直观、真实，凸显出数字强大的优势。但是，数字技术正在无限地扩展边界，不仅深入经济领域，也深入政治领域，不仅可以用数字表征政府管理绩效，更可以用技术呈现公民素养。

有一些项目可以使用统计或大数据的方法直观表现出来，例如关于人口老龄化的问题，通过统计或数字的方式使人能够直观地感受到社会的形势，或者用数字来表征政府在追求经济发展方面的绩效都无可厚非。但是单纯用数字、统计或者技术的方式治理社会并不可取，即使使用了比较科学的指标体系，也难免会产生偏差。一方面，单纯用数字、指标和符号来反映社会问题是对社会复杂问题的简单化处理。社会问题复杂多变，涉及多方面的人和物，用数字、指标和符号所表征出来的并不是事物的全部，会丧失很多信息，甚至会丧失一些比较关键的信息。技术乐观主义者认为伴随着大数据的不断进步和发展，数据将无限逼近真实，但从目前的技术来看还未能达到这样的效果。另一方面，一些不适宜用数字和符号来表征和处理的事项被“硬处理”了。有些政府在工具理性思维的指导下，为了简化对事务的处理而追求技术治理。若只用技术、符号和数字的手段来评价带有主观感受的事项难免会产生偏差。

（二）组织系统信息化

组织是开展活动的载体，组织的架构、组织的设置、人员配置情况等都会直接影响到活动的开展。在信息化发展过程中，各地政府非常重视硬件方面的安排，包括组织系统信息化。

一方面，我国的信息化过程是一个逐渐深入、逐步普及的过程，最开始都是由各个地区、各个部门根据资金的实际情况引入信息化系统。公检法以及税务部门是较早引入信息化系统的部门，这就造成了不同部门、不同地区间信息化程度不一致、数据不统一等问题。甚至有一些部门为了信息化而信息化、为了技术化而技术化，引入的信息化系统或者技术系统与实际工作不相匹配，或是部门内缺乏专业人员，导致引入的信息化系统与技术系统被搁置，造成了极大的资源浪费。

另一方面，各地也出台了相关的配套设置，包括建立专门的数字化、信息化管理机构，但是由于这类管理机构是新兴部门，其组织职能没有被科学界定，或与其他部门职能交叉造成部门职责不清，导致在实践中发挥的作用欠佳。由于在前期缺乏必要的信息化顶层设计，我国政府内部各部门之间的信息化管理和应用水平参差不齐，导致以下两个结果。其一，各部门自行开发设计的信息化系统由于在技术代码和数据传输协议等方面存在较大差异，从而导致跨部门之间的系统联通和数据共享困难重重；其二，各技术公司对政府业务流程不够熟悉，使得相关信息系统时常不能满足政府需要而被迫进行更新甚至重新设计，导致各种信息系统越建越多，政府在系统研发和运行维护上所投入的成本也越来越高，更不利于实现信息系统建设的集约化效应。①

（三）技术风险技术化

技术风险技术化是指用技术修缮技术。在应用技术进行治理的过程中，技术的局限性越来越明显，一是有限的适用性，二是对真实信息的遗漏、歪曲，三是应用技术带来的新挑战，包括隐私风险、政治风险、经济风险、意识形态风险等。同时，技术的局限性也降低了政府治理效率，甚至会带来社会问题，对这些局限性进行规制越来越必要。

在工具理性思想的指引下，政府部门不断引入技术来治理风险，出现了“出现风险—引入技术—出现风险—引入技术”的怪圈。技术治理的弊端和风险不断涌现，却被归咎于技术的不完善，因而引入新的技术来修缮现有的技术。当引入的新技术又出现了新的风险时，又再次通过新的技术弥补现有缺陷。固然，一项技术的不完善的确是技术治理带来的直接后果，但这或许只是一种表现，思考技术治理背后的逻辑和伦理，或许可以找到新的思路，跳出用技术来治理技术的圈子。

---

① 易龙飞，陶建钟．政府治理的技术依赖倾向及其风险管控[J]．江海学刊，2020(3)：236-240，255．

二、技术治理的困境:工具理性与价值理性的冲突

在理性主义和人本主义的冲突面前,如何找到工具理性和价值理性之间的平衡,利用技术的优势规制技术风险成为当前社会的重要议题之一。

(一)工具理性与价值理性的关系

工具理性与价值理性相伴而生,是理性的两个组成部分。二者是一对相反的概念,分别代表了不同的趋向,但并非“水火不容”,工具理性促进价值理性的产生,价值理性的实现离不开工具理性。

首先,工具理性与价值理性密不可分。工具是工作时所需要的器具或者为了完成某项任务、工作所使用的手段和方法。大数据、人工智能、区块链等技术是为了进行有效的社会治理所使用的手段,故这些技术应用于政府治理则是按照工具理性的原理建构的。工具理性并不是贬义词,按照工具理性建构的事物也并不代表是片面的、缺乏实质合理性的。

其次,工具理性与价值理性存在冲突。工具理性与价值理性不总是相得益彰的,而是和谐与紧张的状态交替发生。如果技术能够得到良好的规制,将其置于人类的控制之下,使其为人类谋福祉,则工具理性就会促进价值理性的产生。反之,技术一旦超越人类的控制则会引发技术异化,工具理性与价值理性处于冲突状态。

最后,工具理性与价值理性并不是完全对立的两面。虽然工具理性不包括价值因素,但是工具理性却具有带来价值理性的可能。公平、正义以及一切善的规定都是价值理性的内容。应用于各个领域的区块链技术、利用大数据进行市场监管、电子巡警等虽然是按照工具理性建构的,但是却节省了资源、提高了效率、改善了民生,通过工具理性达到了价值理性。毫无疑问,不管是传统治理方式还是技术治理都不仅仅只是追求形式合理性,都蕴含着价值理性的追求,同时每一个社会类型也都不会摒弃工具理性的选择。因此,工具理性和价值理性总是相伴而行的。

政府对大数据等技术的成功应用会改变管理方式、提升管理效率、增强社会效益,但是在实践中也会存在失败案例。在投入巨大的时间成本、金钱成本引入大数据技术等高新技术后,社会治理的效果并不明显,投入收益比较低,甚至会出现负收益。这是由于政府战略与技术战略的紧密程度不够,技术战略不适应政府的社会治理战略,两者之间缺乏适当的整合和匹配。

虽然政府的目标不在于追求经济效率，但是政府行动仍需要进行成本收益核算，这里的收益应考虑社会效益，包括民生的改善、经济的发展、国家的安定等。即使通过成本收益核算的技术应用也可能存在后续风险，所以工具理性与价值理性的紧张与冲突需要常态化管理。

（二）技术治理加剧工具理性与价值理性之间的冲突

技术是治理的一种手段和方式，与制度治理等发挥着同等作用。在工业社会发展初期，按照工具理性建构的制度治理逐渐占据了治理的主要地位。在新时代，技术治理逐渐凸显出优势，在政府治理中的地位越来越高。技术弥补了人的主观性弱点，扩展了人作为管理主体和决策主体的能力，提高了管理和决策的科学性并降低了精准管理的成本。但是，随着技术的发展，技术治理存在走向异化的风险，例如本应该作为技术支配地位的人却受到技术的支配，本应该服务于人类的技术却统治和支配着人类，本应该作为手段的技术却演化为管理的目的等。

大数据及人工智能等技术发展伴随而来的风险早已经充斥公众的日常生活，例如电子巡警在抓拍闯红灯、不礼让行人等不规范行为的同时也在未经个人同意的时候记录了个人的行为，这无疑侵犯了肖像权、隐私权等个人权利；无人机监控设备在监控违法犯罪行为的同时也会监控到私人场所中个人的正常行为；电子社保的实施在方便生活的同时也可能会泄露身份信息；智能手表、智能家居等在提升生活质量的同时也会窃取个人信息，而这些信息传输到后台很可能遭到非法利用。

价值理性的实质合理性相比于工具理性的形式合理性更加复杂，也更难衡量和评价。美国经济学家西蒙在追求理性决策上不断努力，希望通过数学、统计学等学科知识和信息技术提升人的技术理性能力。但是这样的方法真的是科学的吗？摒弃了价值的公共行政还是符合人民最根本需要的公共行政吗？美国政治学家达尔认为公共行政必须解决三个问题，即价值、行政管理中的人以及社会文化环境，才能创立行政科学。美国政治学家沃尔多认为公共管理决策过程是一个政治过程，充满着各种哲学观、价值观和价值取向的考量。由此，达尔和沃尔多认为，西蒙简化了公共管理决策过程。公共行政的过程不是追求简化的过程，如果因为价值的不可衡量和评价就摒弃价值是不合适的。因此，若政府治理片面追求技术理性，片面追求简单易行、效率优先，忽略价值，势必造成价值理性与工具理性的冲突。

三、技术治理的伦理风险

（一）隐私风险

对技术的治理不仅仅要思考如何利用技术提高治理效率，也要规避技术在运行中可能产生的副作用。隐私风险是学者们关注的焦点之一。随着技术的不断深入，个人信息泄露、个人隐私被侵犯成为新的威胁，在日常生活中频繁出现。

1. 泄露个人信息

政府进行技术治理需要收集个人信息，存储于政府后台的数据存在泄露的风险。存储于公共机构的个人信息尚且存在泄露的可能，更不用说存储于其他终端的信息了。对信息的掌握是治理的前提，更是政府技术治理的保障，在政府技术治理的过程中，可以由政府直接收集个人信息，也可以委托第三方机构收集个人信息，但是无论何种方式都存在个人信息泄露的风险。

2. 侵犯个人隐私

政府在技术治理过程中加剧了侵犯个人隐私的风险。技术治理，顾名思义，即借助于技术延展治理的能力、提高治理效率，但技术自身并没有价值判断，应用技术的人如果只重视技术所具有拓展人类能力的方面，而忽略可能造成的侵犯个人隐私等风险则得不偿失。

（二）公平风险

新技术的应用带来了新的问题，不平等问题是其中的问题之一。技术治理的前提是技术，只有掌握、应用好技术才有可能实现良好的治理，然而不同主体具备技术的能力是不同的。

1. 不同国家之间的公平风险

从国际视角来看，发达国家与发展中国家对技术的掌握能力不同，由此可能使“中心—边缘”结构进一步加剧。处于中心地位的国家掌握着巨大的技术优势，并不断运用这样的优势维持自己的地位，处于边缘地位的国家则在国际竞争中处于劣势。处于中心地位的国家利用自身掌握的技术优势提高了参与国际竞争的门槛，处于边缘地位的国家进入中心地位的可能性受到技术限制变得越来越小，国际差距可能会越拉越大。

2. 不同地区之间的公平风险

从国内来看，不同地区的技术应用能力与应用情况不同，导致技术治理的效果不同。一般情况下，技术的应用情况与经济发展情况呈现正相关的关系，经济发展好的地方，对技术的掌握和应用情况较好；反之，经济发展不好的地方，对技术的应用情况较差。不管是网民的比例还是互联网普及率，虽然城乡地区差距在逐步缩小，但整体来看差距还是存在的，这一差距也是城乡之间数字鸿沟的体现之一。

3. 不同群体间的公平风险

从微观角度来看，技术治理会加剧个人、群体之间的不平等，数字鸿沟可能会进一步扩大。那些在经济和教育上享有优势的人可以通过技术优势获取先进的信息资源，而那些弱势群体则会因为缺少这一优势进一步扩大自身弱势。不同的群体和个人掌握的技术资源不同，应用技术的能力也有所差异，在信息化和技术化治理时代，那些掌握技术资源丰富、应用技术能力较强的人或群体更能适应技术治理的模式，获取更多的资源；相反，那些经济状况较差、技术资源贫瘠、应用技术能力较弱的人或群体则易处于劣势，导致彼此之间的差距越来越大。

（三）政治风险

政治与行政密不可分，技术治理虽然属于行政，却毫无疑问地对政治产生影响。技术治理不仅会导致治理主体分化，也会导致工具理性超越价值理性，损害公众权益。

1. 治理主体分化

在技术治理时代，能够拥有良好技术运用能力的人更能适应现代政府治理的模式，呈现技术精英治理的趋势。政治精英自古有之，苏格拉底、柏拉图、亚里士多德都曾论述了他们对政治精英的看法。政治精英属于自然精英的范畴，这种自然精英具有理想化的特征，由那些具有天赋的人来承担。随着技术带来的便利、舒适与富足，技术至上主义使信息泛滥，传统的世界观遭到破坏，技术最终借助官僚机构、专家知识和技术机构垄断人类文明，重新定义了人类的一切价值。① 各个部门为了跟上技术治理的步伐，追

① 颜昌武，杨郑媛．什么是技术治理？[J]．广西师范大学学报（哲学社会科学版），2020，56(2)：11-22.

赶技术治理的潮流，需要不断投入金钱，这样的投入性价比可能很低，甚至入不敷出，加剧了财政压力。

2. 技术治理弱化政治价值

技术不可避免地掺杂着人的情感、倾向，与价值、伦理完全脱离的技术是不存在的，所以价值中立的技术治理设想是无法实现的。技术治理在受到个人情感、价值的影响后染上了政治色彩，甚至可能会成为政治的工具。按照威尔逊、古德诺“政治与行政二分”的观点，技术治理属于行政范畴，只涉及政策执行，而现实中的技术治理则会涉及政治范畴，影响到政策制定。政府在制定政策过程中的工具价值会将公共价值建立在其他价值(例如经济价值)之上，从而忽视公共价值。表面上工具价值负有公共价值的责任，但实际已经将公共价值替换为经济价值。工具价值所承担的责任不仅是一种“伪责任”，更是一种对技术工具性的“污名化”，这也回应了技术治理失灵的问题。在以公共价值为取向的社会治理中，技术治理作为政策工具，当其价值取向集中于行政取向、经济取向或功利取向而偏离公共价值时，治理失灵现象便会产生。① 技术的副作用削弱了公众对政府的信任，导致政府权威的降低，产生了超越人类想象的政治风险。

(四) 技术失灵与数据失真风险

美国经济学家西蒙认为，管理就是决策。进一步说，在掌握信息的基础上作出的决策受到有限理性的限制，决策者不可能穷尽所有信息，也不可能作出最优的决策，而是在掌握可能信息基础上作出的满意决策。美国政治经济学家林德布洛姆也认为，决策是一个渐进的过程，是在不断掌握信息基础上的修修补补。从管理到治理的转变，并没有改变信息在公共行政中的作用，随着技术的发展，信息在公共行政中发挥的作用越来越大。

1. 技术失灵

技术并非自发之物，而是由人设计和开发的，因此再高明的技术也无法摆脱由人所带来的主观性和有限理性。政府适应了技术治理的模式，几乎所有的治理行为都建立在技术的辅助之上。无法想象，一旦技术失灵，政府治理该何去何从？在日常生活中，类似的例子比比皆是。在公共治理领域也同样存在这样的问题。例如，美国政府网络系统的瘫痪导致美国在全球

---

① 王长征，彭小兵.技术治理与制度道德[J].自然辩证法研究，2020，36(6)：34-39.

发放签证工作受阻。引起技术失灵的原因可以归结为两个方面，一个是主观方面，另一个是客观方面。主观方面，技术或系统可能会受到黑客攻击，致使技术系统崩溃；客观方面，系统自身漏洞或突然停电等原因致使系统无法正常工作，使工作受阻。

2. 数据失真

科学的决策建立在真实、有效的信息基础之上，一旦信息错误则可能导致决策失误。信息失真是由两个方面的因素造成的，一是客观因素，即人类在数据收集方面受到自身能力不足的限制，无法收集到完整的数据，数据传递也会受到地域空间的限制，无法掌握管理对象的全部属性。即使现在的技术在不断突破和完善，但仍无法排除信息失真的可能。二是主观因素，即由于部门利益等因素，某些部门会人为阻碍信息的收集，公民个人有时也会不完全表达内心想法，使得公共部门收集到的信息存在信息失真的可能，从而影响科学决策，导致技术治理的效果不佳。

专栏 7-2　科技让个人主义崩溃

进入 21 世纪，科技已经让外部算法有能力“比我更了解我自己”。一旦如此，个人主义就即将崩溃，权威也将从个人转向由算法构成的网络。人类不会再认为自己是自主的个体，不再依据自己的期望度日，而是习惯把人类看作一个集合体，由电子算法网络实时监测。要发生这种情况，算法甚至不需要能够完全了解我而且绝不出错，只要比我自己更了解我、犯的错更少，就已足够。到了这个程度，合理的做法就是把越来越多的选择和人生大事都交给算法来为我做决定。

（资料来源　赫拉利：《未来简史》，林俊宏译，中信出版集团 2017 年版。收入本书时有改动）

■ 第三节　智能时代的行政伦理重塑

技术化已经成为政府治理无法回避的问题，当已经置身于技术变革所带来的政府治理模式中，便再也无法回归到无技术时代的治理模式中。面对已经被技术化的公众，政府不得不使用技术化的手段为公众服务。没有政府网站的信息查询功能、没有微信公众号的信息推送与预约功能……很大程度上会被公众认为是无作为、无效率的政府。不得不承认，政府治理已经进入了技术治理的时代，技术治理这一名词已经成为现代政治、行政生活中的一个重要名词。

技术固然在政府治理中起到了重要作用，但技术也具有双面性，正确的思路是做到依靠技术却不依赖技术，要让技术的发展为政府治理服务，规避做技术的俘虏。技术乐观论、技术悲观论在政府治理中都有其合理的成分，一定程度上为政府治理提供了新视角，但政府治理还需在未来的发展中审时度势。

一、技术治理的价值诉求

虽然技术治理是政府治理发展过程中进步的表现，但是技术只是一种工具选择，体现的是工具理性，并不是治理的实质和目的，社会治理最终的追求应是价值理性。正如前文所述，技术治理过程中出现了工具理性和价值理性的冲突，这无疑损害了政府的权威，危害了公众权益。但是技术治理并不一定是与价值理性相悖的，在应用技术的过程中可能不利于价值理性的实现，但也可能促进社会的公平、正义等一切关于“善”的行为。所以，在肯定技术治理带来的效率与便利的时候不能忽略技术治理可能带来的各种风险，同时也要关注技术治理的价值诉求与价值创造。

（一）公平诉求

公平是人类一直以来锲而不舍的追求，无论是传统治理还是技术治理都应该加以重视。技术治理带来了新的不公平风险，存在损害政府权威和公民权益的风险。因此，要在技术治理的过程中充分体现公平的价值性，促进公共治理与公共服务的公平与正义。

首先，要厘清公平的含义。公平是一个经久不衰的话题，不同的历史时期统治者作出了不同的努力来促进社会公平。不同学科对公平的定义不同，经济学上侧重于强调经济成果的公平分配，要求社会成员的收入差距不能过大；法学上侧重于强调公正的法……如果从权利义务的角度来看，公平则意味着权利义务的对称性，参与社会的各方享受着自身的权利，也需要履行自身的义务。公平不仅仅具有横向的维度，也具有纵向的维度。纵向上的公平和横向上的公平是公平的两个基本层面，任何一方的不公平都会挫伤参与者的积极性。

其次，要厘清技术治理对公平的影响。技术作为人类应对风险的工具，在农业社会时期，技术主要用来应对自然风险以弥补人类能力的不足，解决的是基本生存问题；在工业社会时期，技术主要用来解决生产问题，技术的运用提高了生产效率，解放了劳动力。目前，技术已成为解决社会问题的重要工具，包括解决社会不公平问题，很多高新技术已经深入教育、扶贫、公益项目中。例如，区块链技术的去中心化有利于提高精准扶贫工作的靶向性，强条件篡改有利于保证精准扶贫数据的真实性，可追溯性有利于确保精准扶贫过程的客观性，公开监管有利于提升精准扶贫资源分配的公平性。但是，技术治理同样带来了新的不公平。技术治理在解决社会不公平方面尤其是解决信息不公平方面提供了强大的技术支持，但同时带来了新的不公平。技术鸿沟、数字鸿沟等是自技术出现以后随之而来的现象。此外，将技术应用于政治、行政领域也带来了新的问题，例如技术治理精英、技术治理的地区不平衡、技术治理的部门不平衡等。

最后，技术治理的不公平亟待解决。技术治理带来了新的社会不公平，主要表现为政治上的数字鸿沟，但并不限于此。如果政府部门只依靠技术完成治理任务，则容易忽略技术欠发达地区的公众需求，从而加剧社会不平等。解决技术治理中出现的新的社会不公平成为技术治理的必然要求，政府应发现已经出现的问题并加以规制，还应提前规划防止新问题的产生。问题发生—问题发现—问题解决是人类惯有的思维方式，但是技术发展带来的社会不公平现象与其他社会不公平现象不同，是人类主动应用技术的结果，尤其是政府主动应用技术的结果。因此应提前规划，预防技术应用带来的不利影响。

（二）隐私权保护诉求

第一，技术治理对隐私的侵犯与公民权利意识增强之间存在矛盾。隐私风险在新技术出现之后备受关注，技术治理加剧了隐私风险。隐私风险往往是被动的、不可抗拒的。当政府进行技术治理时需要采集公众的个人信息甚至会直接侵犯公众个人隐私，例如建立电子社保系统需要采集个人信息、建立电子税务系统需要采集个人收入及家庭收入信息、电子警察需要实时抓拍……这些情况都存在泄露公众个人隐私的风险，但是公众并没有拒绝的权利。

与此相对的是公民在隐私保护等方面意识的增强。随着经济的发展，公民的权利意识不断增强，隐私权保护等个人权利方面的意识越来越强烈。客观上，政府技术治理对公民隐私权的侵犯在程度、广度上不断增强，同时公民权利意识也在不断增强，两者之间存在矛盾，且张力不断变大。

第二，公民个人信息与隐私权的保护势在必行。政府治理需要充分考虑公民自身情况，尤其需要关注公民隐私权保护意识的增强问题，只有这样才能为公民提供更有针对性的服务。因此，政府在技术治理的同时需要特别注意公民个人信息与隐私权的保护。一方面，要注意保护已经收集到的公民个人信息，防止政务系统信息泄露；另一方面，要注意维持技术治理与公民隐私权的平衡。我国在这方面的工作还有待加强，不管是政府还是个人对隐私权保护的重视程度均有待提高。随着技术与技术治理的不断渗透，个人隐私权保护的价值诉求需要得到进一步重视和解决。

（三）技术工具性诉求

第一，技术的工具属性。技术只是一种工具，本身并不会带有情感与价值取向，但人对技术的利用却会使人的情感掺杂进技术当中，使技术治理具有了不同的价值取向，或是追求公平，或是追求效率。另外，如果利用技术的主体过分依赖技术，则会丧失自己的主体地位，潜移默化地将自己的权力让渡出来，依赖技术提供的结果，将自身的决定权交给技术。正是因为对技术的过度依赖，运用技术的主体会将自身不恰当的价值取向带入技术治理中，从而使技术治理带来了一系列风险。同时，技术本身又是不完美的，技术的运用在一定程度上会导致信息失真与技术失灵，从而加剧风险。

目前，人类对技术的态度分为两种，一种认为技术可以延展人的能力，可以完成很多人类无法完成的任务，只有通过技术才能提高治理效率和效能，倾向于依赖技术；另一种认为技术具有很多无法克服的缺点，技术不能在执行任务的过程中体现人文关怀，永远无法超越人类。不管哪一种观点都具有一定的合理性，但也有明显的不足。技术的作用有目共睹，在现实的治理过程中技术显示出了优越性，但从本质上讲，技术从属于工具理性的范畴，只是服务人民的一种手段和工具。技术治理也是如此，只是服务于政治、行政管理的途径，而不是实质和目的。技术治理的归宿是增进社会福利、促进人的自由与解放。

第二，技术治理的本质。明确了技术的工具属性就可以更好地理解技术治理的本质。既然技术只是一种工具和方法，那么技术治理就是利用技术进行的治理，重点在于治理，而非技术。社会治理的核心和归宿是解决人的问题，只有真正解决人的问题，促进人的自由、公平和发展才是有效的治理，也是政治合理性的重要来源。历代的治理都从不同层面去寻求治理的合法性来源，有的从解放生产力方面入手，有的从加强社会保障方面入手，有的从教育角度入手，有的从技术应用角度入手。不论从何种角度入手，其最终的目的都是解放人，增强人的自由能力。由此，技术治理的本质也就不言自明了，技术治理只是众多治理方式中的一种，它的本质和目的是保障公民权益，促进人的自由和发展。

二、重塑行政伦理的路径

（一）个人主观自觉

政府和公众均表现出对技术的信任，普遍看好技术带给生活、工作的便利性，却容易忽视技术带来的各种风险。公众对技术的信任与依赖体现在日常生活的方方面面，短视频、微博等用户的数量、使用时长体现了公众对技术的信赖，同时越来越多的互联网用户通过信息技术参与到政治生活中。因此，公众是与技术息息相关的，作为技术治理的对象，是技术治理风险最值得被关注的群体。所以，技术治理的风险防范并不仅仅是作为治理主体——政府的事情，而是每一个人都必须参与的事情。很多国内学者、政府行政人员等已经意识到公众防范意识与防范能力在技术治理风险防范中的作用，认为公众的防范意识与防范能力对技术治理风险的防范具有重要作用，应该从政府引导、公众自觉等方面入手提高公众防范风险的意识与能力。任何时候，思想建设都是一面大旗，都需要起到引领作用。在技术治理中，风险无处不在，技术的运用不仅会带来新的社会不公平，也会带来隐私侵犯、信息泄露等一系列问题，没有人能够置身事外。因此，每一个人都必须行动起来，正确认识技术治理的优势与劣势，增强对风险的防范意识。

一方面，积极学习，主动防范。从个人角度来讲，技术治理带来的风险是客观的，自身的防范则是主观的，可以通过自身的积极努力学习，增强防范意识，提升防范风险的能力，从而减轻技术治理带来的损害。这就要求公众在日常生活中对技术和技术治理的危害等方面的内容多加了解，不仅要关注其表象，更要探究背后的原理和逻辑，只有这样才能更好地理解技术治理风险产生的原因与应对措施。另外，行政人员更应该积极主动地学习如何更科学、更规范地使用技术提高治理效果。政府行政人员是技术治理的落实者，其素养直接影响着技术治理的效果。如果行政人员技术素养高，知道如何更好地利用技术，了解避免风险的途径与风险发生后的应对措施，就可以尽最大能力降低技术治理可能带来的风险；相反，如果行政人员的技术素养低，对技术运营的逻辑并不清楚，则无法规避技术治理产生的风险，风险一旦发生就会手足无措，可能使危害进一步扩大。所以，行政人员个人的技术素养至关重要，行政人员应该在日常生活中积极学习，不断增强自身的技术素养。

另一方面，开展培训，提高风险应对能力。个人自主学习必不可少，相关培训也至关重要。关于技术与技术治理的知识较专业，单纯依靠个人力量将其研究明白较为困难，公众个人可能很难意识到技术治理到底会产生怎样的风险，更不知道该怎样防范和应对此类风险。因此，政府应该积极开展培训活动，通过定期培训与不定期培训相结合、专业型培训与通用型培训相结合的方式，向公众传输关于技术治理风险的相关知识，帮助公众更好地了解相关知识。政府也可以将培训活动外包给第三方，由专业机构提供培训服务，这不仅可以提高培训效率，还可以减轻政府压力。总之，不管采取何种方式，政府都应加强对公众的引导，尤其是对公共行政人员的引导，营造正确认识、应对技术治理的社会氛围。

（二）保证践约的客观强制力量

1. 完善制度约束

作为一种形式化、明确的指引，制度在规范行为方面具有更强的约束力，这就凸显了制度的重要性。制度本身具有价值性和技术性的双重特质。制度的价值性特质是指制度作为一种对社会成员权利与义务关系的安排本身是一种价值关系，表达了特定的价值理念，具有伦理性。制度的技术性特质是指制度有其内在的自治性、自生性以及社会治理的工具性。[①]

具有技术性特质的制度并不是新鲜事物，历史上也不乏将制度作为技

① 高兆明.制度伦理研究：一种宪政正义的理解[M].北京：商务印书馆，2011：28.

术的治理方式，官僚制就是最为明显的例子。具有技术性特质的制度虽然形式上是一种制度却直接表现出工具理性的特征，主要指制度自身的自治性以及程序性，考量的是制度本身是否严密、有效，这是制度形式上的“善”。技术的伦理性和价值性是制度内容上的“善”，考量的是制度的实质方面，主要看是否体现了公平、正义、自由等精神，规定的是社会成员间的权利与义务关系。不可否认，技术治理是不乏工具合理性的，无数的成功案例也证明了技术治理在效率、便捷等方面的长处，但是技术治理所带来的风险却又偏离了价值合理性，因此注重制度的伦理性，去追求“善”的制度至关重要。

该如何去评判一个制度是不是“善”的制度呢？高兆明认为，一个“善”的制度至少应当具有以下三个基本因素。第一，从存在论角度来说，它应是一个基于平等和自由权利的制度，这种制度能够公平地分配社会基本资源。第二，从人性论角度来说，它应能够通过日常生活的利益分配方式有效地防止人性中弱点的破坏。第三，从运行的角度来说，它应是一个自身运行及其演进变迁比较稳定的制度。一个“善”的制度体制应当是多元和谐的，多元和谐的核心是分配正义。① 从这三个基本的评判标准，可以发现一个“善”的制度更多地侧重于价值理性，而且突出了平等的价值追求。

面对技术治理可能产生的风险，所需要的是充满价值追求的制度。一方面，这种制度不仅能够促进现有的技术治理手段在解决贫困问题、缩小教育差距等社会公平问题方面具有显著的成效，且尽可能预防产生新的不公平现象。另一方面，这种制度能够促进人的自由，赋予公众自由选择的权利。这种自由不仅仅表现为人身自由、经济自由，也表现为政治自由。“善”的制度不仅能提高技术治理的效率，也能够促进人的天性解放，满足公众参与政治生活的意愿。此外，“善”的制度还应该具有“自愈”和“他愈”的功能，不仅需要预防制度自身缺陷的产生，还需要规制人的行为，尤其是公共行政人员的行为，防止人性中弱点的破坏。

2. 健全法律法规

法律和道德是调节社会生活的两种基本的方式。这两种方式并不是相

---

① 高兆明. 制度伦理研究：一种宪政正义的理解[M]. 北京：商务印书馆，2011：103.

互冲突的，而是相互渗透、相互补充的。法律虽然是明确的、威严的和强制的，但是也能体现出其所具有的伦理精神，尤其针对技术治理所产生的伦理风险具有强制性的保护作用。在技术发展带来的风险防治方面，国内有学者注意到法律的重要作用，认为可以合理借鉴国外相关做法，完善我国相关的法律规定，例如，可以制定专门的个人信息保护规范性法律文件来预防技术风险。通过法律规制技术发展所造成的风险需要从国内立法和国际立法两个方面进行。一些发达国家相关法律比较完善，可以为我国制定防范技术风险的法律提供借鉴，我国需结合国内技术治理的实际情况，制定适合我国发展的法律体系，另外还应该与国际立法相接轨，共同应对技术发展带来的风险。

(三)技术本身的完善

技术发展带来的问题可以通过技术本身的完善来解决，也可以通过新技术的发展来解决旧技术存在的缺陷。技术的发展是循序渐进的，是在不断克服自身弊端的基础上不断进步的，因此需要对技术发展与技术应用进行积极干预。数据收集阶段的匿名技术、数据存储阶段的加密技术、数据使用阶段的扰动技术以及设置生命周期技术都是技术制胜的法宝，[①]编码、加密、假名和匿名、防火墙、匿名通信技术等在内的隐私增强技术可以在一定程度上降低传统技术治理带来的伦理风险。[②] 因此，通过技术的完善可以有效减少先前技术存在的弊端。

以大数据技术为例，很多人都表现出了对大数据的质疑，认为它只能反映部分现实，并不能完全显示出公众的真实需求，不能帮助人类客观、全面地认识世界。但是，这只是因为现有的大数据技术还不够发达，数据不够大、全、快。技术只有不断完善和突破，才可以更全面地反映出现实世界的全貌，帮助公共机构了解公众的真实需求，从而提供更具针对性、个性化的公共服务。另外，区块链技术的出现也解决了先前技术治理中存在的责任难以追溯的难题。区块链技术具有强条件篡改性，只有区块链上超过 51% 的全网算力都同意篡改时，篡改才可以实现。虽然区块链上的数据可以篡改，但是篡改的条件比较苛刻，成本较高，所以区块链上的数据更加真实，安全性和完整性更好。可追溯性是区块链的又一明显特征，记录在区块链上

① 顾理平. 大数据时代隐私信息安全的四重困境[J]. 社会科学辑刊，2019(1)：96-101.

② 郑志峰. 人工智能时代的隐私保护[J]. 法律科学(西北政法大学学报)，2019，37(2)：51-60.

的数据都有时序性，并且会被盖上时间戳，因此可以通过节点对区块链上信息的存储和更新进行追踪，信息的修改时间、修改人都可以查询得到。所以，应用区块链技术之后，技术治理的所有细节都会被记录下来，责任追溯也就变得更加容易。

技术本身只是一种工具，并不带有任何伦理和价值色彩，在发展过程中存在缺陷也在所难免，但技术一旦被人类应用到政治、经济生活中便被赋予了伦理色彩。因此，技术本身的缺陷和应用后可能产生的风险并不可怕，重要的是使用技术的主体能够发挥积极主动的作用，及早发现可能存在的风险，并采取有效措施。未来的政府治理应是与时俱进的，政府在治理社会的过程中会不断借助新技术来为人民服务，不管是技术决定论还是技术无用论都是不可取的错误观点。政府在享受技术治理带来的效率与便利的同时，也需要从法律、制度、思想和技术等多方面加以规制，重塑公共行政伦理。

专栏 7-3　伦理精神始终依存于人类行为本身

也许威尔逊本人也没有意识到，在他提出政府行政的最高标准是效率时，不自觉地提出了一种伦理价值导向。他以极大的热情关注提高政府效率的技术手段，重视对政府管理的经验事实研究，其背后仍然蕴含着某种价值追求。他没有意识到，效率本身也是政府行为的重要伦理目标，因而科学化的行政思想中也不乏伦理价值的思考，只是他主观上并未有意追求这种伦理思考。这说明，虽然价值思维必须依赖于人们的主观情感和爱好，但价值问题却不以人们的主观爱好为转移，它始终依存于人类行为本身，尤其是在人类追求的目标中。

（资料来源　郭夏娟：《公共行政伦理学》，浙江大学出版社 2013 年版。收入本书时有改动）

思考题

1. 技术与社会发展的关系是怎样的？
2. “技术决定论”与“社会建构论”哪一种观点是正确的？
3. 技术治理是如何兼顾效率与公平的？

推荐书目

1. 芳汀. 构建虚拟政府：信息技术与制度创新[M]. 邵国松，译. 北京：中国人民大学出版社，2010.

2. 库兹韦尔. 奇点临近[M]. 李庆诚，董振华，田源，译. 北京：机械工业出版社，2011.

3. 徐晓林，杨兰蓉. 电子政务[M]. 北京：高等教育出版社，2016.

4. 库珀. 行政伦理学：实现行政责任的途径[M]. 张秀琴，译. 5 版. 北京：中国人民大学出版社，2010.

8

第八章

制度伦理建设

学习目标

1. 了解制度伦理的产生背景、内涵及功能。

2. 掌握制度与伦理的区别与联系，在此基础上厘清行政伦理制度化的内容及建设的必要性。

3. 了解西方国家行政制度伦理的发展对我国行政制度伦理建设的启示。

4. 掌握我国制度伦理建设的实践问题与制度伦理中国化的发展方向。

提升政府治理能力离不开制度建设和技术运用，也离不开行政伦理的引导和规范，否则会导致权力异化。因此加强政府治理能力建设要发挥制度伦理的作用。

■ 第一节　制度伦理的内涵和功能

一、制度概述

制度伦理研究的提出与20世纪80年代学界引进西方制度经济学理论有着莫大的关系，学者们在研究制度伦理时常常引用制度经济学中制度一词的解释，因此，厘清制度的概念对于制度伦理的研究必不可少。

（一）制度的概念

要厘清制度的概念，首先从制度的词源学角度出发对其定义进行梳理，以便对制度的内涵进行整体把握。

《说文解字》中将制度解释为："制，裁也。从刀，从未。未，物成有滋味，可裁断。一曰止也。""度，法制也。从又，庶省声。""制"与"度"合用，解释为法令礼俗的总称或规定，旧时还指政治规模、法度。《礼记·礼运》中记载："故天子有田以处其子孙，诸侯有国以处其子孙，大夫有采以处其子孙，是谓制度。""考制度，别仁义，所以治政安君也。""命降于社之谓淆地，降于祖庙之谓仁义，降于山川之谓兴作，降于五祀之谓制度。"《汉书·元帝纪》中记载："汉家自有制度，本以霸王道杂之"，主要是将制度界定为规则、规定。《商君书·壹言》中记载"凡将立国，制度不可不察也，治法不可不慎也，国务不可不谨也，事本不可不抟也。制度时，则国俗可化，而民从制；治法明，则官无邪；国务壹，则民应用”，这里主要将制度解释为制定标准、尺度、规范的含义。

《现代汉语词典》将制度定义为“要求大家共同遵守的办事规程或行动准则”。制度的内涵十分宽泛，小到个人或组织制定的临时性规定及各个行业、各个部门制定的具体规章制度，大到国家或国际的法规、准则。制度还有另外一层含义，即在一定历史条件下形成的政治、经济、文化等方面的体系。换句话说，制度并不是一般意义上的规范或习惯，还指有组织的、全面的社会规范体系，所以通常人们在使用制度的时候，常常在其前面缀有经济、政治、法律等社会组织性质的字眼，或者带有封建主义或者资本主义等带有社会体制性质的词语。在使用制度这一词语时不能忽视其主体的存在，那么在制定制度时，谁来制定、谁来执行、谁来监督等都应当是制度包含的内容，而这些方面是否符合规定、是否合理合法则是制度伦理的重要内容。

以上种种关于制度的定义，都从不同的侧重点表达了制度的含义，同时也说明了制度的复杂性。基于以上种种表述，无论从哪个角度来说，制度都应该是规则体系和运行机制，具有强制性、稳定性和规范性。制度所规定的范围包括两个方面。一是社会交往关系结构，二是社会交往双方的社会行为。制度是指在一定历史条件下，在政治、经济、文化、社会等各个领域要求人们遵守的，对行为具有一定调节和约束作用的行为准则。

（二）关于制度的经典解释

新制度经济学的代表人物康芒斯认为制度是指以集体行为控制个体行为。[①] 诺思则认为制度是社会游戏的规则，是人们创造的、用以限制人们相互交流行为的框架，是一系列被制定出来的规则、守法程序和行为的道德伦理规范，旨在约束追求主体福利或效用最大化利益的个人行为。[②] 在诺思的理解里，制度的范畴里包含禁忌、规则和戒律，其中规则又被进一步区分为宪法、执行法和行为规范法则。在此基础上，制度经济学的研究者将制度划分为正式制度和非正式制度。正式制度是指通过法律、政策法规等途径，一定的社团、组织对经济行为体进行管制、约束；非正式制度是指整个社会约

① 康芒斯. 制度经济学[M]. 赵睿，译. 北京：华夏出版社，2017.

② 诺思. 经济史中的结构与变迁[M]. 陈郁，罗华平，等译. 上海：上海三联书店，1994：225-226.

定俗成的，不通过法律等规范渠道制定的制度，包括风俗习惯、道德规范、意识形态等。基于此，制度经济学研究者们将制度伦理归类为非正式制度。按照制度经济学的理解，制度即规范，这种规范包括了伦理层面和非伦理层面。按照新制度经济学的界定去理解制度伦理，将制度伦理的范围局限在政策、法规是否合乎伦理规范。由此可以看出，并不能将经济学领域制度的概念拿来研究伦理学中的制度伦理。经济学领域的研究者更加关注的是通过各种规范激励公众从而获得经济效益的提高，因此对制度的界定较宽泛，制度的主体和发生领域仅限于经济领域。

美国哲学家罗尔斯将制度理解为一种公开的规范体系，这一体系确定了行政人员的职务和地位以及他们的权利、义务等。① 罗尔斯以社会的基本制度为关注点，注重规则以及与规则相关的职位如何运作社会系统，强调的是制度本身的规范性以及依据相应的制度如何分配社会成员的权利、义务，但是对制度本身并没有明确界定。罗尔斯对制度的理解仍停留在职位、地位层面，并没有覆盖一般社会阶层、集团。罗尔斯以比较含糊的方式将社会结构理解为具体制度运行的背景制度，并且认为正是这种背景制度决定了包括社会、经济等领域制度的具体规范内容。

英国社会学家吉登斯从社会结构的层面来理解制度。吉登斯在论及社会自身再生产时提出了结构性特征的概念，并用来指社会系统中"制度化了的特征"，认为社会的结构性特征是社会总体再生产中包含的最根深蒂固的特征，结构最重要的特征就是制度中反复采用的规则与资源。同时，吉登斯认为制度具有较持久的特性。吉登斯不仅将制度规定为外在的社会交往关系结构，还将制度理解为内在的人的交往实践活动。吉登斯认为，不能仅仅将制度理解为外在制约，还应当更加深入理解制度的实质性内容，制度是人类行动的程序，即人类在实践的过程中形成的行动方式。

（三）制度的主要类型

对于制度的定义，学者们从不同的角度提出了自己的理解，因此想要阐述制度的含义，还需要从制度的类型出发进行更加深入的分类和阐释。从不同角度对社会制度进行分类，则社会制度可以有不同的类型划分。美国社会学家萨姆纳以社会制度的性质为依据把制度分为四类：社会自存制度、社会自续

① 罗尔斯．正义论[M]．何怀宏，何包钢，廖申白，译．北京：中国社会科学出版社，2009.

制度、社会自足制度、社会宗教制度。美国社会学家英格尔斯从功能角度把社会制度分为四类：政治制度、经济制度、表意整合制度、亲属制度。

本章按照历史唯物主义把社会结构分为基础结构和上层结构的观点，以社会制度形成的途径为依据，把社会制度分为两大类：本源制度和派生制度。

1. 本源制度

本源制度是指在人类社会初期就形成的、并在以后的社会生活中发挥着基本作用的制度。按照这个标准，本源制度可分为经济制度和家庭制度两个基本制度。其中，家庭制度是人类历史上出现最早的，也是最普遍最持久的社会制度，指与婚姻、家庭相关的制度，包括婚姻制度、生育制度、财产分配制度以及家庭成员之间的责任制度。家庭制度不仅维系着家庭这一人类生活共同体的稳定与延续，而且维系着整个社会秩序。经济制度起源于人类物质生活的需要，和家庭制度一样都是人类社会早期出现的最普遍的社会制度，是和经济活动相关的制度与规定。从横向看，经济制度包括产权制度、生产制度、产品流通制度、产品交换制度等；从纵向看，经济制度包括经济法规、经济法令和经济组织的经济条例及职能、性质方面的规定。经济制度作为人类社会生活的基本形式，既满足了人们的物质生活需求，又规范着人们的经济行为。

2. 派生制度

派生制度是在本源制度的基础上形成并发展起来的社会制度，包括政治制度、法律制度、文化制度和宗教制度等。政治制度是各种派生制度中较为重要的一种制度，是指与政治权力相关的稳定的规范体系，包括和国家的性质、管理以及社会各阶级在国家中的政治地位等相关的规定与制度，其核心是国体和政体。在现代国家的政治体制中，政治制度还包括政党制度、选举制度和司法制度。这些政治制度既保证了整个国家的政治方向，又制约和影响着经济及其他各种社会活动。法律制度是指与法律活动相关的制度，包括国家宪法、各种法规及其执行和监督机构等方面的规定。随着现代社会的发展，人们的社会行为、社会活动越来越法治化，法律制度在现代社会中起着越来越重要的作用。文化制度起源于人类精神文化生活的需要，是指与文化活动相关规定与制度，包括教育制度、新闻制度、科技制度、出版制度、文化交流制度等一系列具体的制度以及一切文化机构的组织条例和管理条例。其中，教育制度是最基本的文化制度。宗教制度是与人们的宗教活动与宗教机构相关的制度，是人类社会出现较早的一种制度。

从伦理学的角度来讲，制度包括宏观、中观以及微观三个层面。宏观层面指国家制度伦理系统，以国家政治为核心；中观层面指社会制度伦理系统，以社会生活为核心；微观层面指公民个人制度伦理系统，以公民日常生活为核心。宏观层面的社会制度是社会稳定存在的基本制度，中观层面的社会制度主要体现在社会运行体制上，微观层面的社会制度则是具体到某个行业、部门甚至个人的行为规范和准则。

以上种种关于制度的不同定义和分类，从不同的侧重点表达了制度的含义，同时也说明了制度的复杂性。无论从哪个角度来说，制度都应该是定性的规则体系和运行机制，具有强制性、稳定性、规范性。制度所规定的范围包括两个方面：一是社会交往关系结构，二是社会交往双方的社会行为。制度是指一定的历史条件下，在政治、经济、文化、社会等各个领域要求人们遵守对行为具有一定调节和约束作用的行为准则。制度可理解为在特定的社会活动中，在权威机构的保障下由社会正式组织制定、执行并实施的具有稳定性、规范性的社会规范体系和运行机制。

二、制度伦理概述

制度伦理是存在于社会基本结构和基本制度中的实现伦理要求的制度化安排。厘清制度伦理的概念，先要厘清制度和伦理之间的关系，然后才能对制度伦理有完整的认识。

（一）制度与伦理的区别

制度和伦理是两个不同的概念，它们在本质、范围、影响方式和应用方式等方面存在区别。

1．本质不同

制度是一系列规则、规范和机制的组合，用于组织和管理社会行为。制度以法律、政策、制度等外在表现形式存在，被社会共同遵守和执行。伦理是指人们对于道德规范和价值观念的内在体验和判断，涉及个体的道德准则、行为规范、信仰和道德责任等。

2．范围不同

制度通常是指社会、政治、经济等领域的规定和规则，包括法律、组织框架、程序等，主要关注人们在组织和管理中的行为规范和决策机制。伦理则更多地涉及个体内心的价值观念、道德判断和道德选择等主观层面，包括个人的品德修养、行为选择等。

3．影响方式不同

制度通过规定来规范社会行为，强制力较强，在一定程度上保障公共利益和公共秩序，在组织和管理中起到规范和约束作用。伦理更多地依赖个人的道德自律和内心的道德判断，强调个体责任、行为选择和价值观念。

4．应用方式不同

制度通过法律、政策、组织规章等形式来实施和执行，通常适用于广大群体和社会系统，以一定的机制和程序来管理和调整社会行为。伦理是一个更加个体化和私人化的概念，涉及个人的道德选择、内心的道德感受和行为规范。

（二）制度与伦理的联系

制度需要被支持和遵从才能发挥效用，因此想要制度能够有效施行需要获得绝大多数社会成员价值观念上的接受和行动上的支持。同时，制度本身应符合社会成员根本利益，符合伦理原则和社会道德，具备一定的价值导向。由此可以看出伦理和制度之间存在着必然的联系。

1．适用对象相同

制度与伦理的适用对象都是人。传统社会中法律不健全，对人们行为习惯的约束主要来自日常行为过程中逐年累积形成的社会道德规范及伦理道德。随着社会的发展，法律和制度的健全以及人们法治意识的增强，人们的行为活动逐渐受到法律和制度的约束。与此同时，人们同样接受着内在的伦理道德规范和调节，这一过程中很多伦理道德逐渐转化为法律，得到人们的认可和遵守，但并不是所有的伦理道德都能够转化为法律制度，道德调节的范围涉及社会的方方面面甚至是法律触及不到的地带。因此，即使是在法律高度健全的社会中仍然需要伦理道德的调节和规范，可以说道德的自律和法律的他律二者相辅相成，共同调节和约束着人们的行为。

2．基础相同

制度与伦理有着共同的基础——规则。制度与伦理都能够对人们的行为起到调控和约束作用，并且二者相互依存。制度能够规定社会交往关系结构，并对其进行整合和调控，告诉人们什么是能做的、什么是不能做的，而伦理的意义更多是提供价值评价，即当前的社会生活是否合理，是否符合公正公平等价值追求。制度并不是空中楼阁，能够顺利制定执行的制度一定是反映人们根本利益以及为人们内心所接受、认可和支持的制度，那么也必然是符合社会的伦理道德原则，具备一定价值指向的制度。制度离不开其所存在的社会历史条件，时代伦理精神对制度起到约束作用，脱离伦理约束的制度不被人们所接受。同时，伦理通过制度的存在对社会生活进行规范和约束，社会的伦理道德规范想要持续性地发挥作用离不开制度的保障。

3. 制度内含伦理基因

制度的制定往往受到伦理观念的指引和影响。伦理观念可以为制度提供价值导向，指导制度的设计和落实。例如，反腐败制度的建立与伦理观念中的廉洁、诚信等价值观紧密相关。制度的建立和执行可以通过引导和塑造伦理观念，推动社会伦理价值观念的形成和发展。伦理观念和个体道德行为的变化可以激发对现有制度的反思和改革。因此，制度与伦理之间存在相互反馈的关系，二者之间是互相促进和调整的。

制度与伦理密切相关，彼此相互影响、相互依存。制度依赖伦理观念的指导，同时又影响着伦理观念的形成和发展。伦理观念可以引导个体在道德层面上的行为和选择，同时通过反馈与制度的关系，推动制度的变革和完善。促进制度与伦理之间的良性互动，可以推动构建更加公正、合理、人性化的社会。

尽管制度和伦理在概念和应用上存在差异，但也存在相互关系和相互作用。良好的制度可以提供有利条件，培养和引导个体的良好伦理行为。同时，伦理也有助于规范和改善制度的运行，使其更加公正和人性化。因此，制度和伦理在社会管理和个体道德实践中相互作用。

（三）制度伦理的内涵

制度伦理当前没有统一的定义，围绕制度伦理定义的讨论通常有三种类型。

第一种，以伦理为中心，将制度伦理理解为制度化的伦理，将伦理道德形成法律，把道德行为上升为法律行为，又可以称之为伦理制度。制度伦理是存在于社会基本结构和贯穿社会的政治法律制度、经济制度中的道德伦理原则和规范等。制度伦理可称为伦理制度，伦理制度是人类道德生活中各种人伦关系与道德活动方式的稳定形式及规定规则，强调伦理制度学的研究内容和研究范围。伦理作为相对独立的制度构建是顺应市场经济发展的产物。制度伦理与政治制度、经济制度、法律制度是并存的，可对社会成员的行为进行道德约束和规范。

第二种，以制度为中心，将制度伦理理解为制度中的伦理，研究制度的伦理价值。不同学者对制度中的伦理有不同的表述方式，例如制度伦理、体制中的德性、制度道德等。道德规范可划分为日常生活道德规范和制度道德规范，二者有各自专门的适用范围。在传统社会中，二者没有明显的区别，甚至绝大多数日常生活道德规范和制度道德规范是重合的，但是工业社会的出现，社会基本结构的改变使得日常生活道德规范与人们的日常生活逐渐拉开距离，日常生活道德规范不再适用，因此在工业社会中制度道德规范变得极其重要。制度伦理是由一系列分配权利和义务的原则、规范所构成的，其通过反映社会结构关系的一系列政策、法规、条例和成文的或不成文的制度表现出来。

第三种，认为制度化的伦理和伦理化的制度二者具备内在一致性，即二者是辩证统一的。制度的制定要符合社会发展所必需的道德要求，一些基本的伦理道德也应制度化。赵清文提出制度和伦理二者是相辅相成、相互渗透的，在对制度伦理进行梳理和定义时不能简单嫁接。简单嫁接不仅在学理上无法自圆其说，而且在实践中对伦理道德建设和社会实践也毫无益处，不仅无法发挥道德的调节作用，也可能丧失道德的功能优势。制度伦理在具体的实践过程中既要追求道德所追求的善，又要用强制手段规范善的相对面恶。①

以制度为中心，制度内部要具备伦理原则、制度本身也要符合伦理评价。本书更倾向于第三种观点，即制度伦理化与伦理制度化相互联系、相互作用，二者之间存在着双向互动的辩证统一关系。二者统一并联结于制度伦理范畴，是制度伦理的两个不可分割的侧面。制度伦理化和伦理制度化作为人活动的两个不同侧面，二者相分离只能在抽象的思维中才能存在，在现实中二者则是不可分离的。制度覆盖的范围是广泛的，既包括宏观的国家法律法规制度，也包括人们在日常生活中遵守的各项行为规范等微观制度。因此，制度伦理不仅是与政治、经济、法律制度并存的社会道德规范体系，还包括政治、经济、法律等非伦理制度中的道德伦理原则。制度伦理既

---

① 赵清文. 伦理与制度契合的理论误区与现实路径[J]. 宁夏社会科学，2017(6)：5-10.

是三种层次的制度内在伦理蕴含和外在伦理效应的静态统一又是制度伦理化和伦理制度化两方面的动态有机结合。

三、制度伦理的功能

制度伦理是制度伦理化和伦理制度化的有机统一，具有引导功能、创新功能、调节功能、凝聚功能和评价功能等五项功能。

(一) 引导功能

制度在制定和执行过程中离不开伦理的导向作用，没有伦理规范引导的制度很容易脱离现实社会生活。一些并不属于道德范畴的行为在伦理原则、伦理理念的引导下也能够因导向了特定目的而产生道德层面的结果。现代社会随着伦理道德转化为制度规范，法律在不断健全和完善的同时，伦理也在不断被制度化，以提高伦理对社会生活的约束效力。由此可以看出，从道德伦理内化而来的制度规范能够被共同认可和遵守除了强大的外在约束力量，还因为得到了人们内在的接受和认可。制度并不是自然存在的，它需要人为制定、执行和监督，这个过程离不开制度主体的存在。

第一，制度伦理对制度主体具有规范作用。一方面对制度主体权力的行使进行约束，另一方面对制度主体的义务进行规范。在制度层面，对制度主体的权力范围进行约束，并要求其行使的权力合乎伦理道德规范。我国作为社会主义国家，权力的主体是劳动人民，因此制度主体应当明确权力的来源是人民的委托。为了避免权力在使用过程中出现滥用、乱用等现象，要对权力的行使主体进行约束和规范，这就要求行使权力的范围以及履行义务的过程公开透明，将权力曝光在阳光下，这也是制度伦理的内在要求。制度只有公开透明才能够接受公民、社会和其他团体的监督，确保权力行使的正确性、合规性。

第二，对个体道德具有指引和规范作用。个人离不开社会，受到特定的制度限制，个体道德与制度伦理存在着紧密的联系，二者之间相互依存。一方面制度伦理的存在能够为个体道德的成长和发展提供指引，个体道德无法独立于制度伦理而存在。因此，尽管个体道德与制度伦理调节的主客体、内容存在着不同，但是制度伦理在调节过程中或多或少会对个体道德产生一定程度的影响。另一方面，制度伦理作为社会评价机制和约束机制对个体道德也起到约束作用。相较于个体道德的主观能动性，制度伦理更加客观和现实，对个体能够起到更大的约束和规范作用。

第三，制度伦理能够对制度本身起到引导和规范作用。制度伦理的存在使得制度在制定、执行过程中要接受伦理道德的规范和要求。相较于伦理道德本身的象征性，制度伦理使得伦理制度化，通过强制的规定来实现社会的道德规范。

（二）创新功能

制度伦理对公平正义的价值追求使得制度在制定执行过程中要保证公正合理。制度的创新是多元的，不同的制度创新有不同的标准，伦理是衡量制度创新的一个重要价值尺度，要确保制度在创新过程中不能违背伦理道德的要求。此外，制度伦理的存在还为制度创新提供了充足的外部保障。制度伦理涉及政治、经济、文化和社会等各个领域，因此制度在创新的过程中要综合考虑。仅仅是某个领域的制度创新没有办法满足社会长久发展的需要，只有整体的制度创新才能够适应时代发展的潮流。整体制度创新既包括横向各个领域的创新，也包括纵向从上到下的制度创新，因此从宏观到微观的全面制度创新离不开制度伦理对其结构的全面整合。

制度伦理的存在为制度创新奠定了基础，因为制度伦理本身包含了评价机制。随着人的自觉选择越来越强，人对社会的价值判断和对社会关系的影响也在不断加强，人们会根据自己的主观判断对制度作出评价：好还是不好、满意还是不满意。好的或者满意的评价能够使制度更长久存在，不好的或者不满意的评价则为制度的完善提供了方向。

（三）调节功能

制度伦理的存在可以调节制度和伦理的关系。制度往往更多地体现为正式制度，而伦理更多地体现为非正式制度。人们在社会中存在各种各样的利益冲突，仅仅依靠制度是没有办法解决的，这个时候就需要伦理道德的内在调节。伦理的调节功能涉及社会的各个领域，根据制度经济学研究，人们在经济领域的各种矛盾仅依靠法律、制度是没有办法彻底解决的，需要确立经济领域的伦理道德，维护经济制度；在政治领域里，人们对公平正义的追求使得伦理更加重要，因此要对政治制度进行协调，使伦理与政治协调发展；在法律领域，伦理的作用更加明显，法律常常是内化的伦理。

各项制度的有序运行离不开制度伦理的调节功能，制度涉及各个领域，而各个领域的制度又会有不同的目标，这就使得各项制度在运行过程中必然存在各种矛盾和冲突,制度伦理能够对其进行调节。此外,具体制度的有序运作也离不开制度伦理的调节作用,制度的运作包括制定制度、执行制度、监督制度、评估制度和反馈制度等一系列过程。制度制定各个环节的有序运作均离不开制度伦理的调节。加强制度伦理建设,调节具体制度运行过程中可能会出现的矛盾和摩擦,会使制度更顺畅运作。

(四)凝聚功能

在行政管理领域经常会遇到伦理和道德问题,这是因为行政管理的过程离不开行政伦理的建设,包括法律制度、体制机制、组织结构等都要符合伦理道德的规范。这种规范性使得行政组织以及相关人员能够在稳定有序的氛围中合作,维持行政系统的良好运作。行政管理涉及管理社会公共事务、维护社会利益关系的活动,应按照规章制度办事。行政管理活动与伦理具有紧密的关系,因为行政管理作为人类生活的特殊领域,常常涉及复杂的利益和矛盾问题。面对这些问题时,需要从善恶和好坏的价值理念出发,对不同事物进行判断,此时就凸显了伦理道德的重要作用。将伦理制度化形成制度伦理以国家的强制力为依托维护社会各个领域的伦理价值和道德准则。随着经济的发展,个人的价值观念和伦理道德也会发生相应改变,单纯依靠个人道德约束个体行为已经不能满足社会发展的需要,只有依靠制度的硬约束才能加强社会道德伦理建设。另外,相较于个人道德辐射范围的局限性,制度伦理对行政管理领域制度的要求使得制度伦理要发挥对行政人员的道德凝聚功能。个人道德中,只有受到个人认可的道德准则才能外化为个人的道德行为,发挥个人道德的作用,但是人与人之间的差异性又使得道德能够起到的调节控制作用各不相同。制度伦理则不会如此,制度伦理没有主观差异性,能够把个人的特定需要转变为一般的社会道德秩序。

(五)评价功能

制度伦理除了追求公平、正义等价值外,还对制度本身的价值进行评价。制度伦理评价能够反映出制度本身的价值且给出制度发展的方向。随着互联网等信息技术的发展,人们价值意识不断增强,对社会规范和伦理道德的影响更大,这种影响在伦理层面的表现是人们会对制度作出是否合理、是否合道德的价值评价。制度伦理的价值诉求是一个复杂的体系,伦理评价的标准也比较多元,不同类型的制度,其伦理评价也各不相同,譬如经济制度主要围绕成本效益之间的关系以及效用的最大化，政治制度主要以权力维护作为政治活动的根本，法律制度则以维护社会的公平稳定为基本。各项制度的关注点各不相同，伦理评价也不能以一概之，但是必须要明确的是，伦理评价首先要满足绝大多数社会成员的根本利益和需求，其次要根据社会历史条件中生产力的发展水平来选择评价标准。

专栏 8-1　筑牢"中国之治"的制度伦理基础

"中国之治"需要何种制度伦理？

制度伦理不仅要解决制度的价值属性问题，还必须解决伦理道德与制度的适应性问题，即什么样的治理需要怎样的制度伦理来支撑。如果说制度的善是制度伦理的内在性要求，那么制度需要何种善则是制度伦理的适应性要求，因为善从来都是具体的、历史的。中国之治要成为具有普遍性的制度模式，为解决全球治理难题提供中国方案，使中国特色与世界价值高度统一起来，需要以正义与和谐为核心的制度伦理。

（资料来源　李建华：《筑牢"中国之治"的制度伦理基础》，载《浙江日报》08 版，2020 年 6 月 22 日。收入本书时有改动）

■ 第二节　行政伦理建设的制度导向性

一、行政伦理建设的途径

（一）道德驱动

行政主体的道德精神影响着行政相对人，行政相对人的道德素质特别是在行政参与中的道德责任感又同样影响着行政主体。在行政伦理建设过程中，不仅要着眼于行政主体的建设，同时也要加强公民的道德素质建设。培养公民对行政活动的配合和参与意识，以及对行政活动的监督意识，对行政主体的建设与发展产生积极影响。

（二）责任规范

加强行政责任伦理建设是降低行政成本的一条有效途径。行政责任伦理与行政成本是相互影响、相互制约的互动关系。行政责任伦理的特征体现为政治性与社会性、权力与责任、个体责任伦理与群体责任伦理的统一。从行政责任伦理角度探讨控制和降低政府行政成本的主要方式是加强行政人员个人责任道德建设，构建责任型政府制度伦理，加强责任型行政责任机制建设。

（三）制度导向

加强行政立法，将行政伦理上升为法律规范。在我国社会转型时期，进行行政伦理建设所依据的社会环境发生了很大变化，特别是受市场经济的冲击和影响，我国的行政伦理建设面临较大挑战。加强行政伦理建设就是为了有效抑制行政主体违反行政道德的行为，从而使行政伦理的规范和原则深入人心，使行政主体形成遵守制度约束的心理态势。法治在行政领域中具体体现为行政法治，其内涵主要有行政组织机构必须依法建立、行政程序必须合法合理、行政权力必须依法行使、行政行为必须依法实施等，概而言之就是依法行政。

二、行政伦理制度化建设的必要性与合理性

（一）必要性

1. 宏观层面

新中国成立以来，政府不断地调整管理方式和治理模式，行政体制历经多次改革，每一次改革都是为了适应不断变化的社会发展。习近平总书记在党的十九大报告中提出，要进一步深化机构和行政体制改革，以此来坚持和发展中国特色社会主义，推进现代化进程。基于此，作为行政体制重要组成部分的行政伦理，必然要随着行政体制的转变进行相应调整。为了加快我国服务型政府建设的步伐必须不断推动行政体制改革，因此要加强行政制度伦理建设，提高我国行政人员为人民服务的意识，为社会的安定发展提供坚实的制度保障。

在传统农业社会和工业社会初期，政府对社会进行全面管理，但是信息时代的到来改变了这种现状，公民与政府之间的信息不对称在一定程度上因信息技术的发展得到改善。现代信息技术构建了以网络为载体的政民互动平台，增加了公众对政府的了解，提高了社会对政府的制衡能力，制度伦理的存在变得更加重要。信息时代迅速便捷的信息传递方式使得政府工作变得更加透明，公众对政府行政伦理提出了更高的要求，政府决策、政策执

行、行政人员个人的职业素质都成为公众关注的焦点。由于监督渠道的多样性，监督主体的多元化，为了保证政府行政伦理符合公众要求，要加强行政伦理制度的建设。

2. 中观层面

新中国成立以来，我国的民主和法治有了长足进步，国家层面制定了许多法规政策，有力促进了社会发展。但是，不得不承认，其中一些法规政策在执行过程中存在偏差，没有得到有效的贯彻落实，出现了制度的公正性与执行的偏差性之间的矛盾。政府在行政过程中是否合法、有效地行使权力直接关系到一个国家民主生活的状况。制度伦理的存在能够有效地促进政府在行使权力过程中保持程序公正，树立公民对政府机构的信任。政府在行使行政权力的过程中只有不断加强制度伦理建设才能克服伦理困境，化解各种矛盾冲突，使权力得到有效监督。

3. 微观层面

职业的特殊性决定了行政人员个人道德品质以及职业道德表现对社会其他成员具有表率作用，但是少数行政人员在工作中表现不力，影响了政府形象，因此需要加强制度伦理建设，提高行政人员伦理道德思想境界。

我国社会的主要矛盾已经转变为人民日益增长的美好生活需要和不平衡不充分的发展之间的矛盾。由此，可以看出人民对高质量的物质生活以及精神生活的追求越来越重视，但是人的自利性又使得个别人为了实现对物质利益的追求可能会不择手段。伦理精神通过社会制度体现出来，实际上是精神内化为个体道德的过程，也体现了人们在内心深处是认同制度伦理的，相反，如果人们抵触和排斥制度伦理，自身不具备制度化的伦理所需要的品质，那么这种制度化的伦理就没有办法得到执行。因此，加强制度伦理的建设非常必要，小到个人的日常生活，大到国家的正常运作，都离不开制度伦理。

（二）合理性

制度伦理既为人们的社会行为提供道德价值的具体指向，同时也在理性之外为消解道德观念上的混乱和困惑找到了实践的钥匙。这就是制度伦理建设的合理性所在。一方面，制度伦理对社会行为和个人行为具有前提性的作用。良好的社会制度和政治制度将能够给那些既有益于个人完善又有助于他人幸福的品质提供培养和发挥作用的环境，同时，又能够有效地控制那些损人利己的恶劣品质和行径。另一方面,转型中的当代中国社会现实急切地呼唤着制度伦理的生成。社会转型过程中不可避免地存在一定程度的道德混乱,依靠纯粹的道德教育无法从根本上解决问题,也不能完全依靠法律来解决,必须建立一套既保证人的基本权利,又有效规范和约束主体行为的制度伦理,以此消解个人道德观念上的混乱和困惑。

三、行政伦理制度化的内容

(一)制定行政伦理职业标准

应建立行政伦理法律规范。我国目前已经制定了一些相关的法律规范,例如《中国共产党党员领导干部廉洁从政若干准则》《中华人民共和国公务员法》等,但是还缺少一部专门的行政人员行政伦理法。加强制度伦理建设除了要提高行政人员自身的道德素质外,还要通过行政伦理法律法规即外部强制性的方式规范行政人员的行为,加强伦理立法。伦理的难以衡量性使得政府在制定行政人员行政伦理法的过程中尽可能列举出行政人员所需履行的行政伦理义务。为了提高行政人员的伦理道德素养还需要健全行政人员的行政伦理培训机制,制定并细化具体考核标准,设置行政伦理专门机构予以监督,并为公众提供举报、投诉的有效途径和权利保障。

应完善行政伦理规范。行政人员应具有比普通个体更高的道德品格,因此仅靠法律等刚性的外部控制力量约束行政人员的行为是乏力的,必须依靠道德的力量。只有将行政管理规范引入公共管理过程,才能以确定的价值观和行为标准培养行政人员的道德情操,激励其更好地服务于公共利益。首先是确定政治行为规范,政治立场坚定、忠于国家、听从党的指挥是行政人员的基本要求。其次是确定经济行为规范,行政人员在行政过程中要做到两袖清风,清正廉洁。行政人员为公众服务,追求公共利益,掌握着公共权力,管理着国家的公共资源,为了保证行政人员不乱用、滥用公共权力为私人谋利,应对其进行伦理方面的教育。最后是选人用人要做到选贤举能,避免用人腐败。这需要提升行政人员素质,加强行政人员队伍建设。

(二)建设行政组织

为了确保制定好的行政伦理法律和行政伦理规范得到有效执行和落

实，必须设立专门的行政伦理组织，通过建立组织机构保障行政伦理长期发展。首先，行政伦理组织凭借自身专业性对伦理方面的政策法规进行制定、调整和完善，并向人大提交草案。其次，在人力资源管理方面要完善国家公务员制度。最后，行政伦理组织要负责对党员干部进行思想政治教育，教育的内容和行政伦理基本一致，需要阐释说明行政伦理法则。行政伦理道德立法需要专门的机构去实施，行政伦理组织充当了伦理机构的角色，既是伦理管理制度化的体现，也是伦理准则贯彻执行的保障。行政伦理组织是伦理共识的一种形成机制。政府部门在进行伦理政策制定时会面临多重压力，而行政伦理组织的出现可以协调各方面的利益冲突，在利益冲突中形成一致的伦理共识。行政伦理组织作为相对独立的组织机构能够客观地对政府伦理行为进行监督和评价。

（三）完善行政伦理教育

行政伦理的传播和普及是一个社会化的过程，即学习、教育和培训的过程。行政伦理制度的落实离不开执行中的人。因此，想要提高行政伦理的水平就要完善行政伦理教育体系。行政伦理教育是综合性的教育，既包括道德和法律，又包括政治和权力。为了适应行政管理的不断发展和壮大，以及应对当前错综复杂的社会形势对行政伦理提出的新挑战，要加强行政伦理教育建设，完善行政伦理教育体系，从教育内容到教育形式，从教育主体到教育效果，均要形成健全的体制机制以满足当前行政管理发展的需要。从而让行政伦理教育在提高行政人员道德素养、行政行为廉洁性以及行政行为高效性上发挥效用。

（四）强化行政问责制度

行政伦理制度的落实过程除了有行政伦理制度的制定和执行，还需要有行政伦理制度的监督和反馈，这也是行政伦理法律法规得以贯彻落实的重要条件。行政伦理问责是行政伦理责任落实的重要途径，也是行政伦理制度化的必然要求。在政府责任体系中，伦理责任与政治责任、法律责任、行政责任等共同构成一个完整的政府责任体系。想要完善行政伦理建设就要发挥行政问责的作用，落实政府的行政伦理责任。行政问责的实现需要建立健全行政伦理问责机制，要通过行政问责以及行政监督来促进行政伦理建设。

四、西方国家行政伦理建设

(一)西方国家制度伦理建设实践

1. 行政制度伦理管理的主体

行政伦理法律法规制定之后,一些西方国家会建立专门的管理与监督机构保证制度的落实。日本专设行政人员伦理审查委员会,不仅对行政人员伦理法规进行制定、修改以及废止,还对行政人员违法乱纪的行为进行惩戒处分。美国在1979年成立美国政府伦理办公室,该机构刚开始是美国人事管理局的下属机构,后来在1989年进行改革,从人事管理局独立出来,向总统和国会负责。美国政府伦理办公室的人事选拔、调动具备独立性,其负责人的人事管理经总统提名后由国会批准通过。1994年加拿大设立政府道德咨询办公室,虽然是咨询性质的部门但是对政府官员的伦理道德能起到一定程度的监督管理作用。2002年韩国成立反腐败委员会,针对行政官员权力滥用、寻租腐败的行为进行强制性的管控。1989年澳大利亚设立廉政公署,对行政人员的贪污腐败行为进行检查和惩戒。与之相似的是1962年新加坡成立的贪污调查局,也是对行政人员的渎职行为进行惩处。除此之外,一些国家还会设置专门负责行政伦理的人员,例如日本设立了伦理监督官一职,该职位负责提供伦理建议并协助建设行政伦理体制机制。

2. 行政制度伦理管理的方式

西方国家的伦理法律规范从制度层面明确了行政人员的职责范围,要求行政人员在工作的过程中要注意"可为"和"不可为",从法律规范的视角告知"明知不可为而为之"会受到的惩罚和所需承担的责任和后果,以制度法律的形式告诫和警示。除建立行政伦理管理机构、制定行政伦理立法外,还需要加强行政人员的伦理道德教育,在这方面美国的行政伦理教育培训相对而言较完整。美国的行政伦理培训方式有遵从、廉政、融合与整合伦理等四种。通过伦理培训加强行政人员对伦理规范的认知以及在行政过程中的应用,强调违背行政伦理法则的不利影响。培训通常使用案例分析的方法,以演讲、观看录像或者电影为手段,在学习之后进行小组讨论和练习。在美国,从联邦到州、地方都设有行政伦理培训,联邦政府会根据培训对象的不同分别对伦理工作者和联邦雇员进行培训,一般由政府伦理办公室下设的教育办公室实施培训工作，以伦理理论为基础进行教育，以观看讲座、录像或者幻灯片展示等形式进行传授。

3. 行政制度伦理的监督方式

在美国，行政伦理法律规范的实施需要接受多个方面的监督。美国设立的廉政署主要对联邦公务员遵守伦理道德的行为结果进行管制，其各个市也会设立伦理办公室或者道德委员会履行监督管理职能。1978 年美国通过了《监察长法案》，主要负责对部门财政进行监察和审核。监察长办公室已成为美国政府内部的常设机构，通过查账等经济行为提高政府人员行政过程的伦理道德水平。韩国政府设有行政伦理委员会，主要负责监督和管理行政人员的行政伦理道德，如果行政人员有违反道德规范的行为交由行政伦理委员会处分。

（二）西方国家制度伦理建设对我国的启示

1. 官员的道德标准立法

西方国家基于人性恶和经济人的理论假设，主张把行政伦理上升为法律规范，将对行政主体的软约束变为带有强制性的硬约束。他们认为如果不建立法律的赏罚机制，就无法促进官员弃恶扬善。因此，西方国家制定了多个行政伦理法规，用立法的形式明确约束官员的行为。事实证明，行政伦理法治化对于防范官员的道德滑坡是有效的。我国近年来也出台了一些有关政府官员道德准则的制度文件，但这些制度文件尚未上升到法律的层面。对干部道德规范没有采取立法的形式，则干部道德规范对干部的约束力较弱。

2. 官员的道德规范具体化

西方国家行政伦理法规制定具有清晰性和准确性，在具体落实过程中能够做到有规则可依。行政伦理法规对政府官员的权利和义务进行了明确界定，并且罗列了具体违背行政伦理法规应受到的惩罚。这样做的好处是，一方面保证政府官员的行政行为有法可依；另一方面细致的规定不容易引起矛盾和冲突。

3. 管理方式重在“事前”监管

行政伦理制度化可以凭借制度的强制力量强调制度的绝对执行性、不可违背性及惩罚性。西方很多国家在行政伦理制度化的过程中较关注行政伦理立法过程中行政人员违背行政伦理会受到的惩罚。例如，新加坡非常注重官德教育，通过持续不断、系统的官德教育让行政人员了解到自己的职责以及违背职责所应付出的代价，从而降低行政人员违法的概率。除了加强官德教育外，还有的国家对行政人员的行政伦理道德行为进行监管，防止行政人员在道德伦理层面失范。例如，德国在防腐败规定中对行政人员可能发生的腐败迹象进行分类，明确要求一旦发现行政人员可能出现腐败行为则在第一时间进行警告和训诫，以期扼杀于事件萌芽阶段。还有的国家对行政人员进行全覆盖监督，无论是高层行政人员还是基层行政人员都要受到监督，行政官员的信息要透明化，这种透明化对行政人员具有约束力。西方国家对于行政人员违背道德行为的预防，值得我国学习和借鉴。我国在官德考核和运用官德考核结果方面，制度设计比较全面，但在预防行政人员失德方面的制度还需进一步加强。

专栏 8-2　行政责任的三重伦理考量

由于韦伯式行政科层制的刚性，行政人员也由此放松了对自己行政责任的道德约束和伦理诉求。对于个体而言，行政人员可能就此沉沦；对于社会而言，上述行为可能酿成悲剧和惨剧。超越通常公众已经意识到的由裁量权考量行政人员岗位责任的伦理性，对行政自主权内行政人员岗位责任予以伦理考量，可以提升公众对行政责任的道德期待，进而提升行政人员的道德自觉意识，最终有利于行政人员实现行政责任的伦理正当。

（资料来源　刘雪丰：《行政责任的三重伦理考量》，载《伦理学研究》2009 年第 9 期，第 38～40 页。收入本书时有改动）

■ 第三节　我国的制度伦理建设

一、我国制度伦理建设的演进过程

（一）我国制度伦理产生的背景

改革开放以来我国进行了多次行政体制改革，改革在不同发展阶段呈现出不同的特点。习近平总书记在党的十九大报告中提到，要进一步深化机构和行政体制改革，以此来坚持和发展中国特色社会主义，推进现代化进程。所以，提高政府执行力，建设人民满意的服务型政府是我国目前行政体制改革的重中之重。因此，必须要加强行政伦理制度化建设，建立约束行政伦理的机制，切实提高我国行政人员的责任意识、服务意识和自律意识，为社会的安定有序、和谐发展提供坚实的制度保障。

除了行政体制改革促进了制度伦理的构建外，经济环境的变化也是制度伦理产生和发展的背景之一。改革开放后我国经历了从高度集中的计划经济体制到充满活力的社会主义市场经济体制的历史性转变，这一过程中生产力水平得到了解放和提高，人民的生活水平不断提高，但是不可忽视的是我国仍然存在法律不健全不完善的问题。市场经济具有平等、竞争、包容和开放等特点，需要使用法律手段来调整不同主体之间的关系。行政伦理的制度化对于市场经济发展很有必要性。

党的十九大之后，随着社会的发展，人民日益增长的美好生活需要和不平衡不充分的发展之间的矛盾贯穿我国社会生活的各个方面，人们的生活质量逐步提高，社会的价值观念也在不断改变。传统的行政伦理体系已经不能适应社会发展，特别是在行政领域，行政人员会面临个人利益和组织利益相冲突的局面。价值冲突问题以及行政伦理失范问题均表明我国应加快推进行政伦理制度化进程，从而为行政组织及其工作人员需要遵守的道德准则提供制度保障。

（二）我国制度伦理的发展历程

1. 萌芽探索时期(1949—1992 年)

新中国成立之后，党和国家高度重视行政伦理制度化，出台了与社会发展相适应的关于行政伦理的相关规定。1954 年颁布的《中华人民共和国宪法》规定，一切国家机关必须依靠人民群众，经常保持同群众的密切联系，倾听群众的意见，接受群众的监督，这就从根本上奠定了我国行政伦理制度化的基础。1957 年，全国人民代表大会常务委员会通过的《国务院关于国家行政机关工作人员的奖惩暂行规定》明确了关于国家行政机关工作人员接受奖励和受到惩处的标准，这标志着我国行政伦理的制度化取得了初步成效。我国在计划经济向市场经济转轨的重大变革时期，政府面临一系列挑战，想要建立完善的市场经济体制就要推进行政管理体制的改革，建立一支高尚廉洁的行政人员队伍，于是政府在经济领域制定并执行行政伦理的制度化，严格管控行政人员的经济活动。在这一时期,我国对行政人员及其近亲属接受经济馈赠、参与经济活动和其他涉及经济往来的活动均作出了限制。例如,国务院1980年发布《关于在对外活动中不赠礼、不受礼的决定》,1985年发布《关于禁止领导干部的子女、配偶经商的决定》等。

2. 加快推进时期(1993—2000年)

在对制度伦理不断探索的过程中,1993年,国家颁布《国家公务员暂行条例》。这是我国第一次以法律法规的形式对公务员享有的权利、应履行的义务甚至包括公务员的录用、考核等方面都作出了详尽规定,通过标志性制度法规对之前关于伦理探讨的成果进行了巩固和加强。随后,国家还对公务活动、公务出差等一系列政府行为通过制定法规做了更详尽的补充。1994年中共中央办公厅、国务院办公厅发布《关于党政机关工作人员在国内公务活动中食宿不准超过当地接待标准的通知》,对公务员在国内因公出差的食宿费用作出了严格规定,谨防公务员铺张浪费。为了防止公务员公款出国旅游,国家在2000年颁布了《中共中央纪委、外交部、监察部关于对跨地区跨部门团组加强管理、监督和检查,坚决制止公款出国旅游的通知》,有效加强了领导干部伦理建设,1995年中共中央办公厅、国务院办公厅发布了《关于党政机关县(处)级以上领导干部收入申报的规定》,对党政机关领导干部的收入情况申报工作作出严格要求。

3. 全面发展时期(2001—2011年)

2001年开始,我国制度伦理建设进入全面发展时期。在这一时期,我国的行政伦理法规得到了充分发展和完善。我国在加强公务员制度伦理建设的同时,对公民的道德规范也提出了更加制度化的要求。2001年,中共中央颁布《公民道德建设实施纲要》,对在社会主义市场经济条件下加强公民道德建设提供了重要指导,要求人民要有信仰,要践行社会主义核心价值观,传承中华传统美德。与此同时,我国对公务员制度伦理不断进行细化,2002年我国人事部印发《国家公务员行为规范》,规定国家公务员必须政治坚定、忠于国家、勤政为民、依法行政、务实创新、清正廉洁、团结协作、品行端正。2005年全国人大通过了《中华人民共和国公务员法》,以法律形式将公务员的伦理规范具体化,这是我国第一次出台明确规定政府各部门公务员权利和义务的专门法律。这部法律对公务员日常工作管理进行了全面而系统的规定,标志着中国特色公务员法律法规体系基本形成,是我国首部全面涉及政府部门人事管理的法律，同时也意味着我国的行政伦理制度化建设进一步深化，是我国行政制度伦理建设重要的里程碑。

4. 系统深化时期(2012 年至今)

这一时期，我国制度伦理建设进入系统深化时期，对公务员、党政机关干部的制度伦理要求更加严格。2013 年，中共中央办公厅、国务院办公厅印发《党政机关国内公务接待管理规定》，要求党政机关干部厉行勤俭节约，反对铺张浪费。2014 年，中共中央办公厅印发《关于加强乡镇干部队伍建设的若干意见》，意见中提出加强思想政治建设和作风建设，引导乡镇干部继承和发扬实事求是、艰苦奋斗、勤俭节约的优良传统和作风，除此之外还对公民的制度伦理建设从不同层面进行了加强；同年，中共中央办公厅、国务院办公厅印发《关于厉行节约反对食品浪费的意见》，要求干部杜绝公务活动用餐浪费，推进单位食堂节俭用餐，倡导公民饮食上勤俭节约，避免浪费。2017 年，中共中央、国务院印发《中长期青年发展规划(2016—2025 年)》对青年的发展提出了德才兼备的要求。2019 年，中共中央、国务院印发《新时代公民道德建设实施纲要》，在 2001 年中共中央印发的《公民道德建设实施纲要》的基础上提出了新要求，提出公民要弘扬以爱国主义为核心的民族精神和以改革创新为核心的时代精神；同年，中共中央、国务院印发《新时代爱国主义教育实施纲要》，纲要围绕实现中国梦的奋斗目标，明确提出新时代爱国主义教育的指导思想、总体要求、基本内容，并对开展新时代爱国主义教育作出重要部署。要坚持全员全过程全方位育人，以丰富多样的爱国主义教育实践形式为载体，在广大青少年中开展深入、持久、生动的爱国主义教育，让爱国主义精神牢牢扎根在亿万人民心中，为实现中华民族伟大复兴的中国梦提供源源不竭的精神力量。

二、我国制度伦理建设的基本价值和原则

(一) 基本价值

1. 公共利益至上

历经 30 多年的市场经济改革，原有的利益格局被打破，利益观念多元化、利益主体多元化、利益结构分化和利益矛盾凸显成为当前中国社会的阶段性特征。人们常说的“为人民服务”“做人民的公仆”，其实是对公共利益至上这一概念所做的有中国特色的诠释。将公共利益至上作为制度伦理建

设的基本价值，要求人们要公正地处理个人利益与公共利益之间的关系，以公共利益为价值取向，并将这种价值取向贯彻在日常生活实践中，成为指导个人行为的内在动力。

2．公平正义

公平正义，指处理事情合情合理，不偏袒某一方或某一个人，在参与任何社会活动时都承担着他应承担的责任，得到他应得到的利益。如果一个人承担着少于他应承担的责任，或取得了他多于应得到的利益，这就会让人感到不公平。此外，公平正义也指个人按照一定的社会标准(法律、道德、政策等)、正当的程序，合理待人处世，是重要的道德品质。公平包含公民参与经济、政治和社会其他生活的机会公平、过程公平和结果分配公平。正义则是公正的义理，包括社会正义、政治正义和法律正义等。公平正义是每一个现代社会孜孜以求的理想和目标。因此，许多国家都在尽可能加大公共服务和社会保障力度的同时，高度重视机会和过程的公平。构筑一个公平正义的社会，需要全社会长期努力，要提高全体公民的文化、道德、法律等方面的素质，使人们有渴求公平正义的意识、参与公平正义的能力和追求公平正义的行为。

3．责任

任何一次重大的社会变迁都伴随着新的伦理精神的产生，当代中国社会需要新的伦理精神来支撑社会的成功转型和可持续发展。这种新的伦理精神就是责任伦理精神。其中，新的道德思维是责任伦理精神中最深层次的东西，是决定一切社会道德现象的底色。责任伦理具有他者思维、复杂思维和境遇思维的特点。首先，责任伦理在自我之外发现了他者，并以他者为责任伦理学的逻辑起点，改变了传统哲学探讨道德问题的方法，纠正了传统伦理中以“己”为逻辑起点的思维偏差。其次，与传统伦理的简单道德思维相比，责任伦理是一种复杂的道德思维，它处理集体活动的应当性问题、判断无法预测的极其复杂的行为目的与结果间的因果联系、解决因缺乏价值共识而引发的对抗性冲突。最后，责任伦理是一种境遇思维，它面向道德决策和行动，把具体的道德情景作为道德推理的起点，从境遇出发解决人类生活面临的道德难题。这些特点使责任伦理突破了传统道德思维的局限，为解决当代人类社会所面临的道德难题提供了根本前提。

（二）基本原则

在现实生活中，制度伦理广泛地存在于社会的各个领域，约束和指导人们的行为。因此，不同层次、不同领域的伦理道德规范也呈现出诸多不同的道德要求和规则。然而，不论各行各业的伦理道德规范有怎样的差异，都需要围绕伦理道德的基本要求展开，在追求伦理道德规范的价值理念中贯穿着主体性原则、科学性原则、普遍化原则会使伦理道德规范的设立和建设更加有序和合理。

1. 主体性原则

首先，主体性原则要求确立人类道德的主体和道德价值存在的目的。抽象地谈论伦理道德规范的主体性原则并不是否认主体性原则的具体性。人自身具有最高价值，这决定了在一般意义上可以确立这一道德标准，即尊重和爱护生命。其次，道德标准的主体性原则要求人的能动性和创造性要以人的需要发展为目的。道德作为满足主体需要的一种活动方式，必然要在伦理道德规范中制定出满足人的创造性活动、自主性活动需要的原则和内容，因而最高道德标准就是人的全面发展。在社会主义市场经济条件下，可以依据时代的具体条件，根据人的全面发展在现阶段的要求，提出符合社会主义社会发展要求的道德标准。伦理道德规范的最终原则应符合的主体的利益是全人类的总体利益和根本利益。

2. 科学化原则

一个合理的伦理道德规范的必要条件要求其内容的正确性和规定的科学性。首先，科学化原则要求伦理道德规范的确立要符合社会发展的客观规律。伦理道德规范既要适应社会历史条件的变化和发展的需要，还要适应社会客观规律未来发展的需要。其次，科学化原则要求伦理道德规范的确立要符合人自身发展规律的要求。所以，伦理道德规范在确立过程中，必须要满足人自身发展规律的要求，以确立人自身发展的内在尺度，制定人与家人、人与他人、人与社会、人与自然关系的伦理道德规范才是科学的、有效的。

3. 普遍化原则

当代价值观的危机主要表现为相对主义的危机，而试图摆脱相对主义的泥沼，寻找一条伦理道德规范普遍化的道路也是伦理学的任务。首先，伦理道德规范的普遍化原则要求伦理道德规范内容上的普遍性。伦理道德规范不仅包含着对具体主体的各种需要和目的的满足与否作出规定，而且包含着对主体满足的需要和目的的普遍性规定。另外，伦理道德规范不仅要满足特定主体眼前利益的需要，更重要的是要满足特定主体长远利益和未来利益的需要，这也是伦理道德规范普遍化的要求。其次，伦理道德规范的普遍化原则还要求其对规定对象的要求和约束也要具有普遍性。由于社会领域处于多层次和多样化的形态中，各个具体领域也会有相应具体的伦理道德规范，而无论伦理道德规范怎样具体，对于同一领域的主体来说都是应该遵守的，即伦理道德规范面前人人平等。

三、我国制度伦理建设的改进路径

（一）加强行政人员道德化建设

行政人员作为行政伦理制度的主要践行者，从根本上预防其违反行政道德规范的路径之一是加强行政人员的伦理道德建设，培养行政人员树立正确的伦理意识、道德观念以及守法态度，全面提高其职业道德素养。行政人员要把从培养过程中学习到的伦理道德精神内化并外化在行政过程中，即在行政过程中要具备高度的道德自觉和职业伦理素养，通过制度化伦理依靠外在的强制性力量使行政人员遵守道德行为。行政人员掌握着公民委托的行政权力，布坎南的公共选择理论中曾经强调行政人员也是“人”，是经济人而不是社会人，追求的是个人利益的最大化。他们会因为拥有权力而极易受到利益诱惑，很容易利用权力谋取个人利益，因此要加强行政人员的道德化建设。

要从制度层面加强法治政府、法治国家建设，摒弃传统小农社会的“人治”思想，但是对待我国的“德治”思想又要取其精华去其糟粕，既要将不适应社会发展、不符合社会生产力提高的思想糟粕摒弃，又要汲取合理的、能够持续促进社会发展的思想精华，通过教育、培训等手段将行政伦理道德内化为行政人员的内在思想，自觉地遵守行为规范。将法治建设与德治建设并行，通过外在良好道德环境的形成增强行政人员的道德责任意识，使其明确如果不能履行自己应尽的道德义务或者违反社会的道德要求作出违法乱纪、滥用职权谋私利等行为将会受到社会的谴责和公众舆论的讨伐。另外，要在行政人员内心深处树立正确的道德观念，启迪道德觉悟，激励道德自觉。

(二)树立正确的行政伦理观

马斯洛需求层次理论将人的需求从低层到高层依次分为生理需求、安全需求、社会需求、尊重需求和自我实现需求,需求的满足是从低层到高层。先要满足生理需求才能逐步实现更高层次的需求,在最基本的需求得不到满足的时候行政人员很难做到尊重和自我实现,容易违背原则而乱用或滥用权力以谋取生理需求的满足,因此要树立正确的行政伦理观。首先,行政人员在行政过程中要牢记为人民服务的行政伦理观念,在我国伦理道德观念中,为人民服务是最基本的准则,要将其作为行政人员必须遵从的第一行为准则和行动指南。其次,作为法治国家、法治政府、法治社会,我国在建设行政伦理制度的过程中必须要牢记法律至上的理念。最后,要引导行政人员树立责任行政的行政伦理价值观。

(三)加强行政伦理的法治化建设

法国启蒙时代的思想家孟德斯鸠曾说过:一切有权力的人都容易滥用权力,这是一条万古不易的经验。有权力的人使用权力一直到遇到有界限的地方才会休止。因此,制度与行政伦理制度化非常重要,用制度监管行政人员的伦理行为,将行政伦理道德上升到法律层面,使行政道德规范为全体行政人员认同,用完善的法律制度来监管行政人员的行政行为,形成一种外在的无形压力,防止违背行政伦理道德规范行为的发生。我国在制度化伦理以及行政伦理法治化建设方面取得了一定成就,但还存在一定不足。西方制度伦理化开始的时间比较早,我国可以科学借鉴西方行政伦理法治化建设的优点,例如,可制定一部适合我国国情的行政人员伦理法律,以法律的形式对行政伦理建设的路径进行指导,另外,可结合我国实际情况完善具体的制度。

(四)强化行政伦理监督机制建设

建立行政伦理监督机构来监督行政人员的行为十分必要。我国可以从西方国家建设行政伦理监督机构的过程中科学借鉴一些经验,例如可以设立一种专门机构来监督行政伦理规范的执行情况,防止道德失范现象的产生。我国虽然也有一些监督机构,但是由于条块管理的冲突使得各个行政伦理监督机构之间缺乏协作性。强化行政伦理监督机制建设要建立健全行政伦理监督法律法规,为行政伦理制度监督提供重要的法律依据,以促进行政伦理监督工作有效开展,同时整合分散的监督力量。

（五）提高公民的法治意识

行政伦理制度化的建设作为我国法治建设的一部分，其贯彻落实除了需要增强行政伦理制度主体的伦理意识外，还需要提高公民的法治和伦理道德素养。我国行政伦理制度不能完全建立的一部分原因是公民的制度意识和伦理道德观念较为淡薄。只有公民具有成熟的伦理道德意识和法治意识，有法必依，才能积极参与政府事务的管理，提高政府工作的透明度，增强政府的公信力。针对我国公民法治意识不足的情况，可以从如下两个方面来加以提升。一方面加强公民参与，提供更多更丰富的参与渠道，让公民参与到公共生活和政策制定中来。这样既能够培养伦理意识和法治精神，又能够让公民对政府的行政行为进行监督。另一方面培养公民意识。现代民主社会下，公民意识主要包括人格意识、法律意识、权利与义务意识以及参与意识等。公民意识的培养既包括通过市场经济建设来强化对市场规则的遵守和认可，还包括通过深化政治体制改革来促进公民意识的形成。

专栏 8-3　部分国家官员财产申报制度

美国：1978 年美国国会通过了《政府伦理法》，明确规定行政、司法、立法部门的官员必须公开本人、配偶及受抚养子女的财产状况，并按规定程序提交财产状况的书面报告。1985 年美国国会通过《众议院议员和雇员道德准则》，对众议员及雇员的家庭财产申报做了更为详细的规定。

泰国：为了打击以权谋私，防止官员滥用职权，泰国于 1981 年颁布了《国家公职人员财产与债务申报国家法令》，规定公职人员对其在国内和国外的财产和债务以及申报人应得的与夫妻或其他人共有财产中的部分，都须按规定如实申报。

俄罗斯：2013 年 4 月 1 日是俄罗斯政府高级官员递交个人收入和支出申报表原定的最后期限，俄罗斯总统普京已如期申报了 2012 年的收入状况。普京此前在全俄人民阵线会议上强调，要用烧红的铁烧尽腐败，以示反腐决心。作为反腐重要一步，俄罗斯联邦官员必须每年进行财产申报，所有申报表将被公之于众。不过，由于还有相当一部分官员尚未递交收入与支出申报材料，普京于 2013 年 4 月 2 日签署命令，将申报最后期限从 4 月 1 日推迟至 7 月 1 日，并宣布拒绝申报财产者将被解除公职。

（资料来源　杜军玲：《世界各国官员财产公开实践》，载中国政协新闻网 2012 年 12 月 11 日，http://www.cppcc.people.com.cn/n/2012/1211/c34948-19852732.html。收入本书时有变动）

思考题

1. 结合实际论述制度伦理的功能。
2. 从责任规范的角度阐述应如何进行行政伦理建设？
3. 论述我国制度伦理建设的原则。
4. 结合实际谈谈我国制度伦理建设存在的问题及改进路径。

推荐书目

1. 康芒斯.制度经济学[M].赵睿，译.北京：华夏出版社，2017.
2. 罗尔斯.正义论[M].何怀宏，何包钢，廖申白，译.北京：中国社会科学出版社，2009.
3. 库珀.行政伦理学：实现行政责任的途径[M].张秀琴，译.5 版.北京：中国人民大学出版社，2010.

参考文献

[1] 艾赅博,百里枫.揭开行政之恶[M].白锐,译.北京:中央编译出版社,2009.

[2] 陈斯一.幸福与德性:亚里士多德伦理学十讲[M].北京:中国人民大学出版社,2023.

[3] 陈晓运.技术治理:中国城市基层社会治理的新路向[J].国家行政学院学报,2018(6):123-127,191.

[4] 陈振明.公共政策分析导论[M].北京:中国人民大学出版社,2015.

[5] 丁大同.国家与道德[M].济南:山东人民出版社,2007.

[6] 丁煌.西方行政学说史[M].3版.武汉:武汉大学出版社,2017.

[7] 费孝通.乡土中国[M].上海:上海人民出版社,2019.

[8] 弗雷德里克森.公共行政的精神[M].张成福,刘霞,张璋,等译.2版.北京:中国人民大学出版社,2012.

[9] 高晓红.政府伦理研究[M].北京:中国社会科学出版社,2008.

[10] 高兆明.制度伦理研究:一种宪政正义的理解[M].北京:商务印书馆,2011.

[11] 顾理平.大数据时代隐私信息安全的四重困境[J].社会科学辑刊,2019(1):96-101.

[12] 侯志山,侯志光.行政监督与制约研究[M].北京:北京大学出版

社,2013.
[13] 黄健荣.公共管理学[M].北京:社会科学文献出版社,2008.
[14] 贾海刚,孙迎联."区块链+"精准扶贫:创新前景与潜在挑战[J].甘肃社会科学,2020(2):127-135.
[15] 解胜利,吴理财.从"嵌入—吸纳"到"界权—治理":中国技术治理的逻辑嬗变:以项目制和清单制为例的总体考察[J].电子政务,2019(12):95-107.
[16] 康德.道德的形而上学基础[M].孙少伟,译.南昌:江西教育出版社,2014.
[17] 康芒斯.制度经济学[M].赵睿,译.北京:华夏出版社,2017.
[18] 库珀.行政伦理学手册[M].熊节春,译.北京:中国人民大学出版社,2020.
[19] 库兹韦尔.奇点临近[M].李庆诚,董振华,田源,译.北京:机械工业出版社,2011.
[20] 李建华,等.公共治理与公共伦理[M].长沙:湖南大学出版社,2008.
[21] 梁漱溟.中国文化要义[M].北京:商务印书馆,2021.
[22] 罗尔斯.正义论[M].何怀宏,何包钢,廖申白,译.北京:中国社会科学出版社,2009.
[23] 孟德斯鸠.论法的精神[M].张雁深,译.北京:商务印书馆,2020.
[24] 戚学祥.区块链技术在政府数据治理中的应用:优势、挑战与对策[J].北京理工大学学报(社会科学版),2018,20(5):105-111.
[25] 钱宗武.尚书译注[M].北京:中华书局,2022.
[26] 秦洁.新时代公务员德性伦理研究[M].北京:人民出版社,2017.
[27] 施尼温德.自律的发明:近代道德哲学史[M].张志平,译.上海:上海三联书店,2012.
[28] 王长征,彭小兵.技术治理与制度道德[J].自然辩证法研究,2020,36(6):34-39.
[29] 王锋.走向服务型政府的行政精神[M].北京:商务印书馆,2018.
[30] 韦伯.经济与社会:第一卷[M].阎克文,译.上海:上海人民出版社,2019.
[31] 吴江,陆新文.行政管理学[M].2版.北京:中国农业出版社,2014.

[32] 熊明辉.德性论证理论[M].广州:中山大学出版社,2023.
[33] 徐晓林,杨兰蓉.电子政务[M].北京:高等教育出版社,2016.
[34] 许淑萍.公共政策伦理[M].北京:社会科学文献出版社,2018.
[35] 严强.公共行政学[M].北京:高等教育出版社,2009.
[36] 颜昌武,杨郑媛.什么是技术治理?[J].广西师范大学学报(哲学社会科学版),2020,56(2):11-22.
[37] 杨礼宾,成云雷.简明廉政文化词典[M].济南:山东人民出版社,2015.
[38] 易龙飞,陶建钟.政府治理的技术依赖倾向及其风险管控[J].江海学刊,2020(3):236-240,255.
[39] 张丙宣.技术治理的两幅[1]面孔[J].自然辩证法研究,2017,33(9):27-32.
[40] 张崇琛.中国古代文化史[M].兰州:甘肃人民出版社,2010.
[41] 张康之.行政伦理的观念与视野[M].北京:中国人民大学出版社,2008.
[42] 张克平,陈曙东.大数据与智慧社会:数据驱动变革、构建未来世界[M].北京:人民邮电出版社,2017.
[43] 张千帆.宪法学讲义[M].北京:北京大学出版社,2011.
[44] 赵清文.伦理与制度契合的理论误区与现实路径[J].宁夏社会科学,2017(6):5-10.
[45] 郑志峰.人工智能时代的隐私保护[J].法律科学(西北政法大学学报),2019,37(2):51-60.
[46] 中共中央马克思恩格斯列宁斯大林著作编译局.马克思恩格斯全集:第二十五卷[M].2版.北京:人民出版社,2001.
[47] 中共中央马克思恩格斯列宁斯大林著作编译局.马克思恩格斯全集:第三卷[M].2版.北京:人民出版社,2002.
[48] 中国法制出版社.常用法律适用全书[M].6版.北京:中国法制出版社,2016.
[49] 周高仪,陆静,马振耀.行政管理学[M].长春:吉林大学出版社,2016.
[50] 朱贻庭.中国传统伦理思想史[M].5版.上海:华东师范大学出版社,2021.

① 原文中“幅”,应为“副”。

后　记

行政伦理又称行政道德，涉及行政管理、公共政策、治理技术等许多方面，是调控政府及公职人员行政行为的基本价值观念和道德准则。构建合理的行政伦理规范并有效实施，以增强对公职人员的激励，强化对公共权力的约束，有利于建立廉洁、高效的行政管理体制。行政伦理学本身是为适应国家治理的需要而产生的，其目的是服务国家治理的善政良治之需。行政伦理学比较年轻，因而，关于行政伦理学，包括行政伦理学的核心问题不可避免地存在不同认识。

这本教材在某种程度上是我们对行政伦理学认识的探索和尝试，是我们从事行政伦理教学的经验总结。在教学过程中，我们结合行政管理的实际以及行政伦理研究的发展，相对稳定地把行政伦理所涉及内容集中于教材所体现的几个主要方面。这种安排一方面力图切合行政管理的实际情况；另一方面也是为了能够更好地理解行政管理者所处的情境，即为了能够站在行政管理者的立场上来理解行政伦理。

本教材由王锋负责大纲和整体框架设计，韦长伟负责审核、统稿、校对工作。写作具体分工如下：第一章由吕童、夏咸好、胡皓宇编写，第二章由夏咸好编写，第三章由赵莹莹、胡皓宇编写，第四章由孟凡昌编写，第五章由程彩云编写，第六章由吕童编写，第七章由刘玮编写，第八章由张艺、郑怡君编写，全书统稿和定稿由王锋负责。书稿付梓之际，感谢中国矿业大学出版社，也感谢各位编写人员，正是在他们的共同努力下，本教材才得以顺利完成。

本教材在编写过程中参考和借鉴了有关专家、学者的最新研究成果，引用了部分新闻媒体的案例，在此无法一一列举他们的名字，只好一并感谢。由于编者水平有限，本教材中错误在所难免，敬请专家和读者在阅读过程中批评指正。

编 者

2024 年 1 月